公元787年，唐封疆大吏马总集诸子精华，编著成《意林》一书6卷，流传至今

意林：始于公元787年，距今1200余年

意林®

一则故事　改变一生

意林青年励志馆

舒适过了头，就废了

《意林》图书部 编

吉林摄影出版社
·长春·

青年励志馆

图书在版编目（CIP）数据

舒适过了头，就废了 / 《意林》图书部编. -- 长春:吉林摄影出版社, 2020.5
（意林青年励志馆）
ISBN 978-7-5498-4436-4

Ⅰ. ①舒… Ⅱ. ①意… Ⅲ. ①成功心理—青年读物Ⅳ. ①B848.4-49

中国版本图书馆CIP数据核字(2020)第039927号

舒适过了头，就废了 SHUSHI GUOLE TOU，JIU FEILE

出 版 人 孙洪军
主　　编 杜普洲
责任编辑 王维夏
总 策 划 徐 晶
策划编辑 王征彬
设计总监 资 源
封面设计 资 源
封面供图 candy
美术编辑 孔凡雷
开　　本 889mm×1194mm 1/16
字　　数 400千字
印　　张 11
版　　次 2020年5月第1版
印　　次 2020年5月第1次印刷

出　　版 吉林摄影出版社
发　　行 吉林摄影出版社
地　　址 长春市净月高新技术产业开发区福祉大路龙腾国际大厦A座17楼
邮　编：130117
电　　话 总编办：0431-81629821
发行科：0431-81629829
网　　址 www.jlsycbs.net
经　　销 全国各地新华书店
印　　刷 昌黎县佳印印刷有限责任公司

书　　号 ISBN 978-7-5498-4436-4 定 价：36.00元

启 事

本书编选时参阅了部分报刊和著作，我们未能与部分作品的文字作者、漫画作者以及插画作者取得联系，在此深表歉意。请各位作者见到本书后及时与我们联系，以便按国家相关规定支付稿酬及赠送样书。

地址：北京市朝阳区南磨房路37号华腾北搪商务大厦1501室《意林》图书部（100022）

电话：010-51908630转8013

目录
CONTENTS

人生如海，重要的不是浮沉而是成长

掌握精进法则，成为厉害的学习高手

优化思维方式，用更成熟的心智去思考

尝试刻意练习，做有硬实力的行动派

做个幸福的人，内心有力量更要很柔软

美好的未来，何不以喜欢的方式过一生

人生如海，重要的不是浮沉而是成长

人生的道路不会一帆风顺。每个人在成长的道路上，在实现目标的过程中，都难免遇到各种各样的，甚至是只属于我们自己的困难和挫折。理解了这一点，我们才能更好地明白什么是成长，以及如何以更积极的心态去应对它。

坡上的矿车

□赵恒昱

在小时候照顾过我的长辈中，姥爷是和我关系最亲密的。这不仅仅是因为他长久以来循循善诱，更是因为他讲过的他年轻时的故事，萦绕在我的脑畔久久不能散去。

姥爷十多岁那年，轻轨铺到了他家的门口，不过那时的轻轨都是靠人力来运作的。正值深秋，轻轨还在施工，姥爷经常跑到离村子不远的工地上玩耍。许多孩子都对这一新奇的事物充满了兴趣，直到有一次姥爷和一群孩子去工地上。

傍晚工人都下班了，工地轨道上静静地躺着运送石料用的矿车。他们打算干一票大的，他们合力将一辆空矿车沿轨道推上了山坡，然后一齐坐在矿车上从山坡滑下。看着沿途不断变化的风景，姥爷再也忘不了此情此景。刚下山他们便被一个高大的面目凶狠的工人发现了。孩子们四散而逃，以后再也没有人敢去碰矿车了。

姥爷一直没有忘记这件事，放学后他常一个人坐在山丘上看着对面山坡上施工的情景。在夕阳的余晖下，远处隐约可见的工人推着矿车缓缓上爬的情形被映成了黑色。但在姥爷看来，这却无比炫彩夺目。

直到有一天，姥爷在轨道旁边徘徊闲逛时，遇到了两个推着矿车上坡的工人。姥爷在旁边站着看了好久，怯怯地走上前问道：“我能帮你们一起推吗？”一个工人竖着大拇指说道：“当然。”姥爷便和他们一起推起了矿车。因为三个人一起推，矿车很快就被推上了山顶。下山的时候不用借助人力，姥爷坐在疾驰的矿车上极目远眺，不远处丰收的田野不再是一幅景象，它仿佛成了一段时光，快速交织、旋转碰撞，让如今早已年迈的姥爷永远地回味着年少时的记忆。

姥爷之所以帮工人推矿车，纯属是为了推到山顶后享受坐着矿车疾驰而下的快感。不知不觉中他们已经将车推过了好几个山丘，而姥爷一点也不觉得累。无意中抬头，姥爷才发现旁边是一片橘园，这个橘园离村子已经有好几里地了。深秋的橘园里大颗大颗的橘子挂在枝头，在随风飘来的橘香中，姥爷逐渐意识到自己离家似乎已经很远了，不过姥爷没再多想，只是望着橘园咽了咽口水便继续向前推车。

慢慢地，周围的景色开始变得陌生，原本在深秋的渲染下多彩的山峦和田野，可能是傍晚的缘故，开始变得愈加昏暗。姥爷仔细识别，才发现到了枣庄，这怕是他小时候去过最远的地方了，只有小时候跟着父母赶集的时候来过一次。不自觉中姥爷开始感到慌张，他很想告诉那两个工人自己想回家了。他看向那两个工人，他们依然抬着头推着矿车，并没有想起小孩子该回家的事。

推过了一个很高的山丘，姥爷开始变得气喘吁吁，一低头俯视，前方顿时变得开阔起来，山脚下是一小片平原，不知是不是因为除了草的缘故，这绵延的土地平得让姥爷发慌。他坐上了矿车，眼看着矿车便要顺着山坡滑下去了，突然，他发现山脚下绵延的平地变成了大海，而他正要往海里冲去。原先坐矿车下山的惊喜兴奋在这一刻却突然演变成了内心的一丝恐惧。四围的景色开始变得模糊，姥爷只感到一阵眩晕，整个世界在高速中仿佛转了起来。速度越来越快，在夕阳中，姥爷变得无比恐惧。

矿车滑到山下后，他们推着矿车走了好长一段平路，姥爷只感到自己离家越来越远。不久，他们停在开在轨道旁的一家专门供铁道工人休息的小酒馆面前。那两个工人进去了一会儿，从里面出来时手里拿着一包用牛皮纸包着的甜饼给了姥爷，姥爷当着他们的面吃了一口，这饼中夹杂着一股铁道上沥青的味道。

他们推着车不知道往前走了多久，姥爷一直在极力压迫内心想哭的冲动。不久，他们终于在一家旅馆面前停住了脚步，那两个工人表示天要黑了，让我姥爷赶紧回家，他们两个要在这里住下。

姥爷忘记自己当初跑得有多快了，他边跑边哭，透过光的眼泪把眼前的景象变得多彩而又模糊不定。姥爷边哭边喊着妈妈，跑着跑着便把那一包甜饼随手扔在轨道旁边了。后来一只鞋跑掉了，他便把另一只也脱掉了，光着脚沿着轨道往回跑。太阳快要落山时，他看到了来时的橘园，姥爷害怕极了，他哭着把能扔的东西都扔掉了，只顾一个劲儿地往前跑。当他看到村里星星点点的煤油灯时，他哭的声音更大了，以至于那些干完农活回家的人们都在问他到底发生了什么。姥爷顾不得回答，人们望着他的背影，都在猜测他和别的孩子打架了。之后姥爷回到家中扑到他母亲的怀里，还是一个劲儿地哭。从那么遥远的地方一路跑回来，一回想起心中的恐惧，无论怎么放声大哭都无法释怀。

时隔多年，姥爷半辈子中经历了很多风风雨雨，唯独这件事他记忆犹新，始终没有忘记。世间的操劳使姥爷疲惫不堪，至今他眼前浮现出一条路，宛如当时一般，是一条有着橘林幽香、高低起伏的道路，断断续续，细细长长。

风云人物

那个知耻后勇的

□云也退

如果硬要推荐一本循循善诱教人读书的书，那么1940年出版的《如何阅读一本书》总难以让人无视。原作者是教育家和通俗人文作家莫蒂默·J.阿德勒，但1972年这本书修订重版时，一个新的作者——查尔斯·范·多伦加入了进来。

范·多伦可不是等闲之辈。他门第高贵，父亲是著名诗人，母亲是小说家，舅舅是1939年普利策传记奖得主。他20多岁就被哥伦比亚大学英语

系聘为教师，随后，凭借电视传媒，他又成为名动全美的风云人物。20世纪50年代，全美兴起电视智力竞赛热，各电视台每天黄金档推出的智力竞赛直播达到24个，而范·多伦就是其中收视率最高的一档节目《21》的年度优胜者。那时，他才30岁出头。成名以后，他跟电视台签约当特约评论员，年薪15万美元。他还雄心勃勃，要利用自己在电视上的知名度，打造一个以教育为主题的节目，为普通大众打开人文修养的大门。

不料，丑闻随之而来。一位参赛者爆出节目导演涉嫌暗箱操作：导演要求他"配合"一下，把冠军让给范·多伦。传言越来越多，终于引来了司法机关和国会的介入。国会在举行公开听证会的时候，范·多伦当众承认，自己和导演有过私下接触，导演将考题事先透露给他，并安排他做出一些能引起现场"笑果"的表演性回答，从而拉高节目的收视率。范·多伦说，他在思想斗争了很久之后应允下来，如今自己披露真相，之前的名声一落千丈，良心上却轻松了。

范·多伦对此事来龙去脉的证词详细而诚恳，他和其他涉案的参赛选手都被判缓刑。事实上，他没有服刑，可以说，这件丑闻"圆满"结束了。美国名记者大卫·哈伯斯坦在《五十年代》一书中说，国会调查组在关于如何评价范·多伦上意见有分歧，多数人都不愿意宽恕这位罕见的年轻天才，但威廉·曼彻斯特在《光荣与梦想》里讲，听证会上，人们都为范·多伦的诚实鼓掌。

不管民心怎样，此事之后，范·多伦不得不从哥伦比亚大学辞职，他的人生需要一个新的开始。他找了一个合适的岗位，到《大不列颠百科全书》编辑部，拿着比之前参加电视秀的收入低得多的工资，当上了一名孜孜矻矻的编书匠。正是在这个编辑部里，他认识了前辈学者阿德勒，两人合作，在20世纪60年代末编辑出版了20卷的《美国年鉴》及3卷本的《美国黑人史》。

走下神坛的范·多伦，容貌比之前憔悴得多，他似乎下意识地去追求成为一个悲剧英雄，一个可以为世人做表率的赎罪者——他住在纽约西区的格林威治村，每天工作之余，就来到咖啡馆静静地读书写作，那是他给自己找的流放地。别人依然能认出他，毕竟他曾经那么炙手可热。他的身边甚至不乏女性，可他的脸上始终挂着一种罪人的表情。

那是20世纪纽约文化最为繁荣的时代。格林威治村的大学教授、知识名流如过江之鲫，无数人赶到此地，只为一睹他们的风采，而在认出范·多伦的时候，又会换上一种口吻和脸色——"看，那就是范·多伦"。他始终是一个特殊的存在，一个被偷窥、被偷偷谈论的名声扫地的名人。他恨不能突然换上一副新颜，让人重新认识自己。

阿德勒心里一直有个推进全民阅读的情结，因此，他邀请范·多伦一起修订旧作《如何阅读一本书》。这本书畅销至今，然而，再多的成绩都无法让范·多伦从一失足成千古恨的遗憾中走出来。20世纪90年代初，他出版了个人最重要的专著《人类知识史》。同期，知名导演罗伯特·雷福德请他参拍一部以当年丑闻为题材的影片，许诺给他10万美金。经过一番激烈的家庭辩论，他拒绝了雷福德，保罗·斯科菲尔德饰演了他，这部影片《机智问答》在1994年获得两项奥斯卡提名。

知耻而后勇，但对于范·多伦这样的人来说，耻是一个太大的坑，不论之后怎样弥补都填不满。在2008年7月28日的《纽约客》上，八旬老人范·多伦撰写长文，再度回顾半个世纪前那件让他悔恨终生的事。没有自辩，更没有不甘寂寞和试图唤起关注度的意图，仅仅是陈述而已。他详细地复述了那些对话，当事人基本都不在了，就连扮演他的斯科菲尔德都在这年春天逝世，但范·多伦的复述复活了那些人，复活了他们在一个乐观的消费时代的玩世不恭。

2019年4月9日，查尔斯·范·多伦逝世，享年93岁。

这/是/我/应该知道的

□［美］玛琳娜·兰帕德

我九岁那年，妈妈因患白血病去世了，我随爸爸从纽约搬到了西部的波特兰。

我们新家的房子外面有一个小菜园，爸爸经常带我在菜园里劳动，我很快就喜欢上了一种叫蜜露瓜的植物。

它们那又小又细的卷蕊像小手指一样伸出去，紧紧缠绕在架子上，似乎很无助。我会坐在地上，靠向它们，感觉到它们需要我。爸爸则会坐在他的菜园专用小凳子上，像我看蜜露瓜一样看着契斯曼尼西红柿。

“爸爸！”有一天我问他，“我应该将这些小红花都摘下来吗？”

“你为什么要把那些花都摘下来呢？”他温和地问。

“嗯，我认为它们可能会引来虫子，然后，虫子来了可能会把它们吃掉。”

“不，亲爱的。”他轻笑着说，“那些花很快就会变成蜜露瓜的。”

“真的吗？”

“你等着就是了。你很快就会看到那些小东西变成美好的蜜露瓜。你应该知道这一点。”

“小东西会变成美好的蜜露瓜。”我重复说道。

“对的。”他说。

我每天都会到菜园去查看那些蜜露瓜。每过几天，蜜露瓜就会多出一些来。

“这儿有这么多蜜露瓜，是我把它们照料得好的缘故吗？”我问。

“是的。”爸爸说，“当你照料它们的时候，蜜露瓜就容易生长。你应该知道这一点。”

“当你照料它们的时候，蜜露瓜就容易生长。”我重复说道。

“对的。”他说。

从那以后，我照料那些蜜露瓜更精心了。我除去黄叶子，如果那些小卷须中有哪一根爬不到架子上，我会把它移得更近一些。爸爸对西红柿的照料也是如此。直到有一天，我看到爸爸用一把大剪刀剪去西红柿的一整根枝条。

“爸爸！”我惊讶地用手捂住嘴巴，“你这样做是为什么？”

“这棵契斯曼尼西红柿还不够强壮，支撑不住两根结满西红柿的粗壮枝条。”他说，“我必须去掉一根，以便让这棵西红柿能在剩下的枝条上结出最好的果实。”

“噢。”

“将来有一天，你可能也必须做出同样的选择。”他说。

“什么意思？我也得砍掉什么东西？”

“不，亲爱的。”他哈哈地笑着说，“但你可能必须做出一些选择，因为有时候你无法全部都拥有。”

“这是我应该知道的。”我说。

在随后的几个月里，我更加密切地关注我的那棵蜜露瓜，经常跑去看它长得怎么样了。每隔几天，我都会骄傲地看到更多的蜜露瓜。直到有一天，蜜露瓜不再长出新果实。几个星期后，一个也不长了。

“爸爸，我的蜜露瓜怎么了？”我眼泪汪汪地问，“它不再长出新的蜜露瓜了。”

“就是季节不同了，亲爱的。蜜露瓜在春夏秋时节生长，入冬后停止生长。什么都不能永远持续下去。”

“但我对它那么好。”

“是的。”他说，“但旧事物结束，新事物才会开始。”

“有什么是我应该知道的吗？”

“有。”爸爸说，“季节变换，只有旧事物消亡了，某种新事物才会取代原有的事物。”

“这是我应该知道的。”我说。

我仍然帮忙照料菜园里的其他植物，有一天我对爸爸说：“我真的想念那些蜜露瓜。”

“我知道，亲爱的。”

“爸爸，我在想，我们来盖一间花房怎么样？那样，我们就能一年四季种蜜露瓜了。”

“我不知道。”他说，“也许我们只应该等着合适的季节到来。”

“但我们能试一试呀，求你了，爸爸。”

“我想我们可以试一试。”爸爸同意了。

过了几天，我们的花房就盖好了。最棒的是花房里面的架子从地上一直搭到天棚顶上。

“对蜜露瓜来说，这是一个美好的新家。”我说。

“对契斯曼尼西红柿来说也是如此。”爸爸补充了一句。

把小麦和谷壳分开

□［挪威］埃里克·贝特朗·拉森

20多年前，我回了老家一趟。第二天凌晨四点钟，我就起了床，开车去上班。头一天下了一场雪，路很滑，所以我开得特别慢。开到一个路口，我刚准备转弯时，前面一辆高速行驶的大巴突然打滑了。它占了两个车道，横着朝我冲过来，我无法变道，也不敢踩刹车。

一阵刺耳的金属碰撞声过后，一股巨大的力量向我袭来。我的脑袋撞在了仪表盘上，还好我的手起到了缓冲作用。我的整个身体都被抛向前方，但安全带把我扯了回来。当我抬起头，看见大巴又一次朝我冲来……

我伤得不重，只是轻微的脑震荡，医生发现了几根碎裂的肋骨，还有膝盖的几处擦伤。第二天，我就出院了。除了脑袋和脖子很疼，我总体感觉还不错。

接下来的日子里，我一直期待头部和颈部的疼痛能有所缓解，但我错了。这次事故发生后的一年是我一生中最难熬的时光，疼痛没有消失，而且是一天24小时地缠着我。

车祸几个月后，身体上的疼痛开始影响到我的精神状态，我失去了能量，所有的精力都用来应对疼痛。我无法学习、睡觉或者和朋友相处，终日在大街上漫无目的地游荡。因为只有当我动起来的时候，疼痛才会稍微缓解一点。我开始自怨自艾，想着自己是不是永远好不起来了。

有一天，父亲打电话来，问我最近过得怎么样。我把真相告诉了他：“生活很艰难，我很痛苦，也很沮丧。”他说他很理解，这种情况确实很有挑战性。我们随便聊了一会儿，然后父亲突然冒出了一句让我意想不到的话：“埃里克，现在你处于把小麦和谷壳分开的时期。在这个阶段，你应该展现出自己的本色！”

我敢肯定，父亲说出这些话并不容易。奇怪的是当天晚上，我偶然和一位牧师聊了聊。这位牧师已经认识我很多年了，他问我最近过得怎么样，我像没事一样回答：“挺好的。”

“别装了，”他说，“你到底怎么样了？”

我知道他想得到一个真实的答案，便把当天早些时候和父亲说的话告诉了他：“生活很艰难，我很痛苦，也很沮丧。”然而，我再次得到了一个惊人的回答：“这不是很有意思吗？”

“有意思？”我惊讶极了。

“是啊，人类竟然有这么多种情绪，一个人竟然能够感觉到两个极端！一边是幸福、爱、喜悦、成就感和安全感，另一边是郁闷、悲伤、沮丧、恐惧和失落。”

我陷入了沉思，因为我从来没有从这个角度想过问题。

这两次对话成了我人生的转折点，渐渐地，我开始试着从不同的角度去思考问题。

面对逆境，当你找不到快速解决的方法时，若能做出微小的改变，往往很管用。这有点儿像看股票走势图，股票持续下跌很长一段时间后，会先平稳一段，然后再跌到低谷。股票触底反弹的态势不会很明显，它通常是慢慢上扬，每天都有小幅震荡，但整体趋势是向上的。

生活中遇到困境时，朝着积极的方向进行细微调整会给你希望。父亲说这“就像是把小麦和谷壳分开的阶段”，这个比喻对我影响很深。

我们在花房的一边种上了蜜露瓜，另一边种上了西红柿。过了一个又一个星期，蜜露瓜的秧苗看起来越长越好。爸爸的西红柿也是如此。然后结果实了，我和爸爸都觉得这间花房使用起来非常好。

“瞧，爸爸，我这儿有一个很小的蜜露瓜，还有几百朵小红花。这些蜜露瓜将会成为最好的。”

“你的这个主意真好啊！”爸爸边说边捏了捏我的手。

“爸爸，我想你应该知道点什么。”

“什么？”

“如果你非常想要某种东西，你就会有办法。”

爸爸看着我。我看见他的眼睛里有一小滴泪，那一刻，我以为他要哭了。然后，他的脸上露出我所看见过的最灿烂的笑容。他轻轻地点了点头，又捏了捏我的手。

“谢谢你，亲爱的。”他说，“这是我应该知道的。”

野地

□甫跃辉

那时候我七岁？还是八岁、九岁？中午放学后，回家吃过饭，我没像往日那样径直回到学校去。那时候我并没午睡的习惯，但那天确乎是睡了一觉，醒来看看，白炽灯亮着，屋里的隔帘沉沉地垂着。看了会儿帘子上的花卉，翻身起来扯了一下灯绳，屋里瞬间暗了。

突然，我脑袋里有个念头噌地亮了：灯泡刚刚会不会坏掉了？我又拉了一下灯绳，灯亮了。怎么可能坏呢？我又拉了一下灯绳。灯灭了。稍等了等，黑暗里那个念头又冒出来了，灯泡刚刚会不会坏掉了？我又拉了一下灯绳……嘀嗒嘀嗒嘀嗒，灯绳拉响的声音在屋子里反复，我越来越紧张，控制不住地要去扯灯绳。

啪——灯绳断了。

是从上面开关处断的，一根蓝色尼龙线委顿而下，蛇一样缠住我的脖子。我愣了一下，舒出一口气，可以不用再去扯灯绳了。抬头看，灯泡亮着。我又舒出一口气，灯泡看来确实没坏。可我很快明白过来，这似乎比弄坏灯泡的麻烦更大。

走出房间，家里静悄悄的，大院子静悄悄的。

奶奶不在，爸妈不在，弟弟不在，邻居也全没踪影。这可真够少见的。回到房间，那盏灯执拗地照亮着楼板。

我背上书包，再次走出房间，朝盛满阳光的大院子看了一眼，转到耳房。耳房堆满刚收回来的水稻，水稻尚未脱粒，发出拥挤稠密的发酵过的气息。稻茬朝向过道，我伸出手掌从那些锋锐的稻茬上擦过。穿过空空荡荡的后院，村道上一个人也没有。我想还是上学去吧。沿着小路，走过两户人家，大片农田横亘在我和学校之间。连片稻田，大多收割了，大地比往日矮了一大截。

有的水稻已经收了，田里只剩下光秃秃的稻茬，稻茬间胡乱长着辣草尖儿（红蓼）；也有的水稻割倒了，尚未收回去——只要天气好，割下的水稻总要在田里晒上两三天的。水稻齐齐整整地码在稻茬之上，稻穗在一边，稻秆在另一边，一行一行的很是好看。快到学校了，看到一户人家正在收割。他们看看我，直起腰，说这小娃儿怎么才去学校，上课铃打了半天了。我略想了一想，转身回去了。

可是，能去哪儿呢？

无论回家，还是在附近转悠，都很有可能遇到家里人或认识我的人。在此之前，我从未逃过课——在此之后也再没有过。家里人见我没去上课，结果是可想而知的。我忽然发现，我没地方可去了。天那么高，地那么大，似乎没有一个地方能让我待上一个下午。我漫无目的地走着。曲曲折折，拐来拐去，一路上的所见，异常熟悉，又格外陌生。让我停下来的，是一片荒芜的野地。

四周都是收割过的稻田，整整齐齐，一丝不苟，这一片荒芜的野地镶嵌其间，显得格外扎眼。不过，说是荒芜，其实是更旺盛，更放肆，也更坦荡。生长着水稻，也生长着稗子，还生长着席草、荸荠、茨菰、芋头，狭箭形的芋头叶子边上，傍着几片溜圆的荷叶。再看杂草，那就更多了，除开辣草尖儿，还有蒲公英、车前草、通泉草、牛筋草、三棱草、泽漆、龙葵、酸浆草、蛇莓、鬼针草、粘粘草（豨莶）、叶下珠、草纸包（救荒野豌豆）、鼠曲草、棒头草、益母草……规模最大的则是一大片开着小黄花的石龙芮。

地里半干不湿，有些凹陷处积着些水。也不知出于什么目的，我分开高过腰的杂草走进去。这才发现，荒田里竟然藏着这么多热闹。是蚂蚱！扁头的尖头的，黑眼睛的红眼睛的，绿身子的褐身子的，在我经过时，纷纷飞蹿，撞到我身上又折飞出去，撞到脸上的，有些疼。我越往前走，惊起的蚂蚱越多，蹦跳的声音，展翅的声音，跌落的声音，噼噼啪啪连成一片。回头看看，来路的上方，嗡嗡嘤嘤，腾起了一片蚂蚱的绿云。

我多想抓住几只蚂蚱，回家油炸了解馋，可我从来没见过这么狡猾机灵的蚂蚱，无论我怎么费劲儿，仍然两手空空。我只能站起身子，徒劳地看一整片蚂蚱的绿云环绕在我身边。嗡嗡嗡，嘤嘤嘤，时间是在冲刺呢，还是在慢跑？周围没有一个人经过。鸟叫也听不到一声。我在野地里待了多久呢？大概一个小时还是两个小时？自始至终，我独自面对着荒田的冷寂和热闹。

听到人声正朝这边来，忽然惊醒过来似的，我想，我该回去了。

走出荒田，回头看看，午后的

太阳亮堂堂地照耀着，荒田又恢复到了原先的样子，杂草们混在一起不分彼此，蚂蚱们沉到绿色的海底悄无声息。荒田收了胳膊、大腿、触角，准备好缩进时间的隧道。我怀疑自己从未走进去过；看看脚下，沉甸甸地沾了两脚泥，我又确实是走进去过的。走到村路上，胡乱地转了几个弯，眼前竟然是学校。

我混进放学回家的人群里，谁也没发现有什么异样。

回到家里，奶奶已经回来了，爸妈和弟弟也都回来了。回屋看看，灯绳竟然修好了。拉了一下，灯亮了；又拉一下，灯灭了。没人问一句，灯绳怎么坏了，就像它从来没有坏过。

第二天到学校去，也没人问起我头天为什么逃课，就像我昨天一直坐在教室里。

我再也没去过野地那儿。

我从没和人说过这事，大概没人知道会有那么一个地方吧？久而久之，像是什么都没发生过，像是那片野地从未存在过。

父亲的故事

□刘颖

我的父亲喜欢讲故事。他讲起故事来眉飞色舞、手舞足蹈，比听故事的人还开心。雷鸣电闪的雨夜，父亲讲鬼故事，翻起两个大白眼珠子追得我满屋子跑；我生病的时候，他用满是胡楂的下巴贴着我的额头，轻声讲《小狒狒历险记》。这些故事里，我最喜欢听“一飞冲天”。

故事发生在一个夏日午后，父亲爬进一台出了故障的水泥搅拌机检修，几分钟后，一位没看到检修警示牌的工友启动了机器。搅拌机开始缓缓转动，父亲惊觉后腾空而起，从近3米高的物料注入口蹿出，轰然“降落”在旁边的渣土堆上。每讲至此，父亲已是满面通红、唾沫横飞，最后还总免不了做出经典的“一飞冲天”式：一只手臂高举向天，另一侧大腿高高抬起，感慨万千地对我说人的潜能是无限的。

美中不足的是，注入口窄小、锋利的金属边缘削剐去父亲自背至臀的皮肉，他从医院回家后，身上多了一大片疤痕。小时候，我经常用手指沿着父亲背上的疤痕蜿蜒前行，体味其中的凹凸起伏，回忆那个快乐的故事，惊叹于潜能创造的奇迹，从未感受到一丝一毫的恐惧。

父亲最喜欢讲的还是他的家乡——京西一座小乡村，他常这样开头，“村里有一座白石桥，清清的河水穿街而过，房前屋后栽满了核桃树、梨树、海棠树、杏树、石榴树、桃树、花椒树、黑枣树……”日久天长，这座炊烟袅袅、民风质朴的乡村似乎也成了我的家乡。

后来，我埋头高考，再没时间、也没心情听父亲讲故事。父亲40多岁时，不顾我的阻拦，参加了一次讲故事大赛，夸张的肢体动作引得比他小得多的评委们哄堂大笑。等到我上班了，父亲的故事愈显不合时宜。我要听更复杂的故事，学习藏匿其中的新法则，它们可以帮我得到这个时代里大多数人渴望的东西。可是，当我真的得到这些东西，却一点儿也不快乐。在漆黑、茫然的夜晚，我还是会想起父亲的故事，它们总能带我脱离坚硬的地表，飞往轻逸的时空，重获奋力一跃般的快乐与自由。

很多年后，父亲病重，同处一间病房的我们竟无话可说。父亲早已知道我不想再听他的故事，他似乎也察觉到，在我眼中，他不再是一飞冲天的大英雄，而是个失败者。其实有很多次，我很想对他说：“爸爸，再讲个故事吧！”长久的生疏与隔阂却让我张不开口。望着父亲日渐黯淡的神情，我记起大象的故事。父亲讲过，当大象意识到自己的生命即将结束，它会离开象群，找一块僻静的地方，为自己挖掘墓穴，平静地等待死亡降临。

有一次，治疗持续了整整一天，临近午夜，护士才拔去父亲身上的针头，他一言不发地翻了个身，背对着我。我想我明白他的意思，可我不会任由他这么做。我拉过一张椅子，在床边坐下，对着黑沉沉的脊背，开始讲故事：“村里有一座白石桥，清清的河水穿街而过，房前屋后栽满了核桃树、梨树、海棠树、杏树、石榴树、桃树、花椒树、黑枣树……”

无须从大脑中调取久远的记忆，父亲的故事一个接一个脱口而出。有几次，我听到床头传来轻微的抽泣声，就停下来，等到面前庞大的身躯不再颤抖，再接着讲。我希望，这些故事能带父亲回到我身边，我也希望，它们能带我去往我真正想去的地方。

母亲的六字箴言

□欧阳夏丹

这几天在家里收拾旧衣物的时候，无意间翻出了母亲的老照片，不禁看呆了。年轻时的她可真美啊。我久久地凝视着照片中的她，已然很难将其和此刻在厨房里弯着腰、驼着背，还忙前忙后的母亲联系在一起。几十年弹指一挥间，看来岁月不曾饶过母亲，而母亲，又何曾向岁月低头……

1994年，我上高二，正在苦读备战高考。也正是在这一年，父亲被查出肝癌晚期，紧急住进了医院。家里的顶梁柱倒下了，剩下的三个女人：母亲、姐姐和我一下子慌了神，不知所措。但很快，母亲做出决定，让我每天正常上学，复习功课，而她和姐姐则轮流倒班，去医院照顾父亲。

艰难的日子由此开始了。我印象中，从那以后，母亲就再没睡过一个踏实觉，经常是夜里低眉垂眼地拖着疲惫不堪的身躯回到家中。而不用去医院的日子，她还得照顾家里的大小事情，做饭烧菜、换灯泡修水管……既当爹又当妈，把男人女人的活儿全都扛下。

有一次，她推着自行车，车上一左一右挂着两个沉沉的新煤气罐，吃力地往家走。路上的行人见状想帮把手，都被她婉拒了。依她那要强的性格，是宁可苦了自己，也不轻易给别人添麻烦的。但谁都知道，弦要是绷得太紧太久，终究会断啊。

我问过母亲，为什么不请护工照顾父亲分担一些压力呢？母亲淡淡地说："都晚期了，可能也没剩多少日子了，这是他最脆弱无助的时候，也是最需要亲人的时候。再累，我也必须在。"没有抱怨，没有哭诉，我至今依然记得母亲说这句话时，那平和而不失坚定的语气。"我必须在"，这成了她唯一的信念和动力。

日子就这样一天天地过去。转眼，快过年了，这是对我们一家四口来说最特殊也最珍惜的一个春节。除夕那天，母亲早早地起来准备年夜饭，芋头扣肉、豆腐丸子、蛋饺，这些都是父亲最爱吃的。母亲做好后把它们像艺术品一样仔细地装进饭盒里，盖得严严实实，就拉着我们姐妹俩去医院了。

病房里，我们一边吃着，一边给父亲讲各种笑话逗他高兴，父亲吃东西要嚼很久，他不怎么说话，只是微笑着一会儿看看母亲，一会儿又看看我和姐姐，生怕这段难得的相聚时光会戛然而止似的。待父亲睡着后，我们回到家中，已是各家各户吃完年夜饭准备放鞭炮的时候了，以往这可是父亲的保留节目，一旦他不在身边，我们也没了兴致。

谁知母亲突然大声提议说，我们也来放鞭炮吧！于是，重新打起精神的三个女人，一人手里拿一根香，同时点燃了三串鞭炮，任那噼里啪啦的声音在耳边肆意地绽放，我们只管笑着、哭着、拥抱着，给彼此加油打气，托星空送去祝福……

然而，父亲终究还是没能熬过去，他永远离开了我们。那真的成了我们在一起团聚的最后一个春节。

母亲因为操劳、伤心过度，两年后即被查出罹患乳腺癌，做了大手术。手术后，母亲消沉了一段时间，也许，对一个那么美又那么爱美的女人来说，身体的残缺是一个无法言说的伤痛吧。但没过多久，母亲就从阴影里走了出来，她重新挺直腰杆儿，穿上漂亮的衣服，带着自信的笑容跟别人打招呼，甚至，连一度不愿意去尝试的推拿按摩，也变成了她每周必选的项目。当按摩人员充满疑惑地看着母亲的身体时，母亲坦然解释说："噢，别担心，我就是做过手术而已。"

这就是我的母亲。令人欣慰的是，现在的她活得更加精彩和洒脱，总有三五知己相伴，唱歌、跳舞、弹琴、健身，尽情享受着自己的老年生活。纵使容颜已改，皱纹渐增，不变的是她那颗向上向善的心。

很多年过去了，当我们可以用比较轻松的心态回忆过往的时候，母亲跟我说起一个故事。她说："你知道吗？你父亲病重时，家里所有的积蓄都拿出来给他买药治病了。为了保障你的学习和营养，我和你姐姐每天省吃俭用，一顿就只吃一个面包。后来，我的一个同学想请我们吃饭，我不肯，最后是被同学硬拖进餐厅的。我到现在都还记得这个同学，记得他的好！"

听罢，我沉默了很久，心里难受得说不出任何话。我恨我自己，为什么那么自私，只顾着埋头学习准备高考，而没有为这个家付出过什么，分担过什么。母亲温柔地拉着我的手，对我说："你不要自责，当时你还小，靠自己的努力考上大学，认真工作，就是好样的。要记住，不论遇到什么事情，都要乐观、坚强、感恩！"

是的，乐观、坚强、感恩。母亲用自己几十年的亲身经历，教会了我这一课，并把这六个字深深烙印在我的心里。电影《岁月神偷》里有一句话不是说得很好吗，生活就是一步难、一步佳；难一步、佳一步。只要你一直往前看，向前走，对未来就会有信心和希望！我以为，懂得了这些，就是回馈给母亲的最好的礼物。

6号赛车的故事

□韩　寒

它是车厂里的一台工程测试车，等待它的命运也许就是接受碰撞测试，然后报废。

是年，车队决定改装新款赛车参加新赛季的中国汽车场地锦标赛，车厂把它运到了车队。因为是运输车上的最后一台，且外观不整，所以它只是备用车中最不受待见的一台。

四台新款赛车被改装出来，参加比赛。车队接到任务，需要改装出一台和赛车外观一模一样的车去参加各地的巡展。于是，它被拉出来做了外观改装，一切只是为了让它看起来和赛车长得一模一样。整整一个赛季，它的四个兄弟都在场上拼杀，而它只能在展台上远远地观望，始终没有被装上引擎的资格。

2012年，又一个新赛季。第一场比赛时，一位队友翻车了，情急之下，它终于可以在第二场珠海站的比赛时替补登场。装上发动机的那一刻，它震惊了车队。因为电脑工程师想尽了一切办法，它就是无法点火。

一夜的整修之后，它终于能启动了。车队将这台新赛车指派给我，并贴上了门胶贴——6号，它终于能像一台真正的赛车上赛道了。第一个弯，它就闪耀全场——因为刹车故障，笔直地冲出了赛道。练习赛因此取消，它要接受所有过往赛车的取笑。当然，这只是拟人化的修辞而已，其实是我要接受所有过往车手的取笑。这场比赛的排位赛，6号赛车居然获得第一。它的弯速和车架比其他精挑细选的原型车更加优异。消息传到车队在上海天马山基地的看门老师傅那里，他很诧异——6号赛车不就是那堆废铁吗？

比赛的正赛，意外又发生了，因为车队在发车前换轮胎超时，6号赛车从杆位被罚到末位发车。技师们默默地把它从第一的位置往后推，所有人都深感惋惜。红灯全灭，正式发车，6号赛车从队尾竟然一路超到第一，创造了中国汽车场地锦标赛的奇迹。

几周后，6号赛车在鄂尔多斯赛车场又迎来了一场比赛，所有人都对它充满期待。不幸的事又发生了，运输赛车的集装箱从卡车上掉了下来，5号、8号赛车当场报废，6号和7号赛车受损严重。经过几个昼夜的抢修，车队宣布，6号赛车的后车梁受损，无法完全修复，只能带伤勉强参赛。而那场比赛，车队只能出两台赛车，目标就是别落在最后。

鄂尔多斯第一场，在暴雨中，6号赛车获得了冠军。车队所有人都不敢相信。鄂尔多斯第二场，6号赛车依然获得了冠军。作为驾驭者，我开始在车手总积分榜上领跑。我不知道能否领跑到最后，但我觉得有时候6号赛车作为一部机器，比一些生物更值得信任。一个月后，噩耗再次传来。由于运输事故，在修复过程中，6号赛车使用的一个车底连接部件忘记注册报备，车检没有通过，取消了一场冠军成绩。

此时，我们几乎失去了争夺车队年度总冠军的希望，车队只能激励我去争夺年度车手总冠军。他们决定改装出一台更强大、更先进的赛车。新赛车由世界汽车场地锦标赛的冠军工程师打造。虽然，我对6号赛车心存感情，但总想着新赛车会更好，于是我决定换车。6号赛车中途退役，被新6号所取代。

新6号赛车在万千恩宠中闪亮登场，可是试车结果不尽如人意，它一直存在各种机械问题。在比赛还有最后几圈时，新6号全车断电，停在弯道中，无奈退赛。连续两场比赛0分，使我的总积分跌出前三。

我决定用回以前的6号赛车，无论那台新车有多么先进。天马山赛车场，这台车架依然有伤的6号赛车，从第四超到第一。

2012年年底，上海国际赛车场年度收官决赛。最终，我和6号赛车一起登上了总冠军的位置。夕阳余晖下，我把香槟洒在了它的引擎盖上。

6号赛车曾是一台没人看得上眼的工程测试车，现在是一台冠军赛车，它曾让我万念俱灰，也曾让我欢欣沉醉；它会莫名脆弱，也会异常强大。我教它如何行驶，它教我如何坚持。或许它会是欢庆照片里的主角，或许它是照片外的摄影师，但它终于站在它要在的位置。

2013年，6号赛车正式退役了。我只能保留这个车号，却无法保留这台赛车，老赛车退役后的命运就是被拆散，它的各个部件将作为比赛时的备件。于是我把它买了下来，带回了家。也许未来我会把它运到赛车场去溜达溜达。因为无法上牌，这台车将永远不能上路。但那又如何，它的使命本就不在公路上，而是在赛道里。

写下这个故事，没有别的意思。6号赛车终究是一台车，它没有生命，只有命运。而它的命运也是被动的，它只能被选择，无法自己选择。若它当年被撞毁了或被遗落了，也就没人会知道、会在意了。所以，它只是一个故事。我只是想说，命运就算颠沛流离，命运就算曲折离奇，命运就算恐吓着你，做人没趣味，别流泪心酸，更不应舍弃，总有人愿意一生永远陪伴你。

致那一瞬间的光芒

□程则尔

在什么场合，最害怕成为被抽中的幸运儿，并受到全场关注？大概，是在集体聚会时，主持人意犹未尽地询问“哪位观众愿意给大家表演个节目”时吧。通常这样的时刻，气氛明明还没从火热中降温，但除了少数有才艺的人有资格淡定地昂着头外，其余人早已把眼神躲向某个角落，心底如同黑云压境。看到主持人朝自己走来，惊惶如笼中鸡兔，或看到主持人正从箱子中抽出一个号码，那两根手指拈起的仿佛是自己的心。当某个不幸的家伙被抽中，并被掌声和嬉笑强行推到人群中间时，才终于松了一口气，仿佛躲过一场枪林弹雨。

是的，作为没有任何才艺可登大雅之堂的我，曾无数次经历过上述场景，但又偏偏是在那被炙烤的时刻，会不甘心地想起，那束光明明可以打在自己身上。

小学时，如果不是因为一次一鸣惊人的表现，或许直到毕业之后我也不会注意到坐在右后方的女孩。她戴着很大的黑框眼镜，几乎遮去小半边脸，不爱说话或走动，每天都在纸上写画一些奇怪的东西，是班级里可有可无的存在。有一次上作文讲评课，语文老师露出惊喜的神色说：“这次有篇作文写的是古体诗，我非常喜欢。”说完便向全班分享了这篇佳作。虽说诗中“明月”“黄沙”“美酒”等意象如今看来稍显平淡，但在当时，的确让我们这群小屁孩惊艳了一番。这首诗，便出自右后方女孩之手。如雷的掌声中，略显羞涩不安的她，在我心目中瞬间从毫无存在感的角落少女，升格为腹有诗书气自华的古风才女，就连从前的沉默寡言，如今看来都是一份温润如玉的内敛含蓄。

人在不同时期，有着不同的审美与想法，也有着不同的信仰与追寻。在为一首诗的魅力而惊艳的稚嫩年纪，我觉得诗人真是一个耀眼的头衔，并且也想成为一名诗人。

我不会写诗，能想到的方法就是不停背诵很多古诗，当一个“不会作诗但会吟”的才子。

那本诗集是我从柜子里“刨”出来的，早已沾满泛黄的时代气息。每天晚上，我都要倚靠在床头翻开它，背下一首新的诗词。父母推开房门，难得没有训斥我超过10点还不睡觉，而是轻轻退回去带上门，脸上是满意的神色。

不过，这个习惯并未持续多久，后来，就没有后来了。少年的想法不知天高地厚，总是忽略掉日积月累的含义，以为多比别人掌握几首诗词就

能成为文艺大咖。当我尴尬地发现会背几首诗，并不能给我带来什么短期收益，甚至无法以具象的表演形式呈现在公众场合时，便又把诗集重新丢回了柜子深处。

如同我的情怀一样短寿，那位女孩突然享受到的荣光，并没有持续多久，片刻的掌声很快变得稀稀拉拉，将她重新送回了沉寂的地位，连同在班级小范围掀起过的诗词热潮。甜棒冰，游戏机……更多新鲜有趣的事物，源源不断地涌进我们狂放的青春。

无人再记得那次作文讲评课上的惊艳一刻，也无人想过要将那份惊艳延续下去。

我也有过无限趋近那束光的时刻，只差一点，就能让自己成为一个有才艺的人。

我已不太记得，当初是怎么与笛子产生联系的，好像是初一某天放学后，我在学校大乐团门口等候参与排练的同桌时吧。这是一个光荣的团体，他们经常在额上点上小红点，胸前佩上大红花，高调地出现在学校盛会上。当我在走廊上踮起脚，透过窗户看到一群同龄人，熟练地用二胡、琵琶、古筝等乐器进行合奏时，感到了一种神圣的羡慕。

学一门乐器吧。这个想法如同西瓜一样，“咕噜”一声从内心深处滚落出来。经历一番自我选择与跌跌撞撞之后，我落到了笛子这个坑里。

从前只知道玩游戏，毫无艺术细胞的我，忽然开窍想学吹笛子了，父母自然乐见其成。然而他们忽略了，我想学乐器的初衷并非热爱音乐或想以此来陶冶情操，而是为了能享受加入大乐团的虚荣，以及一股少年特有的心血来潮。在门类众多的乐器中花落笛子，也只是觉得这种乐器廉价，易上手些罢了。

其实，一切没有想象中那么容易。接触笛子后才知道，这支冷冰冰的竹管子，本身并不能发出悠扬动听的声音，一切都要靠贴在出风口的笛

膜的振动来完成。这种脆薄的小纸片极其昂贵，踏遍县城所有乐器店无一出售，竟要远赴省城才能够买到。

周末下午，从省城回来的父亲推开门，拍拍裤管上的泥，把一盒焐热的笛膜交给我，连声音里也带了几分倦意："既然选择学笛子，希望你能坚持下去，父母会尽可能为你创造条件，接下来一切就要看你自己了。"

我第二个"原以为"，是以为笛子的学习是一个短平快的过程，稍微努力几周，就可以在人前卖弄了。结果单是学会怎么把笛子吹响，就耗去了几天时间。

那时，县少年宫没有笛子老师，父母几番辗转，终于托朋友在川剧团里寻了一位老笛手当我师傅。每个周末，我都要去找师傅接受一对一指导。

学吹笛子，从吹单调的音阶开始，先吹上一百遍哆来咪，倒腾过来再吹上一百遍。在那栋少有人烟的三层旧楼里，充斥着荒凉萧索，充斥着我断断续续、错漏百出的吹奏声，以及师傅恨铁不成钢的责骂。

秉承师傅教诲，从前玩心颇大的父母，周末时轮番留在家中监督我练习笛子。当听到房中已长久偃旗息鼓时，他们总会第一时间警觉地推开房门，看看我是不是又在偷懒。看着案头上令人眼花缭乱的谱子，我在叫苦不迭和后悔中，早把加入大乐团的愿望抛到了九霄云外。

在学习了半年以后，我终于脱离音阶水平，开始接触一些成形的乐曲，也终于到了父母千盼万盼可以在亲戚朋友面前露上一手的时刻。

一切都是一场预谋。从母亲的几个朋友逛完街经过楼下，被母亲硬拉着上楼坐坐，到端着茶杯的父亲装作不经意地说"我家孩子学习笛子以后懂事了不少呢"，再到母亲催促我"快给阿姨们表演一曲"，他们耗费心血想要获取的荣光与体面，终于快要瓜熟蒂落。

可惜，我那点可怜的造诣，只能磕磕绊绊吹完一曲《少林寺》。在阿姨们勉强的鼓掌与称赞中，父母脸上写满尴尬。

学习笛子的计划，就此不了了之，那支笛子，连同那盒来之不易的笛膜，被束之高阁。最开始，母亲偶尔打扫时，还会对笛子进行维护，但接受我今生与音乐无缘的事实后，维护的耐心也被消磨殆尽。如今，距离她上一次维护，或许已过去了十年。

十年，足够一位笛子学徒从门外汉变成熟手，足够一位少年拥有蜕变式的成长，足够无数事件发生又消失，但只一次不成熟的尝试，就消弭了我往后十年所该得到的东西。

我一直认为，笛子吹奏出的音色，始终透着几分悲壮。

在兵荒马乱的高三岁月里，当我再一次收到不尽如人意的成绩单，并对桌子上刻画下的目标大学望而生畏时，忽然意识到，或许学播音主持也是一条出路。

我还记得唯一当主持人的经历。那是小学时的班级晚会，谈不上是什么高规格的场合，但当时在舞台上口若悬河的自己，却一点都没有赶鸭子上架的自知之明。这份经历给我烙下一道印痕，除了出于青春期的虚荣而艳羡那些光鲜亮丽的主持人外，对于艺术生仿佛伸伸手就能考上大学的轻松闲适，也多了几分走捷径的渴望。

"你一定可以的，你笑起来非常好看，有一定文学功底，擅长穿衣搭配，能够声情并茂地朗诵《出师表》，祖师爷是赏了你这碗饭吃的。"决定走艺考路之前，我用良好的自我评价自我加冕。

对于我又一次叛逆式的心血来潮，父母的热烈不复当年，只叮嘱一句"要对自己的人生负责"，就徐徐退到了幕后。

经由同学介绍，我加入了一个播音主持班进行学习。培训班开在学校斜对面的小巷子里，要登几段老旧的铁梯方能抵达，斗室内挤满几十号人，钟爱艺术者甚少，几乎全是想走艺考捷径的高三学生。

第一次报到，老师请我用标准的普通话进行自我介绍。面对台下几十双好奇的眼睛，我断断续续报完姓名和班级后，脸就红到了脖子根。得到的评价很中肯——自信不足，音色沙哑，不是吃这行饭的料，想要学成出头必定比别人难上许多。

勉为其难地，我就此留了下来，并得以见到深夜的小城街景。每天下了晚自习后，顶着疲惫的双眼去培训班学习，就某个音节反复发音几十次，在嗓子仿佛再也无法振动时，下课的铃声在凌晨准时敲响。而我也在那段时光里深深明白一个道理：即使是被同样的水米滋养长大，甚至努力程度也相同，但人与人的差距仍旧是无法想象的。

我统共在那个培训班没有待过一个月时间，离开那里的原因，是老师觉得再也教不了我。

劝退时，老师遗憾地安慰我，与其跟缺陷死磕，不如老老实实走高考这条最稳妥的路径。而我听到这番话也着实松了一口气，其实自己早已酝酿了想要离开的念头，只是迟迟不愿直面又一次认输的结局。

原来，一项才艺可以让观众觉得新鲜精彩的时候，就是它在自己身体里已演绎过千百遍，无数次放下又拿起，甚至对它已不抱有情怀，只剩下条件反射的时候。

几段成长弯路过后，我仍旧没有获得想要的光芒。

就此，我没再产生过剑走偏锋的幻想，踩着读书、考试、升学的节奏，按部就班成长为大多数人所拥有的模样。只是偶尔，再度遇见"谁愿意上前展示一下才艺"的场合，除了能朝人群里缩缩身体以外，还会多一些不甘的幻想——倘若当初的自己坚持到现在，是否可以自信地走上前去，承接那大多数人不曾享有的光芒？

同时，在那个人表演结束、人群散去的时候，无论他的展示段位几何，是成功还是失误，是流畅还是青涩，我都愿意向他送上一份致敬，因为我曾亲身体尝过这份荣耀背后的寂寂长途，以及对等失去的童年快乐。

每一个成功的人，必定在多年以前已开始酝酿；每一个获得光芒的人，心底必定有光。当你在某一刻，看见一个人，鼓起勇气从一群面面相觑的人中站起来，走上前，红着脸开始他的表演，请你相信他背后的故事，并为他热烈鼓掌。

请允许我偶尔的不坚强

□艾米粒

1

8岁的时候，我想学骑自行车。

我找来家里快被淘汰的车子，破旧的墨绿色，车筐早已不见踪迹，车轮转起来咯吱作响，脚镫的踏板已经脱落，只留下直棱棱的两根铁棒，穿着薄鞋底的凉鞋踩上去，硌得脚底生疼。

但这些并不影响我想学骑自行车的热情。我找来有经验的小姐妹，趁傍晚人少，在家门口的柏油路上练习骑车。

当时母亲也在一旁，于是我毫无顾忌地跨上自行车。车轮转起来的那一刻，我的大脑一片空白，将之前好友的嘱咐全然忘记。车子开始不受控制，左歪右斜，我双手紧握着车把，失声尖叫："妈妈，快来救我！"

我拼命坚持了几秒，却没有等到母亲来救我。我重重地摔倒在地，笨重的自行车压下来，尖锐的铁丝刺入我的脚踝。鲜红的血液源源不断地流出来，我不敢动，疼得哭出声来。我抬起泪水横流的脸，渴望得到母亲的关怀。可母亲只是静静站着，面无表情地看了我一眼，丝毫没有过来扶我的意思。我孤零零地坐在地上哭，地底的寒意从手心传入心底。

这件事让我一直无法释怀，后来我问母亲当初为什么没有过来救我，母亲惊讶地看了我一眼，理所当然地说道："我是在锻炼你，是为了要你变得更坚强。"

我无法反驳。

直到现在，我左脚的脚踝处还有一个梅花形状的疤痕。连同那年母亲冷淡的眼神，深深地印在我的脑海里。

可是，我也想能偶尔不坚强，想在我极度缺乏安全感的时候，得到一个温暖的拥抱。

2

12岁那年，我开始住校，被分进了混合宿舍，和几个师姐住在一起。

我身材瘦小，一副营养不良的样子，再加上初来乍到，认生胆小，自然成了宿舍里毫无存在感的人，也自然成了被欺负的对象。

那时我还不知道这就叫欺负。高年级的师姐经常爬上我的床，在上面聊天、吃零食，甚至吃饭。眼看着崭新的床单上多了一块油污，却不敢对她们说一句"麻烦你们不要在我床上吃饭"这样的话。

唯一一次情绪爆发是在一个夜晚。一个师姐放在钱包里的零钱不见了，她召集起所有人，毫无顾忌地说："我怀疑是××拿的！"××是我的名字。

一瞬间，所有人的目光都落在了我身上，我一言不发地冲到床铺那里，将所有的东西都扔到了她们面前，连同身上的外套，然后冷漠地说："检查吧，不要放过任何地方。"

大概是被我突如其来的举动惊到了，丢钱的师姐象征性地翻了翻，尴尬地笑了笑："没有就没有嘛！"说完便径自走开了。

待所有人都走后，我才发觉自己在发抖。心里像是被堵了块巨石，气得直掉眼泪。后来丢的钱被找到了，那个师姐也没有向我道歉。

我打电话给母亲，话还没说出口，便声嘶力竭地哭了出来。我想说，我受了天大的委屈，我心里很难受。可所有的话都还未到嘴边，母亲却在电话那头开口："哭什么啊？这么大的人了，你要坚强一点……"

后面的话我没有听进去，只是哭得更凶了，什么话都说不出来。我忘记了自己是怎么挂的电话，只记得那晚缩在被子里哭了好久，第二天眼睛肿得像桃子。

当时有位和我要好的同学，她的家人经常会带着水果、零食来探望她。虽然独自在外求学，并没什么好委屈的，但我还是暗暗羡慕。和家里人聊天时，我常常旁敲侧击地暗示母亲去学校看望我，但一次都没成功。

在外求学多年，母亲最常说的话就是"你要坚强"，所以我一直如她所愿，一个人在外不管受到什么委屈，不管遭遇怎样的困境，我都咬牙支撑着。

可是，我也想能偶尔不坚强。在我孤独无力的时候，有人给我一个可以依靠的肩膀。

3

18岁那年，我升入高三。兵荒马乱的高三岁月，我过得不尽如人意。原因很简单，我的化学很不好，最差的一次考了个位数。

我和其他人一样认真听课，记笔记，做题，请教老师，但我不得不承认自己是个"化学白痴"。化学老师有些秃头，他看着我的试卷，苦笑着说："姑娘，你还是回家吧。"我知道老师没有恶意，也知道我的化学真的是无力回天。

有一次在模拟考试的考场上，我边做题边抹眼泪，一大张的化学试卷，我会做的题目寥寥无几。考试结束时间未到，我便早早离开了考场。一口气跑到学校门口的小卖部，拨通了母亲的电话。“喂？”熟悉的声音一响起，我就哭出了声，断断续续地说：“妈，我想回家……”母亲以为我出了什么事，待我说清缘由，说什么都不许我回家。

小卖部的大叔用奇怪的眼神看着我，我哭得一塌糊涂。“我就是很累，想……想回家……”但母亲态度坚决，毫不松口。最后我只好妥协，答应母亲回去继续参加考试。

考完之后，我得了一场旷日持久的感冒。这场感冒来得声势浩大，如同不久之后的高考。高考过后，感冒也不治而愈。

很久之后，母亲提起那次的电话事件，开玩笑似的说：“幸亏没让你回来，不然都考不上大学。”母亲大概以为当时我想回家，是因为我想退学。其实不是的，我真的只是太累而已。堆成小山的试卷，来自四面八方的竞争，还有学不会的化学。在此之前，我一直信奉“付出就有回报”，可当事实并非如此时，我便感到失望，感到铺天盖地的疲惫。渴望回家休息几日，调整心态。

澄清的话我一直都没对母亲说，因此母亲时常提起并为此庆幸。

上大学后，我从未在母亲面前露出过一点儿软弱和害怕。母亲经常对旁人说“我家女儿很坚强”，我都一笑置之。我十分感激母亲对我的严格教育，让我在别的女生什么都害怕的年纪里脱颖而出，让我成为所向披靡的勇士。成年之后的我面临过很多次困境，但我想起母亲说的话“你要坚强”，便毫不退缩地挺过去。

可世上并没有无坚不摧之人，我也会有力不从心、想要不坚强的时候。那时，我多希望能把我所有的脆弱和害怕悉数摊开在母亲面前，告诉她，我好想要你一个拥抱，好想你对我说“别硬撑着了，快回家来”。

人生这样长，这样荆棘遍布，请允许我偶尔的不坚强。让我躲进你的怀里，听你说一句——“赶快回到我身边”。

一粒谷子落下的声音

□［美］何赛·雷迪亚

我出生在费耶特维尔的一个小镇上。从小，我跟着我的父母在一个农场里长大。噢，请不要误会，我的父母并不是农场主，他们只是在替农场主做工。他们的工作非常辛苦，赚来的钱却只够我们穿最廉价的衣服和鞋子，餐桌上也只有发硬的黑面包。

六七岁的时候，父母决定把我送到小镇上的一所学校上课。一开始得知这个消息，我非常高兴。终于可以离开农场，不用每天帮父母运送沉重的稻谷了。但是很快我就意识到，学校比农场更让人生厌，甚至令人恐惧。

不知道为什么，同学们都不愿意和我一起玩儿，每次看见我都躲得远远的，好像担心我身上的稻草屑会弄脏他们的衣服。大个头威廉甚至在全班同学面前笑着说：“雷迪亚身上的衣服太奇怪了，简直就像一个麻袋，还是一个烂了窟窿的麻袋。”同学们都大笑起来，我用手遮挡住衣服上的破洞，默默地坐在座位上，低下了涨红脸的头。

是的，我没有反驳。威廉说的是事实，而且更令人难堪的是，我知道不管我说什么，都没有人理睬。每个人都把我当作空气，本能地忽视我——除了在嘲笑我的时候。

回到农场后，我站在父亲身边，向他提出了退学的要求。父亲正在收割稻谷，他毫不犹豫地回绝了。“不可能，雷迪亚，我不允许这样的事情发生。”父亲很冷静，好像在陈述一个无比正确的事实。

这时，一粒谷子从谷穗上掉落下来，静静地落在我的脚边。我突然激动起来，大声说：“我讨厌那个地方！你知道吗？我就像一粒微小的谷子，落下来也不会发出任何声音。”

父亲没有说话，他打开身边的麻袋，用双手捧了满满的谷子，然后摊开手，任那些谷子撒落下来，当它们落在地上时，发出了“沙沙”的声音。父亲看着我说：“你说一粒谷子落下不会有任何声音，但是现在成百上千的谷子落下就有了声音。那么，众多的‘无’是怎么创造出‘有’的呢？这不是很荒谬吗？”

“我不知道……这是为什么？”我疑惑地问。

父亲笑了笑说：“很显然，这并不是无中生有，而是从小到大。一粒谷子落下也会有声音，只是它很微小，也许人们没有在意，也许周围环境非常嘈杂，也许它小得不足以让人们听见。但不管怎样，不能否定它落下时有声音发出来。只要有声音，那么，它就可以一点点变大，直到发出响亮的、足以引人注目的声音。”

那天下午，我和父亲蹲在地上，捡了很长时间的谷子。我很庆幸，因为我有一位优秀的父亲，他让我听到了一粒谷子落下来的声音。而后来的事实证明，父亲说的没有错，我终于发出了响亮的、足以引人注目的声音。

贫穷时光

□后 雨

“请你首先想象出一个正常尺寸的圆圆的奶酪蛋糕，再用厨刀将它均匀地切成十二份，也就是切成有十二个刻度的钟表盘的样子。其结果，当然出现十二块尖角为三十度的蛋糕。将其中一块放在盘里，边啜着红茶什么的边细细地看。那顶端尖尖的、细细长长的蛋糕片就是我们‘三角地带’的准确形状。”

1973年或1974年的时候，村上春树与妻子结婚不久，面临着“可以登在‘吉尼斯世界纪录’上”的贫穷。租不起像样的公寓，他们只得四处寻找廉价的可遮风避雨的落脚之地。在招租广告的指引下，他们走进了那间孤零零地盖在“三角地带”尖端的房子，感觉就像站在一艘行驶在海上乘风破浪的驱逐舰的舰桥上。

“三角地带”的两边，两条铁路左右相夹，一边是国铁线，一边是私铁线。两条铁路是一并行驶的，以这楔子形的尖端为分歧点，像被撕裂开来似的，以不自然的角度各奔南北。打开大门，一辆车就从眼前奔过；打开后窗，另一辆车呼啸而至。房子里的人与电车上的乘客接近到几乎可以四目相对、点头招呼的程度，玻璃窗哗啦作响，彼此听不见对方的讲话声。村上与妻子在里面逗留了一个小时，这期间有相当多的电车从房子两侧通过。“如果话说到一半有车开来，我们便闭上嘴巴等车通过。等安静下来，刚开始说话，下一班电车又来了。那情形，不知该称为（思想）交流的中断还是分裂，总之是十分让·吕克·戈达尔（法国新浪潮电影导演）式的。”

令人匪夷所思的是，村上春树最终还是决定租下那座房子，原因是从窗口泻进来的春日阳光，在榻榻米上照出一片小小的四方形，“很像我小时候住过的房子”。那个住在阪神地区宁静的郊外，在担任教师的父母的关爱中长大，成绩马马虎虎，爱读书、听音乐的“普通男孩”，20世纪60年代末只身来到东京，进入早稻田大学第一文学部戏剧专业学习，却始终游荡在校园教室之外，体味、吸收着一切“在都市里生存所需的实用知识”，将“团块世代”（“二战”后日本的第一个生育高峰）应有的既定人生轨迹颠倒了个次序：结婚、工作、毕业。

为生活所迫搬进“三角地带”时，棉被、衣服、餐具、台灯、几本书和一只猫，就是夫妻二人的全部家当。“房子建得极其马虎，到处都有空隙来风。夏天自是开心惬意，冬天那里就成了地狱。买取暖炉的钱都没有，天一黑，我就和她以及猫钻进被窝，那才叫不折不扣的相拥而眠……四月间铁路工人有几天罢工。一有罢工，我们真是欢欣鼓舞。一整天一趟列车都没有。我和她抱着猫到铁轨上晒太阳，安静得简直像坐在湖底。我们年轻，新婚不久，阳光免费。”

经过一段同时打几份零工的东奔西走的日子之后，村上夫妇总算找到了适合自己栖身的社会“缝隙”，开了一家可以整日播放喜爱的爵士乐，提供咖啡、酒类和简餐的小店。然而到了每月向银行还贷款的日子，他们依然会感受到现实的冷酷。有一次，到了还款期限的最后一天，想尽办法却依然凑不够钱，夫妻二人垂头丧气地走在深夜寒冷的大街，居然就在地上捡到了符合数目的皱巴巴的钞票，不可思议地“捡回了小命”。

按照村上的说法，他们“总算心无旁骛地度过了这段艰苦岁月，而且没有遭受重创，好歹得以保全性命，来到了稍稍开阔平坦的场所。略作喘息之后，我环顾四周，只见眼前展现出一片从未见过的全新风景，风景中站着一个全新的自己”。

那是1978年4月一个晴朗的午后，村上春树独自前往神宫球场观看中央棒球联盟的揭幕战——养乐多燕子队对阵广岛鲤鱼队。就在第一击球手戴夫·希尔顿打出潇洒有力的二垒打的那一瞬间，村上春树感到“似乎有什么东西慢慢地从天空飘然落下，而我摊开双手牢牢接住了它”。比赛结束后，村上立刻坐上电车赶往书店，买了稿纸和钢笔。夜深人静，结束店里的工作之后，他坐在厨房的饭桌前摊开稿纸，开始写作……

一年后，村上接到《群像》杂志编辑的来电，通知他，“小说已经闯进新人奖评选的最后一轮”。放下电话，村上和妻子一道出门散步，走过明治大街的千驮谷小学旁时，在绿荫丛中发现一只翅膀受伤的信鸽，他们按照信鸽身上的铭牌，将它送回附近的岗亭。村上的心中一阵情感荡漾：“我们沿着原宿的后街小路走过去，受伤的鸽子在我掌心暖暖地微微颤抖。那是一个晴朗舒爽的星期天，周围的树木、建筑、商店橱窗都在春日的阳光下闪耀，明亮而美丽。这时我陡然想到，我肯定会摘取《群像》新

时间只是陪衬

□马亚伟

我们总是太过迷信时间的力量，也太过在乎时间的流逝。有些人以为，时间主宰着一切，世界每时每刻都被时间改变着。

其实，时间只是陪衬。世界原本是没有时间概念的，人类出现之前，整个世界都是混沌蒙昧的，但沧海变成桑田，山峰夷为平地，一切都在悄无声息或者惊天动地改变着，没有什么能够阻止变化的进行。这种变化，不是时间赐予的，而是事物本身在发生改变。沧海收起狂澜越来越平静，滔天的水势终于化作浅滩，化作桑田；山峰在某一次地质变化中受到震撼，于是坚硬的内部开始分崩离析，最终轰然倒下，成为平地。

爱因斯坦说，时间和空间是人们认知的错觉，现在、过去和将来之间的差别只是一种错觉。时间倒流或回到过去，其实是建立在一个不存在的逻辑基础上的。是的，时间不参与改变。

我总觉得，时间是我们人类为了把握生命刻度而“发明”的，用来丈量一生的长短不同、一年的寒暑变化、一月的月缺月圆、一天的晨昏交替。我认为植物和动物是没有时间概念的，所以它们活得更自在些。即使植物有年轮，动物有寿命，也是我们人类按照自己的思维方式来计算的。动植物应该是顺应着自然的规律，简单而自由地活着。我们却常常成为时间的奴隶，为时间所累，活在时间流逝的惶惑不安之中。

我身边有个三十多岁的男人，终日感慨着：“我都三十多岁了，都说三十而立，可我要事业没事业，要爱情没爱情。掰着手指头算算，四十岁马上就到，我的人生要完蛋了！”他有必要那么急切惶然吗？时间只是陪衬，根本不能左右你人生的成败。如果你每一天都活得充实，竭尽所能地做好分内之事，即使时间飞一样流逝，当你回首走过的路时，也是无怨无悔的。我们经常在年终时慨叹时间过得太快，但回想所做的一切又觉得人生那么有意义。没有虚度，便能心安。尽管面对时光的流逝，我们都有些惶恐，连孔圣人面对滔滔流水都感喟：“逝者如斯夫，不舍昼夜。”越是如此，我们越要去主宰时间，而不是枉自嗟叹。时间只是陪衬，生命的主体是你自己。

有个遭遇不幸的朋友，大家劝慰他说：“相信吧，时间是最好的药，一切都会过去的，伤痕也会被时间抹平。”其实说到底，时间不过是个陪衬，真正改变的是他自己。他的伤口从鲜血淋漓到逐渐结痂，内心的挣扎过程只有他自己才能体会。

痛苦，是沉沦的沼泽，还是强大的起点，关键在于你自己，跟时间没关系。人在经历了苦难磨砺之后，会不会破茧成蝶，不在乎时间。同样的时间，有的人涅槃重生，有的人永远死去。

时间不过是生命的陪衬罢了。“滚滚长江东逝水，浪花淘尽英雄”，大浪淘沙，留下的是那些能够主宰自己命运的英雄。刀光剑影，鼓角铮鸣，一切都会被记录在案。时间，相当于纸笔，只是简单的记录者，而其所记述的内容，是由我们自己决定的。

时间只是陪衬，不会改变什么，左右什么，没有力挽狂澜的力量，没有扭转乾坤的作用。归根结底，生命之书是我们自己书写的。

人奖，并且从此成为小说家……”

直到今天，村上春树时不时还会想起他那呈奶酪蛋糕形状的“三角地带”，不知道那所房子里现在住着什么样的人。成为作家后，他这样写道——

我丝毫没有奉劝诸位“人生路上要尽量多吃苦头”的意思……不过，假如您此时此刻刚好陷入困境，正饱受折磨，那么我很想告诉您：“尽管眼下十分艰难，可日后这段经历说不定就会开花结果。”也不知道这话能否成为慰藉，不过请您这样换位思考，奋力前行。

伟大的麦克斯韦为什么不著名

□董洁林

20世纪初，苏格兰阿伯丁市音乐厅要为当年的捐款者发一笔红利，他们一直找不到一位名叫“詹姆斯·麦克斯韦”的捐款人，于是只好登寻人启事。此时，麦克斯韦已去世20多年，他创立的电磁学已进入很多大学的课程。

麦克斯韦曾于19世纪50年代在阿伯丁大学做教授，该校的一位巡视员看见寻人启事，就赶去了音乐厅及其委托的律师事务所，向他们介绍了麦克斯韦其人其事。这些文科生们听完了故事一愣，才知道他们寻找的这位“亡魂”，竟然是改变了世界的一个伟大存在。

可以说，现代世界到处弥漫的电磁波，都是19世纪这位苏格兰科学家的大脑中诞生的孩子。基于前人发现的电磁现象，他构建出了电磁学的宏伟理论大厦，还顺便奠基了统计力学。可以确定，麦克斯韦是近代最伟大的三位理论科学家之一，另外两位是牛顿和爱因斯坦。

然而，麦克斯韦的公众知名度远不如牛顿和爱因斯坦。为什么呢？麦克斯韦从剑桥毕业，比他的中学同学晚两年，毕业后在大学寻求教职也不顺利。令人伤心的是，他48岁就因胃癌去世了。“大器晚成”加“英年早逝”对一般人来说注定一事无成，但他在有限的生命中成果辉煌。无疑，学术生涯太短的确是麦克斯韦学说未能更快发展和传播的大问题。

他的代表作《电磁通论》于1873年首次出版。1879年，正在准备《电磁通论》第二版的麦克斯韦，在修改完前九章后，心脏永远停止了跳动。今天，即使是训练有素的科学工作者有机会翻看麦克斯韦的《电磁通论》，也会被它复杂的数学体系吓到。

麦克斯韦在学术上是孤独的，他庞大而精妙的电磁理论体系曲高和寡。麦克斯韦的第一个有力的电磁学知己，是远在德国的赫姆霍兹。麦克斯韦去世后，赫姆霍兹让自己的学生赫兹去验证麦克斯韦理论有关电磁波的预测。当赫兹于1887年在实验中发现了电磁波并确认了光也属电磁波的时候，人们才开始注目麦克斯韦的电磁理论。此时，麦克斯韦已经去世近10年了。

麦克斯韦是一位温和谦卑的英国绅士，公德和“私德”都找不到瑕疵，缺少公众喜闻乐见的八卦故事，这也是他与牛顿、爱因斯坦的差别之一。他的科普活动主要是演示光颜色混合的机理，这个简单而有趣的实验，正是现在所有彩色屏幕的起点。他知道自己的电磁理论抽象而庞大，没有费力去推销。偶尔，他的学生们在课堂上听见老师受自己思路牵引而喃喃自语时，都会面面相觑、不知所云。当他意识到自己“走神”时，会腼腆地把自己拉回现实。从1871年开始，他成为剑桥大学的实验教授，负责筹建卡文迪许实验室。如果麦克斯韦在接下来的几年，利用卡文迪许实验室创建者的身份，组织大家来完善和验证自己的理论，电磁学的发展和普及可能会提前很多年，相对论也很可能提早问世，科学史就可能完全改写了。但他没有，他虚怀若谷地看着每个人选择研究方向，追求自己的兴趣。

赫兹发现电磁波后，才华横溢的发明家们前赴后继，蜂拥而至。出生于克罗地亚的特斯拉，演示了如何用电磁波点亮灯；美国的爱迪生创建了电力系统；意大利的马可尼发明了无线电报……人们或许不知道麦克斯韦，但空中飞舞的电磁波，满满的都是向天才致敬的呢喃。

所有的知识都不会白学

□罗振宇

有一次上课，一位人类学女老师给同学看她的指甲，问好看吧？大家说好看。女老师拿出一把指甲刀，把指甲剪下来，然后又给同学们看，大家就觉得这样再看挺恶心。

老师说，指甲长在我手上，你们觉得好看，剪下来你们就觉得恶心。这说明了什么道理？说明我们对一个东西的评价，并不完全是由这个东西本身决定的，而是和它的背景条件有关。我们研究人类学，就要学会理解同样的东西在不同的文化中意味着什么。

你看，经常有人会说，我大学学的课程后来工作都用不上，所以白学了。其实不然，所有的学科，都有它的底层逻辑。连人类学这种冷门学科，都会赋予你看待世界的不同方式。天下没有白学的知识，只有我们没学会的底层逻辑。

诗和苟且并存，才有岁月可回首

□马海霞

徐小好戴了顶蓝色大檐布帽子，着一袭蓝色长布裙，因身材过于消瘦，一颦一动仙气儿十足，回头率颇高。那日，她来我们单位办事，大宁认出她是昔日同学，热情地和她打招呼，徐小好却以一副大宁认错人的表情待之。

深聊得知，徐小好十年前得过脑瘤，做了开颅手术。她摘下帽子让我们看她头顶那道长长的疤痕，手术后疤痕处再也没长头发，所以她常年戴帽子。她说得病后脑子便不好使了，记性差，以前的很多事情都记不得了。

虽然大宁和徐小好上学时无过多交集，但此时见面，徐小好讲她的病史，听得大宁眼睛返潮，中午请徐小好在单位餐厅吃了饭，两人友情迅速升温。打那以后，徐小好只要路过我们单位便进来和大宁聊一会儿。

徐小好衣服很多，每次来都不重款儿，我猜她家境不错。徐小好听完抿嘴儿笑，说这些衣服都是亲朋送她的旧衣服，她身形太瘦，谁送她衣服都“富富有余”，她会裁剪、修改、重新搭配，旧衣换新颜。

听大宁说，徐小好上学时学习很好，高三那年因家庭困难没考大学，毕业后徐小好学过裁剪，通过自学考试取得了会计大专文凭，后在私人企业从事财务工作。徐小好得病后，记忆力下降，原来的工作无法胜任，只能从事简单的工种，在饭店干过服务员，在商场当过保洁员。

徐小好那次来找大宁时，她失业了。大宁给她介绍了几份工作，但一面试老板便看出徐小好脑子反应慢，没有录用。后来，徐小好找了一份分发小广告的活儿，每天工作七个小时，月薪一千二百元，她非常满意，笑着说，健走还能挣钱，这工作怪好。

可没干几天，老板得知徐小好得过重病，怕找麻烦，便找借口辞退了她。徐小好说这些时，依旧脸上挂笑，她不怨恨老板，她说，自己这迷糊脑子，人家看出来，辞退她实属正常。

不久，徐小好又来找大宁玩，开心地告诉大宁，她又找了一份做编织袋的工作，编织袋厂就在家附近，老板为人和善，见她身体不好，允许她上下班时间灵活掌握，计件工资，干多干少随意。

编织袋厂没有休息日，徐小好一个月放自己四天假，她说休息时她在家做美食也做手工，织帽子、修改衣服，做累了，便拉一会儿二胡。徐小好父辈都是京剧票友，她从小在二胡声中长大，能拉二胡，还能吼上几嗓子。

一日去书店，偶遇徐小好，她买了几本素描书，我以为她给儿子买的，一问才知是给自己买的。她说自己小时候爱好美术，一直没机会学，最近工作太累了，奖励自己几本专业书籍，回家自学。我鼓励她，坚持下去，说不定能靠这个吃饭呢。她笑笑，说水平不行，就是个爱好。人没有爱好，到老了回首这一生，感觉白活了一样。

徐小好真是位有情调的女人。

和大宁去她家做客，徐小好一个人进了厨房，不需要我们帮厨。饭菜上桌后，果然卖相味道俱佳。徐小好说，她喜欢做饭，在饭店干过几年服务员，端盘子时看到不会做的菜品便找机会请教厨师。同样的食材干吗不做出最好的味道来？这是徐小好一日三餐的理念。

徐小好家院子很大，她种了几畦菜，自给自足。想象着她茶余饭后，在院子里拉二胡、画画的场景，觉得她日子过得太滋润了。

徐小好领我们去她工作的编织袋厂逛了一圈儿，车间很大，冬天没暖气夏天没风扇，工作环境太差。徐小好说，她干活慢，一天手脚不停歇，也就收入一千多元，身体健康的熟练工加班加点每月能挣到四千多元。徐小好说，多挣多花，少挣少花，她的衣服都是亲朋送的，粮食蔬菜自己种，过日子花不了多少钱。儿子学习不好，读了职专，国家免学费。儿子天生一副好嗓子，班里好几位女生喜欢他呢。儿子说了，他工作后自己贷款买房，不用父母操心。徐小好边说边笑，眼睛里闪烁着美好。

徐小好做过两次开颅手术，疾病之外的一切，皆看得云淡风轻。她懂得如何给苟且生活增添些许诗意，日子是自己的，觉得生活苦了，那就自己加点糖。

数学天才：有如电影般的人生际遇

□［美］莎拉·基廷

帕吉特在他的生活周遭到处都看得到数学。即使是像刷牙这样普通的事情，也会受到数学的支配——他拧开水龙头，牙刷要在水里浸16下。

他说：“我不知道为什么自己喜欢完全平方数。这不仅是一个完全平方数，它是2的4次方或者4的平方，但我就是喜欢完全平方数……我做所有事情都会不由自主地做到完全平方数。”

在他身上，确实有一种罕见的天赋，他可以手绘重复的几何图形，即所谓的分形图。

但这位来自阿拉斯加的前床垫推销员并非一直这样擅长数字。17年前，他在华盛顿州的塔科马过着混乱不堪的生活。数学跟他八竿子也打不着。

他说：“我过去常说，‘数学无聊死了，在现实生活中有什么用呢？’我觉得这话说得很对。我真的是这么想的。”

但在2002年9月13日那个星期五的晚上，一切都改变了。帕吉特和朋友们出去玩的时候，在一家卡拉OK外面遭到两名男子的袭击和抢劫，劫匪拿走了已经扯破的皮夹克。他回忆道：“当第一个人跑到我身后，砸中我后脑勺时，我听到了低沉的声音并感受到了猛烈的撞击，然后眼前闪过一道白光，就像有人用闪光灯拍了一张照片一样。接着，我意识到自己跪倒在地，一切都在旋转，我不知道自己在哪里，也不知道是怎么来到医院的。”

帕吉特跌跌撞撞地来到马路对面的医院，医生说，有脑震荡，并且因肚子受了一击，导致肾脏出血。“他们给我打了一针止痛药，然后就把我送回家了。”回到家后，帕吉特的行为很快就发生了戏剧性的变化。他患有创伤性脑损伤，这可能会导致强迫症。帕吉特越来越害怕外面的世界，除了出去补充粮食，平日不会出门。他说：“我只记得自己把房间的窗户都用毯子和毛巾钉上……我记得真的是用喷雾泡沫把大门给封上了。”

强迫症让帕吉特对细菌产生了非理性的恐惧，他的女儿也因此事遭受连累——在与之前的伴侣就监护权谈判期间，她会过来跟他住。他说：“她过来住的时候，我会控制不住地反复洗手、打扫卫生。我让她把鞋子脱了，换上干净的衣服，还要洗手。”

但正当帕吉特经历着袭击所带来的负面影响时，不可思议的事情也发生了。他看待事物的方式发生了改变。

他解释说：“所有弯曲的东西边缘都开始像素化。水龙头流出来的水不再是连续流动的，看起来有许多小切线。”云朵、阳光、树木、水坑也都看起来完全不一样了。在帕吉特看来，这个世界本质上就像一款复古的电动游戏。想到自己对周围环境产生了如此截然不同的看法，帕吉特心里为此矛盾重重。他说：“我很惊讶……也很困惑。它很漂亮，但同时也很可怕。”

由于这些幻象，帕吉特开始思考一些与数学和物理有关的问题。当时他过着隐居般的生活，互联网成了他珍贵的信息来源，他在网上阅读了大量与数学相关的文章。

他偶然发现了一个关于分形的网页，引起了他的共鸣。这是一个难度很高的数学概念，从最基本的意义上讲，可以将它比作雪花。当你放大的时候，会看到它是由更小的雪花连接在一起组成的，再放大，这些雪花又是由更小的雪花组成的，依此类推，直至无穷无尽。

帕吉特被这个概念迷住了，直到有一天女儿问电视画面是如何出现的时候，他才知道怎么用语言来描述它。他说：“当你看电视屏幕，看到一个圆圈时，其实它并不是一个圆圈。它是由矩形或者正方形组成的，如果你仔细观察，会发现圆圈的边缘真的是锯齿形。你可以把这些像素切成两半，再切两半，你会发现整体图案越来越接近一个完美的圆，但你可能永远达不到，因为你可以永远把像素切成两半，所以分辨率会越来越好，但你永远无法得到一个完美的圆。”帕吉特觉得有必要进一步探索这个有趣的概念。

于是，他开始画画，不停地画。他说：“我有圆圈图、分形图，我能画出来的每一种形状的图，上千张都不止。这是就我所看到的东西进行有效沟通的唯一方法。”帕吉特认为，他的画“掌握了宇宙的钥匙”，而且它们太重要了，得随身携带。

有一天，在一次难得的外出期

间，有一名男子走近他，这个人注意到帕吉特的那些绘画，并告诉他，这些画看起来很像数学画。帕吉特告诉他："我尝试在普朗克长度（物理学家普朗克提出的一种极小的测量单位）和量子黑洞基础上来描述时空离散结构。"偶遇的男子是一名物理学家，他认出帕吉特画的是高级数学。他敦促帕吉特去上数学课。这让帕吉特进入了一所社区大学，在那里开始学习描述令他痴迷的事物时所需要的语言。

在过了三年半隐士般的生活后，学习改变了帕吉特的一切。他开始为自己的强迫症寻求心理帮助，以致遇到了后来成为他妻子的那个女人。

但为什么帕吉特看事物的方式如此奇怪，如此与众不同？为什么他的世界是由几何形状和图形组成的呢？富有诗意的是，电视为帕吉特提供了线索。帕吉特在电视上看到一个人，一个具有非凡数字能力的学者，在谈论他眼里的数字是什么样子的。

帕吉特说："我总是把数学描述成形状，而不是数字，这是我第一次听到除了我以外的人谈论数学的样子。"他在网上搜寻更多信息，偶然认识了迈阿密大学的认知神经学家布罗加德。两人在电话里聊了好几个小时，通过这些交谈，布罗加德推测帕吉特有联觉——感觉混淆了大脑的交叉连接。

据估计，大约4%的人具有联觉。有联觉者可能会在听到音乐的时候看到特定的颜色，或者在感受到某种特定情绪时闻到对应东西的味道。这种情况是由大脑各部分之间的异常连接引发的，这种连接在一般人身上并不存在。极少数人可能是生来如此，也可能是因为某种创伤、脑卒中、过敏反应而引发了大脑的改变。

布罗加德认为，帕吉特所受的脑损伤使他形成了一种联觉，在这种联觉中，某些东西触发了数学公式或者几何形状的视觉，也许是在他的脑海里，也许是投射到他面前。布罗加德还假设联觉使帕吉特通过学习成了一名专家。布罗加德说："我们大多数人没有这样的洞察力，因为我们没有能力把数学公式形象化。"

为了验证这些想法，布罗加德把帕吉特带到赫尔辛基阿尔托大学的大脑研究部门，在那里帕吉特接受了一系列的脑部扫描。在做核磁共振扫描时，帕吉特眼前的屏幕上闪现着数百个方程式，其中包括一些假的方程式。然后，研究人员观察他大脑里有哪些部位被激活。帕吉特说："扫描发现，我可以进入大脑中人们无法有意识访问到的部分，而且视觉皮层与大脑中负责数学的部分协同工作，这显然是有意义的。"

布罗加德的假设被证明是正确的。帕吉特被正式诊断为有获得性学者综合征和某种形式的联觉。帕吉特终于得到了答案。自确诊后，帕吉特出版了一本关于自身经历的书，名为《一夕之间变天才》。他在世界各地向人们讲述自己的故事，并向人们传授数学知识。他还希望能帮助其他拥有独特或罕见人生的人将经历拍摄成电影。他甚至出售他画的分形图。

至于在那个灾难性的夜晚袭击他的两名男子，虽然帕吉特已指认出并提出指控，但他们最终没有被定罪。

然而，数年后，其中一名男子西蒙斯给帕吉特写了道歉信，当时帕吉特正在接受自杀未遂后的处方药成瘾治疗。从某种意义上说，在袭击之后的几年里，有两个人的生活发生了改变。西蒙斯说："我现在成了一个与以前完全不同的人。当回头看过去那个糟糕透顶的我时，我根本不知道自己怎么会是那样一个人。"

帕吉特也觉得自己和以前不一样了。帕吉特说："我现在到处都能发现它（美）。"他痴迷于一些多数人甚至没有注意到的小事，比如雨滴落进水坑。在帕吉特的眼睛里，水坑变成了复杂的波纹图案，重叠形成了星星或雪花的形状。他想让其他人也看到他所看到的。他说："在任何时候，都应该对现实的存在感到惊奇。我正在经历数学上的觉醒，我们周围的一切都是绝对的魔幻，或者你要尽可能地去接近魔幻。"

萧伯纳
遭遇挑衅

□赵盛基

歌剧《武器与人》首次公演时，剧院举行了隆重的仪式，邀请了各界知名人士前来观看，剧本作者萧伯纳当然也在其中。

演出获得了巨大成功，剧终时，演员多次谢幕，台下观众不肯离去，一致请求萧伯纳上台与大家见面，接受众人的祝贺。

受观众情绪的感染，萧伯纳很兴奋，也很激动。他快步走上舞台，笑容满面地向台下观众挥手致意。台下沸腾了，观众们纷纷起立，报以热烈的掌声和呐喊声。

就在这时，观众席上突然出现了不和谐的声音，有个人大声喊叫："萧伯纳，你的剧本糟透了，快收回去吧，别演了。"

观众们被这突如其来的变故惊呆了，一时变得鸦雀无声。他们担心萧伯纳一定会很生气，一定会针锋相对，气氛瞬间降至冰点。

然而，人们担心的事没有发生。面对挑衅，萧伯纳不但没有生气，反而笑容可掬地向那个人鞠了一躬，彬彬有礼地说："我的朋友，你说得好，我完全同意你的意见。"说到这里，他挥手指了指剧场里的广大观众后，继续说，"但遗憾的是，我们俩的力量太渺小，我们俩的意见也微不足道，怎么能反对得了这么多的观众呢？我们俩能阻止得了势不可当的演出吗？"

萧伯纳短短的两句问话，以及他的绅士风度，赢得了全场雷鸣般的掌声和喝彩声。

人的一生，总会遇到挑衅。面对蛮横无理者，迎其锋芒，难免两败俱伤；以退为进，获得正义的支持，才能笑到最后。

我曾经拥有一只羊

□邓　西

我十一岁那年曾经拥有一只羊。说起来好像写小说似的，却是一件真事。这只羊的来历也很不一样，它是一只抵债的羊。

那天我放学回到家里，发现院子里的桃树下拴着一只羊。它浑身棕黄色，脑门中间却长着一长撮黑色的毛，恰好把脑袋分开成左右两边，两只刚长出来的羊角仿佛扎着两个小辫子。“咦！哪儿来的羊？”我朝它跑过去。它睁着一双温驯的眼睛打量了我一会，然后低下头啃吃地面，但那儿什么都没有，除了春天潮湿的泥沙。

母亲告诉我，这只羊是一个欠父亲钱的人送来抵债的。我们村里没有人养羊，家家户户养的都是猪、鸡和鸭。就连牛也是一村子人共养的，属于公共财产，农耕时大家轮流使用，闲时轮流喂养。所以，我对羊很好奇。

母亲对养羊没有意见，因为不用喂它粮食，只要让它吃草就好了，而草到处都是。羊被关进猪隔壁的小屋里，小屋在羊没有来之前是放杂物的，母亲把杂物搬走铺上一层新鲜的干稻草。羊起先踮着蹄着急地走来走去，踩得干稻草发出清脆的窸窣声，然后又把脑袋探出生了锈的矮铁门外面，大概是陌生环境使它很没有安全感。我想摸摸它的脑袋，摸一下那条黑色的、仿若一条沥青马路似的分界线。可它见我过去就快步走开了。我躲到远处观察，它“咩咩”叫了几声，两个前肢跪下，头抬起，半侧卧在散发着阳光味道的干稻草上。

母亲把喂养羊的任务交给了我。我问她：“那这只羊就是我的了吗？”她笑呵呵地说：“好好好，它就是你的了。”羊却不这样认为。

父亲在羊脖子上系了一根两三米长的绳子，绳子的另一头拴着一根木桩。早上我把羊牵到田里，木桩插进泥地里，这样羊就不会乱跑了，而是绕着绳子吃草。它慢吞吞，很有耐心地吃着嫩绿的青草。等我下午放学后牵它回家时，发现它把田里的草儿吃出了一个好看的图形来。这是牛做不到的事情，我觉得它是一只有艺术细胞的羊。

一天放学后我牵羊回家，它竟不肯跟我走，我用力拉绳子，羊却无动于衷，绳子勒得我的手掌生痛。于是，我把绳子扛在肩膀上，弓着背，拉着它往前走。羊跟我走了一段田埂路，遇到一个干水沟，里面长满了青草。就在我肩上勒着绳子，抬起腿准备跨过水沟时，羊突然低下头去啃吃沟里的青草，我一脚踏空掉进了沟里。等我从沟里爬上来，羊正悠闲地吃着草儿，嘴里发出吱吱的声音，而走在回家路上目睹我被羊拉进沟里的同学们却高兴得哈哈大笑。

我又气又恼，对着羊肚子一脚踢过去，羊受了痛惊得跳起来，发疯似的往前跑。我跟在后面大声喊：“站住，你给我站住！”羊没有听我的话，它没有站住，倒是我的同学们都围上来看热闹。我追上去用脚踩住绳子，却被羊拉得一个趔趄，摔了一个狗啃泥。羊终于停下来转过头看着我，惊恐的眼里充满了忧伤。

“好啦，你别跑了，我再也不打你了。”我捡起绳子握在手里，朝它走过去，摸了摸它头上的分界线。它一动不动，任我抚摸。

星期天我会一直陪着它，羊在坡上吃草，我躺在草丛中看书。看各种各样的故事书，武侠的、神话的，民间传说等，看到高兴处我哈哈大笑，羊抬起头看着我，咩咩地叫，它在分享我的快乐。

遇到下雨天不能出去放羊，我去厨房里拿些喂猪的菜叶给羊吃。这引来隔壁那头黑猪的不满，它似乎认得自己的食物，隔着铁栏杆冲着羊直哼哼。但羊很淡定，缓慢而优雅地细嚼慢咽，不时抬起头用感激的目光看我一眼。我把两只手贴在羊温暖而光滑的背上，感觉它的血管在我的手指下突突跳动，细微却充满力量，那是生命徐徐跳动的力量。

后来想想，羊就是在那一天属于我的。

我越来越喜欢我的羊，从来没有一个有生命的东西是真正属于我的。虽然我还有一条叫多利的黄狗，但它同时也是哥哥和姐姐的。父亲搞养殖业的时候养了不少家禽家畜，但都不属于我，它们是家里的财产。我九岁那年帮父亲照看一群从城里买回来的良种鸡，它们是一群笨拙而胆小的鸡，下雨时不晓得回鸡窝，我冒雨赶它们回去，但无论我怎么赶，它们都不往鸡窝方向走，瑟缩着脖子和湿答答的羽毛跟我绕圈子。我气得把手中的柳条往地上一扔，站在雨中号啕大哭，无助，委屈又伤心。后来这件事情还常常被家人拿出来取笑，现在回忆起来连我自己也觉得好笑。可你绝对不能无视一个孩子的伤心，它是那么具体而真实。

关于我那只羊，后来它的命运又

多说『鲜花句』

□［美］苏·帕顿·托埃尔

我们的头脑好比一座花园，我们的思想好比许许多多的种子，既可以收获鲜花，也可以收获杂草。“种子句”是我们为了与自己的潜在假设和隐藏的信念保持一致而产生的成串想法和语汇。如果我们的种子句是自我肯定和积极的，我们自然会自信、富有创造力，对生活充满热情。我称这些种子句为“鲜花句”。如果种子句具有贬损性质，我们在情感上就更容易受到伤害、自卑，发现很难做自己。这些绝对是“杂草句”。

大多数种子句都是未说出口的，甚至可能是潜意识的。这些都是我们在成长过程中累积的点滴想法，它们构成了我们自我信念的核心。种子句有多种来源：父母、朋友、电视、电影、杂志、广告等。种子句会让我们对于应该如何生活，以及我们能从生活中和他人那里得到什么形成自己的想法。如果所有的种子句都长成花朵，我们的生活将是充满美丽花朵的花园。不幸的是，大多数人都得到了杂草种子，这些种子长成了蒺藜和荆棘，扼杀了我们对真实自我的认知。

鲜花种子句的一些例子如下：“我是个有价值的人。”“我可以做任何我下决心去做的事。”“我为自己感到骄傲。”如果像这样的种子句在你的潜意识里开花结果，你可能会拥有美好的生活，充满了爱的关系。当你早晨起来照镜子时，你会对镜中的形象感到满意。

杂草句则像这样：“我什么事都做不好。”“我不值得被爱。”“每个人都比我更会处理事情。”常常使用杂草句无疑意味着你对自己感到很失望。当人们试着爱你时，你会质疑他们的动机：“他们怎么会爱我？他们一定不太聪明。”杂草句与自信心低落密不可分……

我们是如何得到这一包包的思想种子的？大人们总是在孩子耳边说出一些无心之语，类似“你可真是成事不足，败事有余”。在孩子们看来，这些说法毋庸置疑，因为是从大人口中说出来的……一旦你明白了这一点，就必须小心谨慎地对进入自己头脑的想法严格把关：这些想法是积极向上的吗？会推动我前进吗？会让我更接近自己的目标吗？

将你从成长环境和社会关系中获得的种子句整理一下是有好处的，可以帮助我们清除潜意识里的杂草句。如果你打理过花园，就会知道杂草长得有多快。消极的想法也是如此，它们往往会滋生蔓延，占据主导地位。因此，我们应该每天都为自己的花园除草，专注于积极、乐观和善良的思想，让自己的头脑和心灵中开满美丽而芬芳的花朵。

如何呢？

就在那一年的冬天，它死了。那天是冬至，我的家乡过冬至有吃羊肉的风俗，加上父亲那时候承包了村里的水库，寒冬来临前要捞几网鱼上来卖，所以趁冬至举行简单仪式，需要杀一只羊来祭神。

等我放学回到家里，我的羊已经不在了。姐姐告诉我，羊没有咩咩叫，它一直在流泪。我觉得那是因为我的羊与众不同，哥哥却说所有的羊被杀时都是这样的。他顺便讲了十二生肖的故事给我听，他说羊从一开始就知道自己被人类宰杀的命运，所以它不会大声叫喊，只会默默地流眼泪。而猪被太上老君哄骗了，所以猪被杀时会大声喊“冤枉”。

晚上，一家人围坐着吃饭，桌子上放着羊肉，我突然没有了胃口。握筷子的手总感觉血管在指头下突突跳动。我问父亲：“那是我的羊，你要杀它为什么不告诉我？”他夹起一块羊肉放进我的碗里，说：“你把羊肉吃进肚子里它才真正变成你的羊。”

长大后，我觉得父亲那句话是哄骗我的。没有一只羊真正属于人类，它们只属于自己。

波恩的贝多芬

□顾德宁

我是晚上11点多到德国波恩的，夜色朦胧。火车站距老城很近，走过市政厅广场，我随意走进一条小街，按了一家旅社的门铃，值班大妈给我钥匙，我洗洗睡了。第二天，我问大妈：“贝多芬故居怎么走？”她乐了，告诉我：“对门就是。”

这是一栋三层楼普通民居，进去才知道，这座其貌不扬和内部局促的房子只有少部分属于贝多芬故居。1889年，贝多芬故居要被拆掉，波恩12位市民成立了贝多芬故居协会，买下了包括贝多芬故居在内的两栋楼，连通后，建立了贝多芬故居纪念博物馆。

罗曼·罗兰在《贝多芬传》里写道：“一个不幸的人，贫穷，残疾，孤独，由痛苦造成的人，世界不给他欢乐，他却创造了欢乐来给予世界！”这说法大体不错，可我有疑问：从人生中得不到欢乐的人真会给人类带来欢乐？我在贝多芬故居参观半日，有了答案，事实上，至少在波恩，贝多芬的欢乐并不少。

贝多芬的父亲是一个粗暴而酗酒的宫廷乐队歌手，母亲是女仆，家境贫寒。贝多芬4岁就在父亲的拳头下学琴，11岁开始参加乐队挣钱养家。以色列作家奥兹说：“我的童年是悲剧性的，但是一点都不悲惨。相反，我拥有一个丰富、迷人的童年，尽管我为此付出高昂的代价。”这些悖论性的东西也发生在贝多芬身上。在第二展室，我看到一张1778年3月26日音乐会的广告，这是贝多芬最早的公演证明，那时他才8岁。第五展室有一个演奏台，贝多芬从10岁起就在这台上演奏教堂的管风琴。父亲逼他学琴很粗暴，自小养家糊口很辛苦，可贝多芬也表现出了对音乐的酷爱，并由此展示和发现了自己惊人的音乐天赋，从中获得满足、骄傲和快乐。

贝多芬在22岁离开波恩到维也纳，直到1827年3月26日去世，他都再没有回到故乡，可他对波恩“永远保持着一种温柔而凄凉的回忆”。

“我的故乡，我出生的美丽地方，在我眼前始终是那样美。”贝多芬对故乡的深情，寄托着他对故乡亲人、友人和山水的怀念，也是对童年和青少年欢乐的回忆。

贝多芬热爱他的母亲，因有这样仁慈的妈妈而感到“谁又比我更幸福？”。在波恩，他还有真挚的友情。第四展室介绍的布罗伊宁一家，对贝多芬的成长与发展有很大的影响。贝多芬教小他两岁的布罗伊宁弹琴读诗，少男少女，两小无猜，亲密无间。在贝多芬母亲去世后，他得到布罗伊宁母亲海伦娜慈母般的关爱和教育。贝多芬与布罗伊宁及她的丈夫——韦格勒医生保持了一生恬静的友谊，全世界熟知的“我要扼住命运的咽喉”就是写在给他们的信中。展室还有当年他离开故乡时，波恩朋友赠送的留念册，其中有瓦尔德施泰因的著名题词：“通过您不懈的勤奋努力，您会经海顿之手而获得莫扎特的精髓。”后来，贝多芬为他献上了“瓦尔德施泰因奏鸣曲，奏鸣曲第53号”，即《黎明》。

贝多芬写过：“世界上没有人像我这样爱田野。”他打小就酷爱大自然，爱花草树木，爱莺歌燕舞，爱高山流水，在野外徒步是他的最爱，波恩的美丽自然风光给他带来许多愉悦，一生难忘。他写过：“莱茵流域中也没有一个地方比细腻的波恩更美、更雄壮、更温柔的了。”波恩是德国古城，欧洲名城。我在此逛了两日，移步是景，宫殿一样的波恩大学、鲜花盛开的莱茵河畔、高耸的城堡和教堂、丰富的博物馆和金色的市政厅。1796年，“耳聋已开始了它的酷刑”，因此贝多芬的全部作品可说都是耳聋后写的，其中好听的风声、雨声、雷声、鸟鸣、花开花落、小溪流水、人间喧哗和莱茵歌谣应该都来自他在波恩的欢乐记忆。他的“第一交响曲”清澈如水，就是对故乡莱茵河梦幻美景的歌颂。

有人说，贝多芬集一生苦难向人类奉献了最后一个作品——《第九交响曲》，也称《欢乐颂》。我以为，《欢乐颂》也凝聚了他的所有人生欢乐，而这欢乐的源头一定来自波恩。

我的发小是奇才

□刘华剑

方小君是我的发小，是我最值得吹嘘的哥们儿。简单来说，他很聪明，聪明到了诡异的地步。

初中的时候考数学，一个几何图形上的数字印错了，大家都按照老师的方法算，算出来的答案当然乱七八糟，有的干脆就不会做。如预想的一样，大家都没拿到分数，但方小君居然得了满分。当时就有一个同学拍桌子反驳："不可能，题目都出错了，他怎么可能答对！"

老师说："他把题目上的那个数字改对了，所以得出了正确答案。"

那位同学还是不服气："他怎么知道题目上的那个数字是多少？除非他之前做过这道题。"

教室里一片哗然，同学们纷纷觉得有道理。

方小君把卷子放下，走上讲台拿起粉笔开始画那张图，然后说明这道题要考的几个知识点，根据已有的信息进行逆推，逻辑缜密地把出卷老师的意图推了出来，继而改正了题目。当时我们那号称"本校陈景润"的数学老师都惊呆了，放话"此子前途不可限量"。

其实我们也知道题目出错了，但大家都在抱怨，没有一个人试图去把题目改对，所以我们只能发出惊叹，而方小君站在了"舞台中央"。

方小君这个人很怪，他的想法从来都和别人不一样。进入大学，我整天上网交友，期末挂科也毫不在意，反正有补考的机会。方小君却不同，不仅每年都能拿奖学金，还在大学里做了很多事。你难以想象，一个学生在大学居然已经挣到了数十万元钱。

毕业的时候，我论文答辩了两次，在大汗淋漓中拿到毕业证，未来对我而言无限渺茫。而方小君已经找到一份很好的工作。我终于明白是我错了，上网交友这些东西只是看起来很酷，其实没有一点难度，更酷的是做那些不容易做到的，比如读书、锻炼、做实事。

我们毕业后还在一座城市，我每天都在抱怨老板刻薄、钱永远都不够；方小君每天都很忙碌，本来以为他会自己创业，他却说自己的能力还不足，去了一个公司做项目。我们过着平行不相交的生活，但至少有一点是相同的，那就是三年前的春节，我们都倒了霉。我被老板炒了鱿鱼，而方小君和同事加班加点做项目，到了紧要关头，老板居然拿着钱跑路了。当时他所在公司的员工都喊着要散伙。方小君制止了他们，他说："我们要把项目做完。项目做完了我去卖，一定让大家都能拿到钱。"

那年的除夕夜，我百无聊赖地躺在沙发上，方小君却和同事热火朝天地加班。正月初五，方小君成功了，他不仅高价卖掉了做完的项目，还有了一个忠诚可靠的团队，愿意跟随他去另一个城市开公司。分别的时候，他对我说："你也很厉害啊，就是少了点斗志而已。"半年后，我收到了他的快递，里面只有一张银行卡和一张字条，字条上写着：三十万创业基金，你不是一直想开个咖啡馆吗？我相信你一定能成功的。

是的，我一直想开个咖啡馆，但也仅是想想而已。只要想到具体细节，我就头疼欲裂，也许这就是梦想和幻想的差别吧。但我还是决定试一试。怀着兴奋和不安，我开始租房子、搞装修，忙得不亦乐乎。

明明我们租房子的地方客流量还行，我们装修得也挺精致，可生意就是做不起来，不知道哪里出了毛病。方小君回来的时候，我去请教他。他开车去周围逛了一圈，说："你的店没有特色，别人的咖啡店门口都有标志性的东西。你看那些榕树和花园，看着就很有文艺范儿，大家都爱去这种地方。"我挠挠头："我这儿怎么搞特色啊，没山没水的。"

方小君思考了几分钟，指了指旁边的一面长墙："就在这儿弄。"方小君真是个奇才。听从他的建议，我组织了一个涂鸦大赛，欢迎所有爱好涂鸦的人过来展示自己的作品，第一名可以得奖金，所有参赛的朋友喝咖啡都半价。活动一下子火了。一个星期后，那面墙成了这里很有特色的东西，引来很多人拍照围观。店里的生意也有了突破。

方小君只是回来过节，马上又要回去，他的公司越开越大。分别时我不好意思地说："钱我暂时还还不了啊。"他笑着说："你把我当周扒皮呢？"他冲我挥挥手，慢慢消失在人海之中。那一瞬间，我好像看到了那个十来岁的少年，在其他人都抱怨和愤慨时，坚定地改正了题目中的错误，也许从那一刻开始，他就谱写了不凡的未来。

她一直跟在我身后

□陈　燕

五岁生日那天，姥姥要带我去买一条裙子，玫红色的。她说，我穿玫红色的衣服最好看。这颜色太让人好奇了。

可玫红色到底是什么样呢？——难道姥姥真的忘了，我几乎看不见东西啊。三个月大时，我就被查出先天性白内障。

我期待着新裙子，姥姥却说："咪咪，你先去地安门商场门口等我，我有重要的事情要办。"

我有些失落，心想姥姥怎么啦，连带我去商场的时间都没有。可我只能听话，硬着头皮自己去。

从三岁起，姥姥就试着开发我耳朵、鼻子和手的功能，教我听反射音判断前方的物体。因为看不见障碍物，我经常摔倒，练了两年，走在路上才能不被撞到。即便如此，我也还没有独自出门过马路的经验。

那天阳光很烈，我走出四合院，自行车链条飞速转动的声音从我面前擦过去，几乎贴着我的脸。我背心冒汗，站在院子门口久久不敢挪步。或许是小女孩的爱美之心在作祟，对新衣服的渴望还是把我带到了马路上。

姥姥带我坐过很多次公交车，我记得去公交站点的路。许多脚步声从身旁掠过，挨近马路时，我能闻到灰尘和汽油的味道。

走到站点，我努力听着，忽然而至的一声车喇叭吓了我一跳。公交车来了，刹车时车胎摩擦的声音拖到跟前，人群躁动起来，地面也有些振动。我急忙贴紧身边的人上了车，还拜托售票员阿姨到站时做下提醒。我摸到一个空座位坐下，盯着视线中模糊的亮光。

到地安门要坐四站，我数着每一次停车，生怕坐过了。到站后，我摸到门口下车，重新被裹挟在车水马龙的声音里。我还要过一条宽阔的马路才能到商场，其实就是双车道的普通街道，但那一刻是那么漫长。

到了地安门商场门口，我刚刚站稳，就听见熟悉的脚步声，姥姥来了。我鼻子一酸，差点哭出声来。

那天起，姥姥再也没牵过我的手。她总说自己有很多事情要做，不能陪我。不仅如此，我还常常替她跑腿到胡同对面的小卖部买东西。想着别人家的小孩都是被大人牵着、抱着，我内心交织着怨恨和酸楚。

到了上学的年龄，普通学校不收我，姥姥就开始自己在家教我，握着我的手学写字。我的模仿能力很强，很快就能学会。

我决定画姥姥给我养的小黄猫。猫是毛茸茸的，还喜欢叫，有时候我还会听见它打喷嚏和吹鼻涕的声音。我拿着蜡笔在纸上画啊画，画我心中的那只小黄猫。画完去问别人像不像，他们常常反问我："这像什么？"我说："像猫呀。"后来，大家都知道我在画猫，都会说"简直太像猫了"。这种善意的谎言给了我难以估量的信心。十四岁那年，我画的猫画被送到日本，拿了两地残疾儿童绘画比赛二等奖。

后来，我在广播里听说北京有盲人学校，地址在定慧寺，离家很远。我让姥姥带我去报名，她却说，自己的事情自己做。我只好赌气自己去找，看不见车牌，经常坐错车、坐过站。第三天下午我找到了，但盲校已经开学一个多月，让我明年再来。

第二年我如愿上了盲校。我在学校找到了认同，后来还成了中国第一个女盲人钢琴调律师，之后一直在努力推广盲人调律这件事，得到了很多人的认可。我在事业上花的时间越来越多，陪姥姥的时间却少得可怜。

2002年初，姥姥被医院查出肺癌晚期，我感到天都要塌了。虽然我知道姥姥总有一天会离开我，但没想到这么快。我每天在医院陪她，她也知道和我在一起的时日不多，拉着我的手说个不停。

她说，从把我抱回家的那天起，她就挖空心思找适合我的本领，想把我培养成一个独立自强的人。求医无望后，她想办法找了两个盲人做朋友，了解他们靠什么生活，然后反过来用这些方法教我。

"咪咪，你五岁的时候，我就让你自己去买东西、坐公交、过马路、去公园门口等我，我当时是想锻炼你一个人出门的能力，其实我不放心，一直在你身后跟着……我跟了你十八年，当你可以找到每一个钢琴客户家里，去给人家调钢琴的时候，我就放心了。"

病床边，我还没听完眼泪就涌了出来。其实我明白，每当我迷失方向的时候，摔倒的时候，找不到回家的路的时候，在路上大哭的时候，姥姥为什么总会及时出现。

她一直都跟在我的身后。

光阴会给你回头率

□白音格力

特别喜欢“春山如笑”这个词，出自宋代郭熙的《林泉高致》：“春山澹冶而如笑……”词的意思，是形容春天的山色明媚。

但我总爱从字面去理解，乐此不疲。春山就是“如笑”嘛，初春你去山里，不必幽居几日，只闲闲散散听风看野草绿，或偶遇几朵早春春花，悠闲自得的模样，笑着看你这个山外人。

是的，那野花在“笑看”你。你再细心听，山里的每一寸绿，每一片花瓣的红红紫紫，都是山的笑语。

我甚至觉得，春山一笑，花才笑了，花的开，就是花在笑。

也许春山讲了一个温暖的笑话，或者读了一首非常美的诗，笑意深情地传遍每一寸土地，花就听到了，也开出一缕缕的笑了。

我甚至觉得，来春开的每一朵花，都是因为光阴的照顾，是因为光阴被染香过，光阴回头看了一朵花，所以，来年它才开得那么热烈，那么芬芳美好。

人也是一样吧，记得看过多年前一本旧杂志上有人提到过，在人生一切瞬间的辉煌里，最久久难忘，也最惊心动魄的是，某一刻，某个人的回眸一笑，好似世间一切的深情和美意，都在这芳菲一瞬之中。

我也曾记录过一个坐在公交车上的人，她面容红润甜美，眉目爽朗明媚，挂着永不凋谢的笑，在公交车一路的颠簸里给人娴静美好的感觉。

还有那坐在初春杏花树下的老人，杏花落在他的肩上，他的四周，他就那样笑意蔼然地坐在那里，让人生出安稳之感。

柳永《洞仙歌》中有“算一笑，百琲明珠非价”的句子，说的是含情一笑，胜过千贯明珠，是无价的。

我也一直相信，那些一路走来，带着微笑的人，是光阴里的美人。她们会吸引那些在岁月里灰头土脸的人的目光，洗濯他们的面容眉目。

是的，光阴会给你回头率，只要你保养好自己的微笑。

清代黄图珌写梅，用了几个词，冰清玉润，出世芳姿，貌婉心娴，很耐人寻味。

做人也应如此吧，要有外在的冰清气韵，多一分自珍自重的底色，少一分随波随世的浊气；又有内在的玉润气质，温柔在心，温和待人；出世需有自己芳姿，是由内而外散发自己的芬芳，活出自己的姿态。如此容色温婉，与人温良，内在娴淑端庄，优雅从容，即使你走在人潮人海里，也会有人回头看你。你经过花枝，花会喜笑颜开地看你，从你窗前急急赶路的云朵，也会忍不住回首，甚至停在你窗前，眷恋不舍离去。

这样的你，岁月会照顾你。

有美好情怀与心境的人，是这个世界最温暖的风景。

你以一分纯真眼目与心神结交草木，光阴就会将草木的精神回赠予你；你以善以温良与世与人相待，光阴必会善待你的每一个日常；你以一颗喜悦心细细地活在这个喧嚣、苦难交叠的世界，光阴必会频频回头，青睐着你走过的每一个瞬间。

每次初春去山里，欢喜半天，再下山时，总觉得身后扑啦啦地开花。我想回头看，却没有，嘴角轻轻一笑，似有芬芳瞬间萦绕鼻间。

我知道，我身后，是满山满树的花开；我走过留下的脚印里，也悄悄开出一朵两朵三四朵；甚至我深情的一个呼吸，喜悦的一个眼神，皆是一朵朵的花开。

我知道，在平常又平常的日子里，我怀着向美向好心，光阴就这样一步一回头，赠我芬芳千重的回头率。

你能抵达的，比想象更远

□甘北

你永远无法想象-30℃是一种什么样的体验，除非，你亲自抵达那里。

朋友说，生活是一个巨大的魔盒，不打开它，就可能错过里面的巧克力。但在此前的二十几年，她一直都没有勇气打开。

朋友是典型的小镇姑娘，从小到大的成长轨迹都是父母规划好的：从重点幼儿园一直念到重点大学，毕业了回到小镇工作。

她不知道外面的世界怎么样，也没有探索世界的欲望，直到她在电视上，看了一场时装秀。

她说，模特身上的那件礼服，从小到大在她的脑海里出现过无数次。她甚至翻出了一个素描本给我们看，全是她设计的服装款式：仿民国风格的学生装，可以穿去逛街的婚纱，能插兜的连衣裙……那是一个女孩深藏在心底多年的梦想，却从未敢轻易示人。

之后，她开始了一场长达四年的蜕变。学习专业设计、跑服装市场、做市场调研，那个早就习惯朝九晚五的姑娘，变成了不眠不休的“拼命三娘”。

就在去年，她的服装设计工作室正式成立。那天，她请我们吃饭，席间多喝了两杯，话也多了起来，她感叹道：“这一天，我梦想了好多年，但直到今天我才知道，梦想千百遍的暗涌，也不及实现这一秒的壮阔。”

你不到江南，江南就只是一句“三秋桂子，十里荷花”；你不到大漠，大漠就只剩一轮滚圆的落日，遥映着一柱孤烟。

一位朋友告诉我，如果不是亲眼见证，她实在不敢相信世上有那样的奇观：火烈鸟在繁殖的季节，成群地飞往湖边，身影倒映在湖面，像湖底燃起了团团烈火。遥远的南美洲，还有一座通体用盐建造的酒店，入住的用户会被提醒“不许舔墙”。她说，读了许多游记，直到那一刻，才感受到什么是美，什么是震撼。

平凡如你我，要改变总是困难重重，因为大家难以想象，幸运会眷顾一个平凡人。哪怕香奈儿女士在打造她的时尚帝国前，也只是孤儿院里走出来的一位小裁缝；哪怕J.K.罗琳在写下风靡全球的《哈利·波特》前，也不过是众多平凡母亲中的一员。没有人注定光芒万丈，就像没有人注定默默无闻一样。

直到今天，刚提到的那位朋友也无法确定，自己的想法是否正确，但她能肯定的是，她看到的火烈鸟是真的，盐砖酒店也是真的，美是真的，震撼也是真的。

如果没有买下第一张飞机票，或许，她一生都只能在书上看别人的故事，感叹别处的风景。

我的大学老师曾布置这样一道作业题：“你做过哪些突破，是自己都不敢相信的？”

交上来的答案五花八门，有人练习两年的口语，终于考过雅思；有人每天绕着大学城跑，半年减掉了30斤；有人不敢当众讲话，每天对着墙练习……其中有一个答案，令我印象深刻。

那是一个非常斯文的女同学，她不敢在众人前奔跑，因为她觉得自己跑步的姿势不好看，像一只活蹦乱跳的青蛙。直到升高中那年，中考的体育项目就是跑步。她没有办法，站到起跑线前，呼气、吸气，紧张得手心开始渗汗。

口哨一响，她紧张到了极点，双腿一软，就倒在了地上。老师把她叫到一边，说：“你这个样子，怎么参加考试呢？”她只得硬着头皮，双眼紧闭，双手握拳，听到哨声就箭一般冲出去，把空气刺破，划出呼呼的风声。

她站在终点，小心翼翼地睁开眼睛，等待迎接嘲笑和奚落。出乎意料的是，没有一个人笑话她，甚至，没有其他任何人留意她！困在心头许多年的枷锁，一下子就卸掉了。

“迈出那一步，没有那么容易，但或许，也没有那么难。”她在最后写道。

也许，我们欠缺的不是时间和钱，而是迈出第一步的勇气——推开门，就是世界。

掌握精进法则，成为厉害的学习高手

一个人的天赋大概就像火花，既可以熄灭，也可以燃烧起来。而促使它燃成熊熊大火的方法，很重要的一条就是永远不要停止学习。当然，我们要掌握精进的法则，不要仅仅去听一个人说了什么，而要仔细探寻那些隐藏在背后的实质性的东西。

所有迷人之处皆秘境

□谭山山

秘境可以是实境——人迹罕至的荒野、沙漠、冰川或原始森林，总之就是探索频道和冒险家贝尔·格里尔斯会带你去探寻的地方；秘境也可以是虚境——你可以称之为桃花源、香格里拉、乌托邦、理想国、秘密花园、彼得·潘的梦幻岛、爱丽丝的镜中世界、哈利·波特经由九又四分之三站台进入的魔法世界，甚至是道格拉斯·亚当斯笔下的宇宙尽头的餐馆。

秘境可以很远——茫茫宇宙，未知的东西实在太多了，比如，是否有另一个宜居的星球；秘境也可以很近——就在你所在的城市，就在你的身边，你总会有属于自己的隐秘小天地，比如一块（你以为）只有你知道的绿地。

秘境可以指向过去——月光下的罗马斗兽场、被热带丛林包围的马丘比丘；秘境也可以指向现在——比如，有些广州年轻人总是忍不住想潜入已经荒废的“世界大观”以及它附近的“航天奇观”，因为它们是童年记忆的一部分。而最大的秘境，可能是人类的思想和内心，正如葡萄牙诗人佩索阿所说：“我的心略大于整个宇宙。”

也因此，阅读体现人类思想和内心的作品，可能是到达秘境最快捷的方式。打开一本书，你就进入了它所塑造的世界。

秘境因人而异。对于梭罗来说，位于瓦尔登湖北面、他自己搭建的小木屋，就是让他与尘世隔绝的秘境。有人不以为然地宣称梭罗过的是假隐居生活，理由是，他的小木屋距离最近的邻居不到1英里，而他的老师爱默生的居所、他父母的居所，也都在散步可达的范围。然而，只要他保持着“生活在别处”的姿态，不论他离所谓尘世的距离有多近，他都是超脱的。正如他所说：“我独享太阳、月亮和星星，还有我那小小的天地。”

秘境有时候可遇而不可求。作家骆以军在一篇文章中描述了一个朋友的一段奇遇。那是一段从巴黎飞回香港的航程，那天恰好是中秋，半夜两三点的时候，从某一个梦中醒来，他被舷窗外的光辉场景所惊吓：

飞机机翼，像浸在某种薄荷调酒中的薄冰，一整片晕染着一种如梦似幻的青色，边沿则镶着一条非常耀眼的银色。在它们下方，是一整片云海，并没有平日自飞机上所见云层上的世界那些城堡状或鱼鳞状的参差……而像是宁静的大海，整片延伸到没有尽头的远方，重点是那一整片无边无际的云之海，也全笼罩在一种青色的冷光里。

时间像静止了。他们的飞机，似乎不动地悬浮在这一片非人间景象的积云层上方一点点。他那时想到宫崎骏的《红猪》。那个被这般景象震撼的朋友不禁自问：我是不是死了？这是不是死后的世界？“我看到了神的视觉才能看到的美丽景观。”对于这个人来说，这就是他所经历的最神奇的秘境。

秘境需要发掘。英国学者阿兰·德波顿在《旅行的艺术》一书里写道：“只有那些世界的角落已经被艺术家们描画或描写之后，我们才会有兴趣去探索它们。”他指的是英国那些被认为有如画景观的地方。18世纪之前，英国乡村的大部分地区并没有吸引人们的目光。那时的英国有钱人喜欢到国外旅行，意大利最时尚，尤其是罗马、那不勒斯及周边乡村。直到描绘英国风景的艺术作品渐成气候，英国人不愿游历本岛的情形才开始改观。

与村上春树以及造型师吉本由美同属“东京鱿鱼俱乐部”的摄影师都筑响一在他们三人合著的《地球的迷失法》一书中写过一段话：“在不怎么出名、看起来不怎么好玩的地方，努力找出有意思的事情，尽可能享受那里的生活。在不怎么样的平凡人生中，努力找出快乐而活下去。我相信，这两者的态度之间，几乎没有区别。”这是一种积极的生活态度，我们也可以借用它来看待秘境：秘境并不是越新奇、越稀罕才好，在日常中找到并享受秘境才是高手。

确实，一辈子保持寻觅秘境的好奇心，这样的人生会不会比较充实？

发现秘境有很多方式，请找出你自己的那一种。

最后的话

□王吴军

1626年3月底的一天，天气异常寒冷，当时，培根的身体状况非常不好，他坐着马车从伦敦到另一个地方去。路上，培根仔细琢磨着一个自然科学方面的问题：将肉类埋藏到雪里去，究竟要经过多长时间才会腐烂呢？这样想着，培根觉得应该立刻做一个实验，以便通过这个实验，解决冷热理论及其实际应用的问题。

于是，当路过一片雪地时，培根找到了一间茅屋，并买了一只鸡。他把这只鸡杀了，把雪填满了鸡的肚子，然后，开始观察寒冷能不能防腐。这次实验刚刚完毕，培根就感到浑身发冷。原来，由于他身体孱弱，经受不住风寒的侵袭，他的支气管炎复发了，而且他的病势突然就严重起来，以致不能行走，被别人抬到了艾伦德爵士家里。

在这次实验一周后的1626年4月9日清晨，培根就去世了。

在病情恶化的一周里，培根仍然念念不忘这次实验，虽然不能起床，但是，对于最后的实验他却感到万分兴奋。在病床上，培根用颤抖的手在日记上写了这样的话：“这次的实验……成功得很。”这是培根在生命临终的时光里，写下的最后的话。

培根的去世，正如他生前在一篇文章中写的那样：“在一种热诚探求中死了的人，便犹如一个人在血液正热的时候受伤，毫无痛苦。”

培根正是这样，最后一分钟也在努力工作，然后，安详地离开了这个世界。

“这次的实验……成功得很。”这是培根最后的话。

这是多么简单而又普通的话语，然而这话语里，又包含了多么丰厚的内涵。

恐惧与希望

□［加拿大］希恩·斯莱克

人一旦生活在恐惧之中，就失去了希望。相反，人一旦生活在希望中，恐惧也就不复存在了。

法国剧作家托利斯坦·贝尔纳是犹太人。第二次世界大战期间，巴黎被德军占领，贝尔纳被捕。然而，被捕后贝尔纳却说：“在此之前，我每天都生活在恐惧之中，而今后我将怀着希望，我一定能够生存下去！”

贝尔纳的话很有道理。因为心怀恐惧，必然会对生存下去产生怀疑，这是缺乏心理治疗的药物所致。因为心怀希望，对生存下去就萌发了坚定的信念，这是找到了心理治疗良药的结果。

心病还需心药医，治愈恐惧的最佳药方自然是心中的希望：厄运来临时，应抱着坚定的信念，对幸福怀着至高的希望；生命受到威胁时，应鼓起巨大的勇气与之对抗，永不丧失对生存的希望。

我们处在平凡的生活中，希望也应时刻怀在心中。希望有个好伴侣，希望有个好儿女，希望有个好朋友，希望有份好工作，希望身体健康。内心装载希望，生活也就充满了美好的希望。

当然，希望不是不切实际的幻想。比如希望成为神仙，希望这个世界只有你聪明，别人都是傻瓜，这就太可笑了。我们不能希望过高，但如果你连刚才我所列举的这些平凡的希望都没有，那么你的人生就有些乏味了，还说什么创造辉煌的一生呢？

力所不及

□［美］安捷莉·莫哈帕特拉

从前，有个人带着全家从乡村搬到镇上，他在镇上做生意，生意做得越来越好，他一直认为把家人从乡下接到城里是个非常不错的决定。他是个孝子，对老父亲非常孝敬，他是家里的独子，很小的时候，母亲生了场大病，永远离开了他们，所以，老父亲自然跟着他上了城。

可是他永远忘不了乡村生活的魔力。他经常开着小车回到乡下，侍弄田里生长的作物，也给小时候的朋友们以照顾。他的妻子，5岁的儿子，每次都陪着他和他的老父亲回老家，3小时的路程，路两旁长着应季的树木，巨大的芒果树上挂满了还未成熟的芒果，整条路树影斑驳，安静、凉爽，行进在这样的路上，令人心旷神怡。时不时，广袤的田野里，成群的牛，悠闲地吃着草，见有车辆经过，抬起头，凝望着他们……

有一次，黄昏时分，他载着妻儿回城，夕阳中，一群牛慢悠悠地归家，牧童哼着乡村小调，突然，儿子指着远处问："爸爸，快看那头牛，为什么要在它身上绑那么大的一根毛竹，还系了一只铃铛？而且它为什么独自走在后面？"

他看着远处那头牛，慢吞吞地走着，铃铛"叮当"作响，回过头对儿子说："也许那头牛不听牧童的话，或者犯了什么错，因此，它受到了惩罚。"

他继续说："关于这个，还有一首美丽的歌谣呢！"

儿子听了好奇心更强了，连忙说："爸爸，是什么歌谣？唱给我听好吗？"

他微笑着唱起来。儿子看着爸爸，一脸迷惑，小家伙什么也听不懂，等爸爸唱完，他问爸爸歌谣是什么意思，他轻轻地笑了笑，说："等你长大了，你就会明白它的意思了。"可是小家伙坚持要他把意思现在就讲给他听。

他拗不过儿子，于是解释道："如果你想获得友谊，要与好人交友，与坏人的友谊会给你带来麻烦。你看那头被绑毛竹和铃铛的牛，因为沉重的毛竹，它无法快速逃跑，因为它走到哪铃铛就响到哪儿，它无法隐藏自己的足迹，很容易被牧童找到。这头牛肯定是离开牛群，干了什么坏事，比如，糟蹋了田里的庄稼，于是要好好地教训它，还要给其他的牛以警示，所以牧童就给它绑了毛竹和铃铛。于是它独自在后面走。"

小家伙轻轻地摇着头，他知道孩子太小了，还听不懂其中的深意。

冬去春来，小男孩慢慢长大，完成了学业，有了自己的事业，成了非常富有的人。虽然他的童年很美好，接受的教育也很正统，可是在富有之后却逐渐偏离了道德轨道，爸爸将一切看在眼里，痛在心头，对儿子的前途充满担忧。

儿子事业刚起步时，他是一个脚踏实地的好青年，可是渐渐地他交了一些不好的朋友，爸爸对儿子价值观的改变忧心忡忡，他对儿子的未来焦急万分。

有一天，爸爸请儿子回来参加家宴，家宴安排在一家餐馆里，儿子同意了，他们一家来到餐馆，从一本精致的菜单里，他们点了菜，在等菜时，他们干坐着，没有人先开口说话，这时，从其他桌子上传来嘈杂的声音，人们说着话，笑着……侍应将菜端上了桌，爸爸问儿子："儿子，现在工作怎样？"

儿子嘴里含着食物，等咽下去了，说："挺好！"

爸爸说："儿子，我听说你正筹划把公司卖掉，同你的朋友到海外发展，有这回事吗？"

"是的，爸爸。不过您是从哪里得到这个信息的？我本来想等所有手续都弄好之后，就把这件事告诉您的，我朋友说他会百分之百地支持我，我会赚更多的钱的，爸爸，这桩生意前景不错！"

"儿子，你当然会赚更多的钱，你是成年人了，我一点也不反对你到海外去发展，你对外界的了解比我多得多，我还是老观念。我只是有一事担心，时代在变，不过人性总是一样的，爱、恨、情感、狡诈、背叛，在我们那个时代存在，现在存在，未来也一定存在，诱导你做这美梦的朋友决不是你真正的朋友，你要好好想想，再做最后的决定。你还记得我们的那首乡村歌谣吗？"

"爸爸，您指的是哪首歌谣？我什么也记不得了。"儿子回答。

爸爸笑着提醒儿子那头绑着毛竹系着铃铛的牛，儿子点点头，他说记起了那个场景，不过他还是想不起什么歌谣。

爸爸看了看周围的人，他们都只顾着他们自己的餐饮和欢笑，于是爸爸低声说："儿子，此刻，你应该明白那首歌谣的意思，三思而后行啊，免得后悔！你热衷于海外拓展，千万

我亲爱的甜橙树

□刘伟馨

没有理由不给巴西电影《我亲爱的甜橙树》五星好评。一个作家，出版了一部新书，他拿着手稿、钢笔，开车来到墓地。在一个慈祥老人的墓碑前，他边流泪，边回想。发生在几十年前巴西一个贫困地区的，一段铭心刻骨的童年往事徐徐展开……就像《天堂电影院》，这类题材总会触动我们的心弦，深深打动我们。这是一部根据巴西一位作家的同名自传体小说改编的电影。

六岁男孩泽泽，生活在一个大家庭，爸爸失业，妈妈在远离家乡的地方上班，家有姐姐、哥哥和弟弟。泽泽因为顽皮，总会被爸爸殴打，浑身瘀青。看看他做了些什么：火烧隔壁人家的篱笆，扔球打碎玻璃；用袜子冒充蛇吓唬怀孕的女人，致使她摔跤；给教堂地板打蜡，让人滑倒，还吹灭教堂的蜡烛……人们都说他魔鬼附身，他自己也大叫：“我是魔鬼。”影片也表现了他的另一面：当别人都不给某位老师送花，独独他课堂献花，让老师感动；尽管他私下对人说“有个穷爸爸真惨”，但还是去街上擦皮鞋换钱，给爸爸买香烟；他在湖里钓鱼，为家里改善伙食，只是一时兴起，唱了一首被爸爸认为是讥笑他的歌又遭痛打。他对爸爸说：“你为什么不杀了我？”对姐姐说：“为什么没人喜欢我？”问妈妈：“我是不是不该出生？”

这是一个在现实中得不到爱和温暖的孤独小孩，但影片让他在幻想的天空自由飞翔：他会在泥地上摆放虚拟的飞机，让树叶做机翼；他家后院的一片竹林，被他想象成了动物园，里面有狮子、黑豹、大猩猩，可以被他编成很多故事……尤其是院子里一棵小小的甜橙树，成了他全部的精神乐园。这棵甜橙树会讲话，小说原著这样写道：“有个声音在说话，我不知道声音从哪里来，但是很靠近我的心房。”他模仿树和自己对话，每当有痛苦和欢乐，他们就互诉衷肠；他也会骑上树枝，这时，树就幻化成白色的骏马，带着他飞驰在原野、草地、树丛和湖边。现实和幻想的两个世界，就这样在他面前交替。

泽泽出众的想象力，被一个叫麦纽·瓦拉达赫的葡萄牙人发现了，可惜不久他因车祸去世了。电影片尾的字幕里，有原作者的题词：“我最深切的怀念献给麦纽·瓦拉达赫，他在我六岁时，为我展示了温柔的意义。”这个葡萄牙人，改变了泽泽的人生轨迹。有意思的是，泽泽和他最初见面，是把他当“敌人”看待的。当泽泽踩着他漂亮小汽车的保险杠，被他打屁股时，泽泽发誓长大后要杀了他。随着时间推移，他们成了好朋友。葡萄牙人为泽泽割破的脚疗伤；带他到自己家里，教他生活礼仪；告诉他其实每个小孩心里都有自己的“恶魔”，不可避免；开车一起兜风，一起去湖边钓鱼；赞赏他的“动物园”，因为它在他的头脑里，要求他每次见面都要讲一个新故事……

电影中有两个场景很感人：当泽泽沮丧时说要坐火车离开，葡萄牙人担心地去铁道边，最后看到泽泽躺在夜晚的草地上才放心；大树下，泽泽渴望成为葡萄牙人的儿子，望着满身乌青的泽泽，葡萄牙人答应帮助他，就像他爸爸一样，直到永远，还送给他家里的传家宝——一支钢笔，“写下你脑海中的这些故事”。

泽泽真的用这支笔写下了第一个故事，这是在葡萄牙人和火车相撞去世后。他不再顽皮，不再像“魔鬼”，长大后，他成了一名作家。在葡萄牙人的墓地，泽泽用心里流出来的文字——一本讲述他们故事的小说，来纪念他们如父如子般的友情。令人感慨的一幕在片尾：当泽泽开车驶离墓地，和几十年前葡萄牙人带他兜风时一模一样，从驾驶室探出脑袋，只不过，这一次，他不再是嘴上无毛的稚童，而是胡子拉碴、历经风霜的中年人了。

不要做我们力所不及的事呀，我们无法帮到你。”

在儿子的要求下，爸爸又解释了一遍那首歌谣的意思。饭吃完后，回家，儿子心中有些担忧，爸爸的话一直在他耳边回响，道过“晚安”后，他们上床睡觉，儿子怎么都睡不着，他感到不安，他继续想，也许爸爸是对的，爸爸对他朋友的判断是对的，要是他的朋友背叛了他，他将一无所有！

那年，他才5岁，但是他仍能记得那头可怜的牛，慢吞吞地孤零零地穿行在田野，他觉得爸爸是在警告自己要认真思考未来可能发生的事。

也许，他已经决定不听他朋友去海外而过一种不确定的、孤独的生活，像那头牛，他不能去开拓一个自己力所不及的市场，一个爸爸力所不及的市场。

“实际上，任何人都不应该做力所不及的事情。”他想着，然后睡去，这一觉不知睡了多久，多少日子以来，这是他睡得最香的一觉。

我是一个诗人

□莫 零

多年以前，我认识了一个诗人。我只记得他姓孙，黝黑瘦弱，五短身材，架着一副厚厚的近视眼镜。至于长相嘛，我只能说我觉得他和历史课本上的北京人头像有点儿神似。

这个诗人，是我们一帮都住在城中村的某一个年轻人带来的。带他来的是个小业务员，诗人在他们公司打零工搬货，认识了几天，觉得他有趣，就带来给我们认识。

我们一群都是二十岁左右的年纪，有五六个，都租住在附近的民房里，混熟了就经常聚餐。我们聚餐的规矩是每人掏五块钱，集中到我家做饭吃饭，然后聊天。

小业务员与诗人也刚认识，说了聚餐的规矩，并不想替他出那五块钱。大家纷纷把钱掏出来压在石桌上，他显得有点窘。磨蹭了半天，才扬起那张黑里看不出红了的脸来对我们说："我没钱，但我可以做事……"

小业务员要面子，只好又拿出钱包来预备帮他出了，却被他按住了。他还是非常缓慢的语气："你不必替我付钱，我可以做事情，如果你们不欢迎……"他停顿了一下，用像受难的眼神扫视过我们每一个人，大家立刻嘻嘻哈哈地争相附和："欢迎，欢迎，非常欢迎！"

他便暗暗地神情欢喜起来，对大家做自我介绍："我是一个诗人，我会给你们每一个人朗诵我的诗，如果你们喜欢，我还可以送给你们……"

说实话，在场的人，大概从来没想过要以这种方式认识一个诗人。大家对于诗人的印象都还停留在课本上。就算有人爱写写小诗，也绝不敢妄称是诗人，甚至，写诗在许多人看来，还是个难以启齿的爱好。可他就这么坦坦荡荡地说了出来，他说得不卑不亢，让人肃然起敬。

有人去做菜了，树下闲散着的人就开始百无聊赖地闲扯，他忽然眸子亮了起来，用非常强烈的语气说："真好！真好！这样，乌托邦一样！"

我们全被他吸引过去，他站到桂花树底下，双手互勾地起了个势，清清嗓子开始朗诵：从明天起，做一个幸福的人/喂马、劈柴，周游世界/从明天起，关心粮食和蔬菜/我有一所房子，面朝大海，春暖花开……

这首诗太经典了，我们被他的激情感染，也纷纷加入了朗诵的行列。那一夜，在诗人的带领下，我们全都变成了诗人。先是背诗，一人一首，背不出了就接诗，一人一句。接得词穷了，就自己编，编得好，大家就喝彩，编得不好大家就起哄。诗人自始至终眼眶都是潮湿的，不停地说："这才是生活，这才是生活。"

自那次之后，诗人就常常加入我们的聚餐，可大家并不是真的爱诗，只是一时的兴致。两三次过后，便各自散去，打牌的打牌，出去瞎溜达的瞎溜达，最后就只剩我一个人。

我就住在此地，也无处可去，他每次等大家都散了，还磨磨蹭蹭地不走，我又不好逐客，便陪他聊几句。他总是三句话不离写诗，而我又是个喜爱文学的，我们居然聊得挺投机。

由此我也知道了，诗人姓孙，中南大学毕业，已娶妻生子，三十来岁。本来是一个中学教师，按部就班地过着小日子。可他内心总拧着一股追求理想的劲儿，他说他要是不试一试，死都不会安稳。于是，他就辞职出来了。

我对他的行为大为震惊，在我还在苦苦追寻一份稳定的工作的时候，他居然有勇气放弃一份稳定的工作。我问他已经坚持了多久，他说两年，他两年没和家里联系了，两年来一直在流浪。

他随身带了一个卷了毛边的本子，上面密密麻麻写满了诗歌，他说流浪带给了他许多灵感。他还向我展示了第一次聚餐后写的一首诗，可惜现在我一句也想不起来了。

诗人半个多月以后忽然发了一笔横财，买彩票中了几百块钱。他马上在我们附近租下了一间房，请我们大家去吃饭。

他租的房子非常小，只能放下一张床，一张小桌子。我们只好挤在门口捧着碗吃东西。他所有的家当就一只小行李箱，一个铺盖卷。行李箱里全是书和本子。

他那天喝了点酒，目光炯炯，像是天上的两颗星星。他说他住满一个月就会离开，但他会永远记住我们这些人，会把我们写进诗里。

再后来的事情我有些记不住了，他是怎么离开的，我也没什么印象。我只记得他还抄了一首他的诗送给我们每一个人，他送到我们手上时，双手，低首，而虔诚。那场面极像是一个仪式，我们也全都肃穆以待。

我前段时间看到流浪网红沈巍的报道，忽地又想起了这个诗人。现在想起来，大概是在我年轻的岁月里曾遇到过这样一个理想的战士，才会让我这么多年以来都没有放弃自己爱好文学的理想吧。

我们的心里都埋着一颗理想的种子，无论度过了什么样的人生，理想不灭，活着才有意思。

一把椅子的前世今生

□陈　晖

最近，梵古很是嘚瑟。作为一名嗜古如命的人，他终于横刀夺爱，软磨硬泡，使出浑身解数从友人手中夺来一把榨榛的学士椅。

在梵古家的客厅里，我见到了这把学士椅，果然端庄大气，最重要的是，被梵古收拾得洁净清爽，若不是上面精细的雕刻，我还真不认为这是古物。

说起与这把椅子的情分，还真有点儿三顾茅庐的意思。

初见，是在友人维国的茶室。刚进门，梵古就闻到这把椅子身上与众不同的味道，他不露声色地抢先坐到这把椅子上。古人规矩多，椅子只能坐三分之一，必须腰背挺直。果然，是个好货。

席间，梵古一边心不在焉地陪友人喝茶聊天，一边用手抚摸着椅子，时不时借故低头弯腰，实则是在仔细端量。几个来回，梵古对这把椅子的品相已是了如指掌。这确实是出自清末的学士椅，在当时家家户户都可见到，很是普遍。但现在，实属罕见之物。梵古试探性地跟友人聊起椅子，言行中，友人对这把椅子也是情有独钟，对梵古那种欲购心理，强作不知。

此后，梵古茶不思饭不想，整天琢磨着如何能够得到这把椅子，这毕竟也是友人之挚爱啊！梵古的心里如同有无数猫爪在抓挠，搅得他心神不定，寝食难安。

罢！罢！罢！梵古邀来另一位友人，约维国一起喝酒吃饭。席间，梵古是迫不及待，直奔主题，对那把椅子的钟情是溢于言表，希望维国能够忍痛割爱，并不惜重金收购。可维国只顾喝酒，顾左右而言他，并未应允。梵古心里如同小鹿乱撞，七上八下，没个谱。

日子一天天流逝，这把椅子，如同在水一方的佳人，直叫梵古牵肠挂肚，难以割舍。思来想去，梵古再次去了维国的茶室，还是坐在了那把椅子上。梵古那爱不释手、狂痴迷恋的样子，维国看在眼里。或许是梵古的真情感动了他，那次，维国忍痛割爱，梵古如愿以偿。

我再次细细打量这把椅子，它的独特之处就在于线条优美，且在靠背的两块木板上雕刻着花纹，上面是暗八仙，也就是八仙的法器。梵古说，古人是含蓄内敛的，一般不喜直接说明，多用暗指。难道这就是古人的聪明之处？下面刻的是观音瓶插花，图案清晰明朗，栩栩如生。

梵古说，每把椅子淘回来的时候，都有一套收藏流程。先是打散，即全部拆散。那些零散的构件是很脏的，藏着百年甚至千年的污垢；二是清洗。主要用洗衣粉和铜刷子进行清洗，擦干后，一定要放置阴凉通风的地方阴干，直到干透。最后才是修复，那才能使其成为真正的工艺品，代代相传。梵古真的是个很有情趣的人。我想，只有懂得情趣的人才能真正懂得审美，才会如此用心地为自己的心爱之物做事吧！

梵古说，初次拆散的时候，也遇到过窘事。因为没有经验，所有零散的构件也没有做编号，最后在组装的时候，对不上号，那真是一件费时费力更费脑的事情。如果遇到缺件，那就更难。那就要找相同的木料，相似的木纹，让手艺精湛的老木工做到位，再自己重新组装。

这把椅子让我的思绪飞扬。老宅里，曾经也有过这么一套椅子，总是泛着陈旧的味道，总给人一种灰蒙蒙的感觉，或许更多是因为无人问津，就一直摆放在堂屋里。因为年代久远，椅脚已呈现轻微腐烂。那时，正面临拆迁，恰巧有收旧家具的上门纠缠，父亲也就同意将它们卖了。

梵古说，每种木材都有脾气，性质不一样，会有很大差别。榉木的特点就是容易变形，烂脚。相对而言，柏木就不怕晒，不烂脚，但没有大料，容易开裂。我不知道老宅里的那套椅子是不是榉木的，但是我知道，如果早些认识梵古，或者早些明白这些老物件都是可以拆散、清洗、组装甚至修复的，它们现在是不是也可以锃亮如新？想想，甚是遗憾。只可惜，当年尚年少。

每个物件都有它的前世今生，它在谁的身边，就是谁的福气。缘，可遇不可求，对于老物件的拥有亦是如此。木心先生说：“没有审美力是绝症，知识也救不了。”一个老物件的拥有，代表的不是物质，不是文化，而是审美。懂得了审美，你也就懂得了生活。

地下室里的补习班

□汪星宇

前些天，听我妈说起亲戚家一个小孩快高三了，她妈为了给她选到合适的补习班，每天下班跑去各种辅导机构考察，忙得焦头烂额。我这才发现现在的补习班比我上学的时候更多更专业了。小朋友们从出生开始就被送去各种早教班，学游泳、听古典乐，稍稍长大一点儿又要背诗、学外语，一刻也不得闲。我想起了我上学的时候，那时的我算是被“放养”长大的。在上海乡下自由自在惯了，回来上学只要按时完成作业，不让老师把我妈喊去办公室就算万事大吉了。

我妈更是个妙人，每次早上我想赖床的时候，总是“怂恿”我一整天都不去学校上课，让我睡得饱饱的起床，然后再看书写作业。同学们都羡慕得不行。

我就在这样宽松的环境下，悠悠闲闲地晃荡到了初三。初三的我面临了人生第一次选拔性的升学考试。虽然这个第一次比现在从幼儿园开始就接受笔试、面试的小朋友晚了很多，但当时的我还是深深为自己捏了把汗。

升学考试的几套模拟卷做下来，彻底暴露了我知识体系中的各种漏洞，感觉平常的考试自己还能靠小聪明糊弄糊弄，可一到这种综合性的大考就不能侥幸过关了。当时我自己测试出来的真实水平，距我心目中理想的高中，还有不小的差距。

就这样，拿着模拟试卷的我，在盛夏的上海感到后背一阵发凉，心里第一次感到这么慌张。我一直记得那天走在回家的路上，平常不显眼的课外辅导机构的招牌一个个争相抓住我的目光，似乎每个都在喊着“选我，选我，选我”。

回家后，在爸妈的参考意见下，经过一番商讨和比较，我自己拿主意选了一个条件最为简陋，坐落在半地下室，只有半扇小窗户透光的补习班。我喜欢这样狭小逼仄的环境，好像在这里可以把脑海中多余的杂念都暂时放到一旁，把有限的脑容量全部留给需要学习的知识。

环境对人的潜意识影响非常大。大家可能都能感觉到，如果教室里你身边的同学都在奋笔疾书，你就更容易投入学习；如果你身边全是玩耍的同学、零食、宠物，即使你自己不想分心，它们也铁定会吸引你的注意力。

当你自己无法做到专心致志的时候，完全可以借助外在的“结构性力量”，去图书馆也好，待在教室也好，总之要学会将自己投入一个干扰最少的地方，让自己养成安静学习的习惯，慢慢培养自己的定力。

后来，在复旦读书的时候，我常能在教学楼里看到一些扎根教室的考研学生。他们通常一个座位，一个水杯，一袋面包，一摞书就能待上一整天。为了保证自己专心投入，他们一方面将复旦这样理想大学的氛围作为“奖励”送给自己，另一方面也利用教室的环境排除干扰。似乎大多数这样的“考研党”，经过一番努力，最后都能如愿考进自己心仪的高校。

而当时小小年纪的我可没有想明白这么多道理的超前大脑。我当时更多是凭直觉和决心，抱着卧薪尝胆也要拿下中考的想法，走进了这个半地下室的补习班。

中学时代的补习班似乎是青春小说中惯用的环境因素。比如，教室里互有好感但交集甚少的男生女生，恰巧在同一个补习班上课，于是满屋子都是雀跃的心跳声。再比如，都标榜自己只爱打游戏，从来不学习的“学霸”们，在校外补习班的走廊里尴尬相遇。

可惜，这些巧遇的片段在我的补习班里都没发生过。我只记得黑板上方的小电扇，“咿呀咿呀”地转着，把白炽灯的光线打散，投在本子上一晃一晃的。给我们上课的老师不像学校的老师讲很多考试的注意事项，只是本本分分地，一道又一道地讲着题。

补习班的同学们来自各个学校，大家偶尔在课前叽叽喳喳打听着你学校有我认识的谁谁谁，我也认识你的朋友某某某，但更多的时候都是各自安静地写着作业。不像同窗多年天天见的同学，每回课间都要像大闹天宫一样疯一场。

我喜欢每次从补习班出来看见天都黑透了的感觉，仿佛自己就像一只刚从笼子里被放出来的小野兽，一溜烟地跑回家，将身影深深埋在黑夜里。

我上补习班的日子虽然很短，但这短短数月全心投入的效果很明显。我越来越明显地感受到静下心来主动学习和平日带着浮躁心态学习有什么不同。以前，家长和老师耳提面命“要静心”的大道理总是被自己当作

遵从生命

□冯骥才

一位记者问我：“你怎样分配写作和作画的时间？”

我说，我从来不分配，只听命于生命的需要，或者说遵从生命。他不明白，我告诉他：

写作时，我被文字淹没，一切想象中的形象和画面，还有情感乃至最细微的感觉，都必须“翻译”成文字符号，都必须寻觅到最恰如其分的文字代号，文字好比一种代用数码，我的脑袋便成了一本厚厚的字典。我渐渐感到，语言不是一种沟通的工具，而是交流的隔膜与障碍——一旦把脑袋里的想象与心中的感受化为文字，就很难通过这些文字找到最初那种形象的鲜活状态。同时，我还会被自己组织起来的情节、故事、人物的纠葛牢牢困住，就像陷入石阵中。每每这个时期，我就渴望从这些故事和文字的缝隙中钻出去，奔向绘画。

当我扑到画案前，挥毫把一片淋漓光彩的墨泼到纸上，它立即呈现出无穷的形象。莽原大漠，疾雨微霜，浓情淡意，幽思苦绪，一下子立现眼前。无须去搜寻文字，刻意描写，借助于比喻，一切全都有声有色、有光有影，迅速现于腕底。几根线条，带着或兴奋或哀伤或狂愤的情感；一块水墨，真真切切地是期待是缅怀是梦想。那些在文字中只能意会的内涵，在这里却能非常具体地看见。绘画充满偶然性，愈是意外的艺术效果不期而至，绘画过程愈充满快感。从写作角度看，绘画是一种变幻想为现实、变瞬间为永恒的魔术。在绘画天地里，画家像一个法师笔扫风至，墨放花开，法力无限，其乐无穷。可见，这样画下去，忽然某个时候会感到，那些难以描绘、难以用可视的形象来传达的事物与感受也要来困扰我。这时只消撇开画笔，用一句话，就能透其精髓，奇妙又准确地表达出来，于是，我又自然而然地返回了写作。

所以我说，我在写作写到最充分时，便想画画。在作画作到最满足时，即渴望写作。好像爬山爬到峰顶时，纵入水潭游戏；在浪中耗尽体力，便仰卧在滩头享受日晒与风吹。在树影里吟诗，到阳光里唱歌，站在空谷中呼喊。这是一种随心所欲、任意反复的选择，一种两极的占有，一种甜蜜的往返与运动。而这一切都任凭生命状态的左右，没有安排、计划与理性的支配，这便是我说的“遵从生命”。

这位记者听罢惊奇地说，你的自我感觉似乎不错。我说，为什么不？艺术家浸在艺术里，如同酒鬼泡在酒里，感觉当然很好。

耳旁风，现在自己经历了才算懂。那之后的我，就像一直胡乱学功夫的傻小子突然被打通任督二脉，一下子开了窍，找到了自己的学习状态。

升学考试转眼就过去了，补习班我后来再也没去过。但当时找到的状态却一直陪伴着我，鼓励我面对学习和生活中一次又一次挑战。我一直没有找到合适的词来描述当时的状态，直到遇见这段话：“回头想想你人生的成就吧——那些最令你自豪的成就。我敢和你打赌，它们都是用辛勤的劳动、不畏艰难的坚持和集中的注意力换来的。你大可以舒服地休息，不去理睬它，但你并没有那样做。当放弃会带来更大的乐趣时，你远离了诱惑；当你大可选择相信自己很牛，不需要进步从而自我感觉良好的时候，你对自己既挑剔又诚实。”

希望你也可以遇见自己的地下室补习班，收获一份努力的心境。

那些用肩膀托起爱因斯坦的巨人们

□王善钦

在所有物理理论中，爱因斯坦创立的广义相对论无疑是最优美、最深刻的理论之一。从1919年5月让爱因斯坦名动世界的星光偏折的验证，到2015年9月被直接探测到的黑洞并合产生的引力波，再到2019年4月公布的首张黑洞直接成像的照片，人们用100年的时间以不同的方式不断证明这个伟大的理论是正确的。

但是，正如奠定经典力学基础的牛顿是站在巨人肩膀上让自己看得更远，爱因斯坦的广义相对论也并不是凭空而来，他在不同时期借助不同的巨人的肩膀，让自己看得更远。

被誉为“人类历史上最后一个全才数学家”的庞加莱，是第一个深刻影响爱因斯坦的巨人。1905年，26岁的爱因斯坦发表了相对论的第一篇论文。但在此之前，洛伦兹与庞加莱就得到了多个类似结果。特别是庞加莱，他在此前几年就在自己的名著《科学与假设》中总结了自己更早时期的论文中提到的好几个假定，比如，“同时的相对性”；这个假定后来被爱因斯坦写入他的相对论的论文中，作为两大基本假设之一，另一个假设则是麦克斯韦得到的“光速不随发光物体的速度而改变”的结论。

事实上，爱因斯坦相对论中得到的大部分结果，庞加莱都在此前得到过。虽然爱因斯坦很可能无法及时看到庞加莱在这个领域的全部工作，但他至少看过庞加莱的《科学与假设》——他曾经回忆，他在大学毕业后读到了这本书的德语翻译版，并被这本书深深吸引。但庞加莱似乎并不重视自己得到的那些结果背后的惊人图景，没有踢出临门一脚。即使如此，因为庞加莱的众多贡献，他还是被誉为“相对论先驱”。

著名数学家闵可夫斯基是影响爱因斯坦的第二个巨人。他曾经在大学里教过爱因斯坦数学课。在爱因斯坦创立相对论后，闵可夫斯基用他高超的数学技巧将爱因斯坦的理论解释为平坦的四维“时空”里的物理学。将时间作为一个维度，与空间结合，是庞加莱于1898年首先提出的。在爱因斯坦想把引力结合到自己的相对论中时，他才意识到闵可夫斯基描述的平坦四维时空的重要性：他想要研究的引力理论的核心，就是一个弯曲的四维时空，只要把闵可夫斯基时空弯曲，就可以了。

紧接着，爱因斯坦立即意识到自己正遇到一个巨大的困难：他并未掌握描述弯曲时空的数学工具。爱因斯坦找到了好友、昔日同学、当时的同事、数学教授格罗斯曼，求格罗斯曼帮忙。格罗斯曼翻找大量文献后发现，爱因斯坦研究的新理论所需要的数学已经被几位数学家发展好了。

原来，早在1827年，有“数学王子”美誉的伟大数学家高斯在研究曲面时，试图摆脱外在空间依赖性，直接研究曲面的距离与弯曲程度——曲率。他证明：只要不破坏曲面的结构，曲面的曲率就是一个不变的量。高斯将这个结果命名为“绝妙定理”。1854年，高斯的得意门生黎曼将高斯研究的曲面推广到三维、四维乃至于任意维的弯曲空间。黎曼病逝后，他推广得到的几何学几乎无人问津，只有少数几个数学家补充了一些细节。

格罗斯曼告诉爱因斯坦，弯曲时空所需要的数学工具都准备好了，现在需要的就是把四维空间改为四维时空，然后将这些数学工具应用到新理论上面。1913年，爱因斯坦与格罗斯曼合作发表了一篇论文。此后两年，爱因斯坦独立前进，于1915年底成功构建出自己的新理论，这个理论就是广义相对论。

当我们感叹广义相对论的优美、深刻与精确时，我们不仅要叹服爱因斯坦的过人智慧，也要意识到高斯、黎曼、庞加莱、闵可夫斯基等科学巨人的巨大贡献。我们还要认识到，伟大的科学变革往往并非是一蹴而就的突变，它们中的大多数要经历漫长时间的积累与渐变，在这个漫长的渐变过程中，会有许多杰出人物各自奉献，成为为巨人提供肩膀的巨人。

爱因斯坦认为，在那些影响广义相对论的巨人中，影响最大的人物就是高斯。到了晚年，爱因斯坦承认了庞加莱在相对论领域的超前贡献。我们因此可以说：高斯，这位人类历史上伟大的数学家，是爱因斯坦脚下的几个巨人中最高大的那个；而庞加莱，这位深刻影响了他死后至今数学多个领域一百多年发展的伟大数学家，是爱因斯坦脚下第二高的巨人。

心迹可畏

□张 勇

康熙年间，一个年轻人在京城的一家书铺看书。账台前，有位老先生正准备付款买书，一枚铜钱从他口袋中滚落，掉到这个年轻人脚边。年轻人见老先生没发现，便悄悄挪动右脚踩住铜钱。等老先生离开后，年轻人迅速捡起铜钱装入口袋。然而，这一幕恰巧被二楼的一位老翁看见了。他缓缓走下楼，跟年轻人攀谈起来。原来，年轻人叫范晓杰，一直在国子监读书。年轻人见老翁谈吐不凡，还想多聊几句，老翁却冷冷一笑离开了。第二年，范晓杰通过吏部考试，被派到江苏常熟任县尉。刚到地方，他去上级衙门江宁府报到，谒见巡抚大人汤斌。可汤斌收了他的名帖，就是不见。十天后，范晓杰又去谒见，护卫官向他传达巡抚大人的命令：“范晓杰不必去常熟县上任了，已被革职。”“革职？我犯了什么罪？”范晓杰惊诧不已，迫不及待地追问。“贪钱！”护卫官回答。范晓杰辩解道：“我还没上任，怎么会贪钱？一定是大人弄错了，恳请让我当面向大人澄清。”护卫官进去禀报后，又出来传达：“你不记得去年在京城书铺中的事吗？你当秀才的时候尚且爱一枚铜钱如命，今天侥幸当上了县尉，能不绞尽脑汁贪钱吗？”范晓杰无言以对，原来那天书铺里的老翁就是巡抚大人汤斌。只因贪得一枚铜钱，范晓杰失去了锦绣前程。汤斌这样做显然非常英明，这样爱钱如命的人一旦掌握了权力，可以想见其为害之巨。

不可否认，人是最善于伪装的动物。有时会戴了面具，精心包装自己，但是不经意流露出来的小动作，常常会泄露内心深处的秘密。这些小动作，是一串密码，能够解读人的习惯和品格。

唐元宗时，吕元膺为东都留守。他在弈棋时趁对方长久思索时，为了不荒废公事，继续批阅文件。有一次，对弈的幕僚趁机取巧，偷换一子而取胜。吕元膺十分精明，早就洞悉。但他胸怀大度，不露声色地认输了，还取出一些金帛，赠给该人，并将其遣走。该人愕然，惴惴不安而去。别人也不明究竟：昨天还在一起畅快下棋，今日干吗突然把人家辞退？吕元膺依然若无其事，不发一语。直到十多年后，吕元膺临终前，在向他的子侄们谈遗嘱时，才说出此事。他说这件小事本来也没什么大不了，他只是趁我不备，偷换一子胜我一局而已。我不是为此而不能容纳他，我是预感到这种人“心迹可畏”，不可深交。

苏轼与朋友谢景温出游，两人且说且笑，一路相谈甚欢。就在这时，一个黑影突然从树上跌落下来。两人定睛一看，发现是只受伤的百灵鸟。苏轼凑过去，发现百灵鸟的腿上有伤，可能就是因为这伤才使它从树上坠落。苏轼想将鸟捧起来，谢景温却大步走了上来，抬腿就踩一脚。“兄弟何必为一只惊吓了我们的飞禽耗费心思，我们继续向前走吧！”苏轼面色凝重，却一言不发，继续和谢景温向前走。一路上，谢景温高谈阔论，指点江山，好不潇洒。而苏轼只是偶尔应两声，全然没了兴趣。郊游回来之后，苏轼便与谢景温断交了。有朋友问苏轼为何如此，苏轼语出惊人：“轻贱生命之人，不可为友。”朋友不信，以为苏轼另有隐情，苏轼却摆手道，“如果此人得势，一定不会把人的生命放在眼里。很有可能做出损人利己、祸国殃民的事情来。”友人微笑着摇头，仍旧不相信苏轼的话。多年后，谢景温成为一代权臣，杀戮无数，苏轼也险遭毒手。谢景温成了北宋有名的奸臣，时人皆叹苏轼果能识人。

曾国藩驻军安庆的时候，他的一个亲戚来投奔他，打算在他这儿找点事做，曾国藩就留下了他，准备日后给他一份差事。一个多月后，两个人在一起吃饭，饭里有一粒稗子，那个亲戚就把稗子挑出来扔到了地上，然后才吃那碗饭。曾国藩看到后，就给他准备路费，打发他回家。那个亲戚问曾国藩为什么打发自己走，曾国藩说：“你平时不富裕，又没有在外面做过客，放弃种田来我军营才一个多月，吃饭时就把稗子挑掉了才肯吃，我担心你将来见异思迁，反而使自己受了拖累。”从吃饭挑稗子这样一件小得不能再小的事上，就由小见大、由近及远地看出这个人有见异思迁的趋向，曾国藩对人的观察非常人可比。

细节是人内心世界的旁白。正可谓：细枝末节，时见闪光之点；点滴毫末，总有端倪可现。

奇怪的年轻人

□余秋雨

我要说的，是2300多年前的一位古人。让我描述一个可以想象的情景——一个高雅的会场，台上坐着一排德高望重的学者，一个个都在讲授着自己的学说。他们讲得很自信、很权威，台下的听众，都在恭敬聆听，时不时还低头记录。

学者们辩论起来了。开始时还只是表达一些不同意见，很快就针锋相对，越辩越激烈。辩论刚起时，听众们精神陡增。但是，越花脑筋的事情越容易疲倦，大家渐渐失去了耐心。终于，听众中有人起身，弯着腰离开会场。这很容易传染，不久，会场里的听众只剩下了一小半。

会场外面，是一个门厅。那里有一个角落，聚集着刚刚从会场出来的听众。原来，他们围住了一个奇怪的年轻人。

这个年轻人在自言自语，有时又对着靠近他的几个人发问。不等待回答，随即又出现了新的问题。他在问——“这么多学者坐在台上，这是确实的吗？他们是怎么过来的？是谁让他们坐到了一起？”“他们每个人都讲了那么多话，自己相信吗？”“生死一定是真的吗？做梦一定是假的吗？如果这是一个梦中的会场，那究竟是在天上，还是在人间？”

听了这些问题，有人觉得这个年轻人不太正常，就回家了，但很多人却像被什么粘住了，全神贯注。会场里出来的听众越来越多，都挤到了这个年轻人身边。

这样的情景，历史上频频发生。最有气魄的，是在中国的诸子百家时代。在诸子百家这个庞大的“会场”外，一个年轻人在门厅的一角自言自语，不断提问。

他，就是庄子。他确实“年轻”，比孔子小180多岁，比墨子小100多岁，比孟子还小了几岁。对于老人家们的学说，他都知道。但是，他不喜欢他们滔滔不绝地教诲世人的劲头。

他们好像把天下的道理都弄明白了，众多的弟子和民众把他们当作无限的真理矿藏、永恒的百科全书。他们很早就构建了学术身份，随着年岁和名声的增长，已巍然而立，定于一尊。他们私底下是不是也有犹疑、模糊、困惑、两难的时候？

庄子与他们完全不一样。他躲避官场，也躲避学界。因为，他觉得自己不是解答疑问的人，而是扛着一大堆疑问。问题提出，他就在世间万物中寻找可以比拟的对象，那就成了一个个寓言。寓言不是答案，却把问题引向了更宏大、更缥缈的结构，用现在的话来说，引向了哲学和美学。但是这种哲学和美学，连小孩和老者都乐于接受。

这一来，怪事发生了。大家渐渐发现，这个不断提问的人，在很多方面可能比那些不断宣讲的人还重要。因为他的问题一旦问出，就牵动了宇宙世界和人类的秘密，即使没有答案也深契内心。

大家还发现，这个不断提问而不急于找到答案的人，也让人们渐渐习惯了那些找不到答案的问题，而且让人们懂得，一切真正的大问题都没有答案。

他的问题，触及了天地的源头、大小的相对、万物的条件、自由的依凭、生死的界限、真假的互视……事实上，直到今天，全人类思考等级最高的智者，也还纠缠在这些问题上。于是更多的人明白了：提问者，就是“开天辟地”者。至于解答，那只是在擦拭“开天辟地”时撞裂开来的玉石碎块。

庄子取得了如此崇高的精神地位，但他提问的神态，仍然像个孩子；他讲述寓言的口气，仍然像个孩子。他是大师气象和孩童气息的最佳结合体。

庄子提醒我们，首先要尊重自己心中的疑问。应该明白，我们心中的疑问，可能会比种种讲解更加珍贵。说不定，其中确实包含着“开天辟地”的功能。

对此，我想起了两件琐碎的往事。读初中的时候，物理老师给我们讲起了外星人的事。他判断着外星人可能的长相，设想着地球人该用什么语言去与他们沟通。我提出了一个傻问题：“有没有可能，外星人早就来了，连这个教室里也有，只不过他们比灰尘还小，没有我们想象的那些动静？”

感谢物理老师，他没有嘲笑我，怔怔地听着，说：“有可能。”一位同学一听，也站起来说：“如果外星人比灰尘还小，那么有没有可能，我

不作即不食，不劳即不获

□李安章

唐朝著名高僧百丈禅师不仅勤于修禅，还勤于劳作，年过八旬还坚持每天下田耕作。弟子们于心不忍，屡屡劝师父在寺内休息，但百丈禅师怎么也不肯休息，耕作就好像他参禅打坐一样，每日必不可少。

有一天晚上，弟子们悄悄把师父的农具藏了起来，心想这回师父不用去耕作了吧。第二天一早，大家吃过早饭后，都拿着各自的农具离开寺院，到田里耕作。百丈禅师也想拿起农具去田里，可他到仓库后发现农具不见了。他知道肯定是弟子们怕他劳累故意把农具藏了起来，没了农具，他只能留在寺里，但他没有吃中饭。晚上，徒弟们吃完晚饭，才意识到师父中饭和晚饭都没有吃，于是端起饭菜送到师父的禅房里，百丈禅师生气地说：“你们既然不允许我吃饭，为什么要给我送饭呢？”

弟子们不无委屈地说：“师父，我们没有不允许你吃饭呀！”百丈禅师说：“我一直教导你们，人欲有所获，必先有所作，若一日不耕，便一日不食。你们把我的农具藏起来不让我干活，不就是不让我吃饭吗？”

弟子们非常后悔，连连向师父道歉，请求师父吃饭，但百丈禅师说什么也不吃，弟子们没有办法，只能把饭菜端出去。从此以后，弟子们再也不敢阻止师父劳作了。

“不作即不食，不劳即不获。”这是一种自省自律的至高素养，坚持勤奋劳作才是一个人安身立命乃至走向成功的法宝。

勿恋有利之地

□江泽涵

有一段时间，我常去江边捕捉镜头，认识了一个垂钓的老人。他每天都硕果累累的，几个年轻人却收获可怜。他到底是老手，经验丰富。

老人却说自己压根儿就没钓过鱼，这几天才学的，水平远不如那些小伙子。

“我只是在离开钓台前，把多下的鱼饵都撒在每日垂钓的地方。那样鱼儿不仅会经常光顾，还会带上伙伴们。”

“真妙啊。”我又觉得老人天真，“你怎么把这窍门泄露给我了？”

“无所谓，我只是在做实验。”老人说他是大学心理学教授。

人也如鱼，常常只顾眼前利益，沉恋有“美食”的地方，以致抱憾终身。

有一个赌博团伙把点设在偏僻的山坳，短短两个月，光顾过的赌徒超过一千。他们都表示，头几天，每晚能赚个几百，就叫了朋友一起来，朋友又有朋友。玩了几天，就慢慢开始输了，不甘心，再接着玩儿，几乎耗尽积蓄。

有利可图之地有时就像万丈悬崖，一不留心，某些利益就会将我们推下崖。所以，勿轻易去，更勿沉恋。

这么一跺脚，就毁灭一大批更小的星球？”物理老师想了想，又说：“有可能。”每次回忆到这事，我就想，当时我们两个小孩子提出的问题，确实不比物理老师的讲述幼稚。

很多年后，我担任了上海戏剧学院院长。有一次，一位年长的教师向我抱怨，他在课堂上分析了几部古典剧作的创作特色后，有一个调皮的学生完全不在乎讲课内容，只是问：“这几部剧本有没有演出过？演了几场？”居然有好几个学生响应。教师认为，这些捣蛋的学生，严重影响了他的教学进程。看到这位教师的气愤表情，我安慰了几句。但一年之后，我以此为例，开始向全院讲授《戏剧社会学》。支撑这门新兴课程的，是不同的剧作在各地剧场演出时的观众数据。这件事再次证明，能够真正推动思考的，是提问。其中，包括不太礼貌、不合时宜的提问。

不要总是关注讲台：请注意，那个刚刚离开会场的背影，或许更有分量。不要总是仰望白发：请注意，那些稚气未脱的眼神里，可能闪烁着更深的哲理。不要总是等待结论：请注意，那些远离结论的无稽疑问，可能倒是触动了世界的秘密。不要总是相信斩钉截铁、气势恢宏、神采飞扬。请注意，那些困惑、忧愁、无奈，可能才是人类最真诚的表情。那么，谢谢庄子，谢谢这位古代的年轻人。

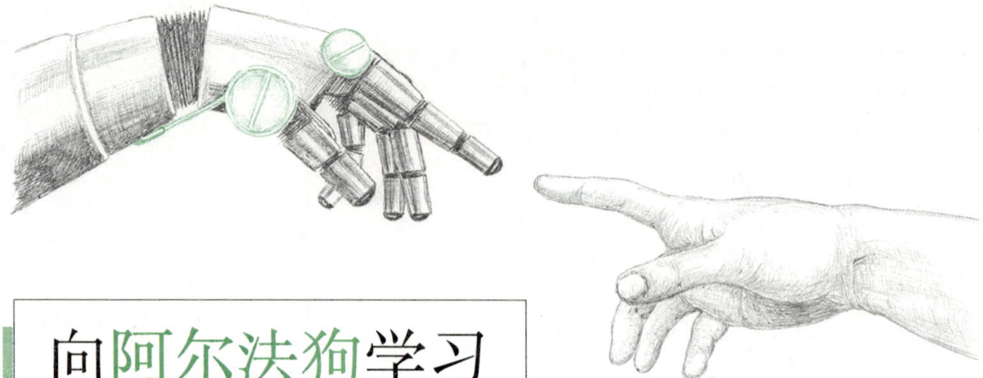

向阿尔法狗学习

□万维钢

有一个概念叫“正常化偏误”，指的是当灾难已经发生的时候，人们往往意识不到灾难的发生，还以为一切都正常。这样就耽误了脱身的最佳时机，导致自己面临巨大的危险。说白了，就是现在局面已经很不正常了，你还在假装正常。了解这个道理，有利于你在任何不利情况下保持全身而退的能力。

我们看电影，客机如果发生事故，乘客们都很害怕，出现恐慌情绪。但真实的情况是，飞机出事的时候，大部分乘客一开始都表现得很平静。比如，2013年韩亚航空214号班机在旧金山着陆的时候坠毁，飞机已经起火冒烟，乘客下飞机的时候还是不慌不忙，有的乘客居然还惦记着拿上自己的行李再走。这在网上遭到了一致谴责——都这个时候了还想着拿行李，这不是要钱不要命吗？但其实，人们面临危险的正常反应，就是下意识地认为一切还很正常。

美国“9·11事件”中，飞机已经撞上世贸中心大楼了，这么不正常的事都发生了——但当时在世贸大楼里工作的人，居然还有心情跟亲友打电话闲聊。亲友说“看电视新闻你们那儿飞机撞楼了”，工作人员居然没当回事。接到疏散通知以后，有的人还在楼道里跟同事聊天，想先看看别人的反应再说，结果就没跑出来。

像这样的例子不胜枚举。

为什么会有正常化偏误呢？因为思维惯性。平时日子一直都是这样过的，我们就认定日子永远都会这样过。哪怕看到不正常的事，心里也总想给它一个正常化的解释。一般估计，当灾难发生的时候，70%的人会有正常化偏误，15%的人会被吓得失去行动能力，只有剩下15%的人能反应过来赶紧逃离。人们不经历灾难的时候，总担心有人传播谣言制造恐慌，而事实是，一旦灾难真的来了，大多数人根本就没有应对恐慌的能力。这就给救灾带来极大的困难，美国好几次飓风灾害发生时，政府下了命令必须撤离，但很多老百姓就是坚决不走。

很多文章都提出过各种避免正常化偏误的方法，有人说我们应该对周围的环境保持敏感度；有人说我们要多了解灾难知识；还有人说我们的教育不行，现代教育就是鼓励人服从，从来不讲独立思考。这些说法都有道理，但这些道理并不足以克服正常化偏误。

我想说另外一个道理，我们应该学学阿尔法狗下围棋的精神。人类棋手看过阿尔法狗的棋谱之后曾感慨说，阿尔法狗的每一步都是走在整个棋盘上最应该走的地方。你可能会说这不是废话吗？不是。人类棋手常常做不到这一点。我们有个思维惯性，比如，两个人类棋手在棋盘上的一个局部厮杀，就好像打一场战役一样，人类的思维惯性总是想把这个局部处理完了，再去别的地方。其实正确的做法是，不管这场战役打没打完，只要局部的争夺价值已经小于棋盘另外一点的价值，就要在这里脱先（围棋术语），去另外一点。人类棋手一直都在教育自己这么做，但总会有做不到的时候。而阿尔法狗完全没有这个思维惯性，它下棋是东一下西一下，人类棋手有时候根本跟不上它的思路，阿尔法狗是纯粹的全局思维。全局思维其实就是“无我”和“上帝视角”，这才是破解正常化偏误的关键。

最后我再说一个克服了正常化偏误的故事。1980年以前，英特尔公司做内存条生意赚了很多钱。到了20世纪80年代，日本的公司迅速崛起，他们的内存条更廉价，而且技术也已经超过英特尔公司。但英特尔公司的人有一个正常化偏误，他们总觉得日本公司不行，自己的技术肯定领先。事实上，英特尔公司的内存业务已经明显难以为继了。

1985年，英特尔公司主席安迪·格鲁夫和首席执行官戈登·摩尔面临一个重大决策：到底应该怎么对待内存部门。一方面这个部门确实不行了，另一方面大家对这个部门都很有感情。最后格鲁夫问了摩尔一个问题，他说：“如果咱俩现在都被免职了，新来一个CEO（首席执行官），你猜他会怎么做？”

摩尔说，他猜新CEO一定会裁掉内存部门。格鲁夫马上说：“那咱俩为什么不能先走出公司大门再走回来，假装咱俩就是新CEO呢？”于是他们砍掉了内存业务，专注于做CPU（中央处理器），这次转型非常成功。格鲁夫和摩尔，破解了正常化偏误，做到了“无我”，也赢来了新生。

“躺赢”的人生

□青 丝

“躺赢”是现代网络流行的热词，意为一个人不用做什么就能成为赢家，即使躺着不动也能获得好处。而且这种幸运眷顾，往往非常凑巧，为不可复制的奇遇，就像命运故意安排好一样。历史上也有一些“躺赢”的例子，人生因为偶然的机缘而瞬间改变，这些充满戏剧性的人物故事，与现代语义形成了奇妙的对偶。

清咸同年间，祸乱频仍，战争持续了二十多年。湘军和淮军在平定太平天国、捻军起义的战役中居功甚伟，立下军功的将领多不胜数，光是朝廷封授的记名提督就有近八千人，记名总兵有近两万人。但记名提督只是个虚衔，并没有实授的官职，想要获得实缺，必须由总督和巡抚密奏保举，经皇帝钦点，才能补缺充任。左宗棠麾下有个记名提督陈春万，原是一个农夫，加入湘军后转战四方，因膂力雄健，胆子又大，作战表现杰出，获授“巴图鲁”勇号和加穿黄马褂的殊荣。

但是，陈春万徒有其勇，从没读过书，大字不识一个，上司自然不放心让这样的人独自领兵，统辖一方。所以，陈春万虽然战功赫赫，却只能长期担任基本编制的营官，即使出现职位空缺，总督、巡抚向朝廷保举人选充任，也不会考虑到他，故其一直郁郁不得志。不料有一天，朝廷突下谕旨，陈春万获授肃州镇挂印总兵，为正二品武官。而且，挂印总兵不同于普通总兵，既掌理本镇军务，又不受总督的管辖指挥，另外还可以直接用专折向皇帝奏事，无须经过总督和巡抚转呈，不论军事指挥还是政务，都有很大的自由裁量权。

陈春万本人也被这一天降之喜弄傻了，不知道好运为何突然落到了自己头上。后来宫廷里的知情人，道出了事情的真相。原来该职位开缺，左宗棠早就密奏保举自己心仪的人选递补，同治皇帝也没有意见，军机大臣把候补名单递上来，让皇帝朱批钦点。正巧同治皇帝手中的毛笔蘸朱砂墨太饱，他还正在名单上找左宗棠举荐的人名，一滴朱墨就落在了陈春万的名字上。看到不好更改，同治皇帝只好将错就错，钦点陈春万为肃州镇挂印总兵。这种天缘巧合，遂令陈春万“躺赢”成为人生赢家。

另一个“躺赢”的人物是曾任两广总督的巴延三。他原只是军机处一个六品文书，承担缮写、记录之类的琐事，文采和人品皆无出众之处，其他同事都很瞧不起他。时值准噶尔部叛乱，乾隆深夜接到前线的紧急军情公文，把当晚值夜班的巴延三传到寝宫的窗下，让他根据自己的口述意见起草回复公文。然而，乾隆在屋里说了一大通，屋外的巴延三第一次被传召来做文字记录，紧张得两腿直哆嗦，脑子里一片空白，皇帝说了什么他一句都没记下来。

乾隆寝宫有个小太监鄂罗里，人很机灵，记忆力又好，平时服侍左右，对乾隆的脾气、意旨都很熟悉。鄂罗里见巴延三就要受处罚，仕途到此为止，出于同情，便根据自己在一旁听到的口述，代巴延三起草了这份公文。翌日，公文送呈乾隆审阅，乾隆看到行文的措辞用语，处理意见，都很符合自己的心意，不禁大悦。一问，说是巴延三写的，就记住了这个人。过了几天，正好军机大臣傅恒向乾隆汇报事情，乾隆说，你们军机处有个巴延三是不可多得的良材，应该让他充分发挥自己的天赋才能。于是，“躺赢”的巴延三连升两级，被外放到陕西潼关任四品道台，接下来又多次升迁，位居要津，最后官至两广总督，成为封疆之臣。

“躺赢”的人生，因为富有戏剧性，情节跌宕起伏，很能魅惑人心。不过，其行进链条上有无数个可以瞬间改变运行轨迹的环节，带有巨大的偶然性，只能属于极少数的幸运儿。我们不能寄希望于“躺赢”，但应看到，在人生的不同节点中，即使偶尔遇到运气不佳，也未必是坏事，因为有过挫折才能意识到概率和机遇予人的正面意义和作用。

和更好的生活相遇

□韩松落

我们所在的城市，有一座著名的桥，叫中山桥。这座桥，是我们这个城市的标志，它背后也有一段故事。

黄河兰州段，原本是没有桥的，因为建桥太难，水流急，水浑浊，到了冬天，还有冰块。《重修皋兰县志》里这样写：“兰州黄河结冰以夜，其开亦以夜，冰既坚，状如积雪填于巨壑，嶙峋参差，不复知有河形。处处可通车马，俗名冰桥。”

明朝开始，水面上有了浮桥，寿命都不长。后来，镇远浮桥建起来了，只是，遇到洪水或者冰凌，桥就毁了，过段时间，还得重建。左宗棠任陕甘总督的时候，曾经和外国商人接触，请他们修桥，他们要价将近五十万两白银，超过政府承受能力，只好作罢。

清廷实行新政之后的1905年，甘肃设立洋务总局，彭英甲任洋务总局总办。这位彭先生，是一个实干家，在甘肃办了很多厂，修桥这件事，自然也就进入了他的议事日程。就在此时，德国泰来洋行的经理喀佑斯路过甘肃，双方经过一番洽谈，宾主皆欢，喀佑斯于是口头接下修桥任务，提出的造价是十六万五千两白银。

就在这个时候，出了一点儿波折，这位喀佑斯，是个商人，并不很懂技术，不能进一步给出工程设计建造方面的细节，当甘肃洋务局表示，想要进一步了解建桥细节的时候，喀佑斯答不上来了。

按照我们现在的想法，不管成不成，先忽悠一下甘肃洋务局，接下这个赚钱的工程再说，喀佑斯却老老实实地表示，自己需要做点功课，再决定签不签合同。于是，他给自己的公司发了电报，请他们派工程师来，进行实地勘测，确定能修桥，再签合同。

工程师来了，从水文、地质、气候等几个方面进行勘测，最终确定，桥，是可以修的。1907年，双方签下修桥合同，开始动工。德国人给出了保质期：“若如所议章程架修铁桥，甘愿保固八十年……在保固期内无论冬夏，倘因河水暴涨，漫溢进城，将桥冲毁时，与泰来洋行无关，除此而外，如有损坏，泰来洋行一定赔修。”

材料都是从国外辗转运来，先是从天津的海港落地，然后用火车运到郑州，再车拉畜驮地运到兰州。所以，桥的造价十六万，运费却另有十四万，“实用库平银三十万六千六百九十一两八钱九分八厘四毫九丝八忽”。

显然，西北不包邮，邮费甚至特别昂贵的传统，从那时候就开始了。

铁桥在1909年落成，当时名叫“第一桥”。1928年，为了纪念孙中山先生，更名为“中山桥”，这个名字一直用到现在。2012年，甘肃话剧院排演的话剧《天下第一桥》，讲的就是彭英甲顶着争议修桥的事。

中间经历过许多次大小灾难，战争、洪水、被轮船撞到，都没让它垮掉，当然，它也经历了几次大修和加固，那个成了它标志的拱形钢架，是1954年加上去的。所以，每当一些人慨叹德国人的工程质量时，会有另一些人出面表示，这座桥之所以能够屹立至今，是因为后来的那几次大修。

也有人经过考证，得到线索，当时那家德国公司，是一个跨国公司，虽由德国人执掌，但工程材料并不是都来自德国，负责承建的工程技术人员，有中国人，也有比利时人。

与桥有关的另一个传说是，1989年，在八十年质量保证期快到的时候，德国人寄来了这座桥的施工图纸和全部资料，并表示，他们的任务已经完成，可以将所有的资料移交当地政府了。这则逸事，也在辩论中变得真假莫辨。

因为，在桥修成一百多年后，甘肃媒体人特意去了德国寻访，才发现，喀佑斯所属的那间泰来洋行，在1946年就已经注销了。所以，德国人移交资料的故事，很可能是一则传说。

但不管这座桥的修建过程中，有多少曲折回环，有一点却是确定的，那就是，它让身处偏僻西北的人们知道了，有一种更好的生活。有一座更好的桥梁，你我应该和这种更好的生活相遇，走向这座更美也更坚固的桥。而不仅仅是，用各种艰苦的办法过河，并且对自己忍受的艰苦和不便津津乐道。

只有见识过了更好的生活、更好的自己，你才有底气表现出不在意，或者无所谓，或者给出与世无争的姿态，在此之前，所有的自满自大，其

被皇帝逼出来的“学霸”

□张军霞

咸丰年间，吴县有个名字叫冯桂芬的人，以翰林编修的职务进入南书房任职。一天，冯桂芬没什么事儿要做，就在外面随意溜达，正巧遇到了咸丰皇帝。两人聊天之际，皇帝顺口问道：“你最近在读什么书呢？”

冯桂芬回答道：“我在读《汉书》呢。”皇帝听了很高兴，因为他正巧也在读《汉书》，已经读到了“匡衡传”，就聊起书中的一些内容，也想听听冯桂芬的看法。不料，面对皇帝的提问，冯桂芬显得惊惶失措，大汗淋漓，因为他根本就没有读过《汉书》，只是随口胡说了一句，根本无法答对。咸丰帝对这样的欺骗行为大为恼火，当即命令他回到原籍去，读三年《汉书》再回来复职。

冯桂芬回到老家，根本没把皇帝的话放在心里，他每天吃吃喝喝，悠闲自在地过了三年田园生活，就重新回到京城复职去了。冯桂芬以为皇帝日理万机，大概早就忘了让他读《汉书》的事情。不久，皇帝召见冯桂芬，一看到他就问道：“你不是奉旨去读《汉书》的那个编修吗？”冯桂芬立刻惊恐万状，硬着头皮勉强回答：“是的。”皇帝又问：“那么党锢案涉及的人物，你能够全部说出来吗？”冯桂芬只好红着脸说：“我所读的是《前汉书》，您说的这段历史好像在《后汉书》里，一直没来得及读呢。”皇帝听了大怒，又一次下令让他回原籍去读三年《汉书》。

这次，冯桂芬再也不敢掉以轻心，他回到家乡，拒绝一切访客，每天关起门来，发愤苦读两部《汉书》，研究治理天下的学问，达到了废寝忘食的地步，功夫不负有心人，三年之后，他已经将《汉书》的内容背得滚瓜烂熟，信心满满地回京复职，可惜的是，这时候咸丰皇帝已经死了，再也没有人在乎他是否读过《汉书》。

说起来这个冯桂芬真是胆子够大，最开始假装爱读书，接下来被皇帝命令去读书却敷衍了事，后来发现无法蒙混过关，不得已硬着头皮啃书，硬是把自己逼成了“学霸”，却为时已晚。人不怕犯错，就怕一错再错，冯桂芬就是没有珍惜皇帝给他的第一次机会，白白在乡下荒废了三年的时光，看似很潇洒，最终荒废的却是自己的人生。

实都带有一点盲目的味道。

这座桥成为这座荒凉谷地上，少数几个从古存留至今的遗物。夏天的晚上，我们去那里散步，灯光映照着桥身，也投影在河面上，显得特别美，拍出照片来，也异常精彩，我由此也就知道了，别的地方的那些夜晚，那些灯火和大厦、光影和河流的那种璀璨夺目的美，恐怕也就是这么来的。

这座桥也成了一个象征：有一种更好的生活、更好的自己，你应该设法与之相遇。

后来，我们城市的这段黄河上，又修建了无数座大桥，但每建一座桥，人们就要拿它和中山铁桥相比。我们这个城市，很多人未必去过德国，但这座桥，却成了我们和德国之间的一座桥梁。

也是因为这座桥，我对那些和德国有关的文学艺术，产生了更多的好奇，更多的眷顾。例如德国文豪歌德、海涅、黑塞。每次欣赏这些文学艺术家的作品，我都会联想起我们这座城市的中山桥，它的牢固、稳重，化为一种象征，让我更好地理解了他们的文学，他们的文学、艺术、哲学精神，对我来说是有具体的象征物的，就是那座矗立至今的桥。

我喜欢的德国作家黑塞，他曾说：“我想我对生活是否有意义没法负责，但我有责任把我自己仅有一次的人生过好。”

不过，和我们的生活更密切的，其实还是现代商业和现代企业，现代商业比文学艺术，对我们的生活影响更大，让我们更加深刻地领会到，现代的工匠精神，是怎样改变我们的生活，让我们和更好的生活相遇。

花些时间在『无意义』的事情上

□杜智萍

1

我一直都搞不懂邱齐脑子里到底在想些什么，我们是同桌，彼此关系还算融洽，但我不明白他为什么总把时间花在一些在我看来毫无意义的事情上。

邱齐以前玩滑板，为了练一个高难度动作，连手都摔骨折了。后来他又迷上了攀岩，每个周末都泡在攀岩基地苦练攀爬技巧。近半年来，他又喜欢上了操控飞机模型。

每天放学后，邱齐总会风雨无阻地带着他的“宝贝”到离学校很远的人民广场，然后在众人惊诧的目光中，悠然自得地摆弄飞机模型。

或许是玩得久的缘故，他操控飞机模型的能力很强。随着他灵巧的控制，引得路人纷纷侧目，驻足围观。或许邱齐就喜欢这个效果吧，在众人的惊叹和掌声中得到满足。

我在他多次邀约后，终于跟他去了一次现场，看他表演拿手绝活。摆弄摇控器时的邱齐一脸沉着，目光像鹰一样锐利，反应极快。我时常在想，如果学习上邱齐也能这样投入，那他一定是个强有力的竞争对手。可邱齐学习不太上心，虽然脑子好用。

2

文艺会演上，有个高年级男生表演了吉他弹唱。男生精湛的琴技和激情的演唱赢得了很多学生的喜欢，大家以雷鸣般的掌声和此起彼伏的高呼回应。

站在人群里的我，也被这种潮汐般的热情所感染，心潮澎湃。我多希望，那个站在聚光灯下白衣飘飘的少年是我，多希望我也能怀抱吉他放声高歌，多希望这些热烈的掌声和欢呼是为我。然而，离开礼堂，回到教室后，我不得不拾起书本，摊开习题册认真写起来。

我习惯了这种与书本和习题册为伴的生活，想着只要成绩好，以后就能考上不错的大学，那一切就都会改变了。

上一所不错的大学是我的目标，也是我努力的动力。

邱齐自从看完文艺会演后，也迷上了弹吉他，不仅拜了师，还买了一把吉他，课余时间练得全神贯注。我看到他的手指都磨破了，也看到他因为几个音弹不好时一脸焦急的表情。

看着忙忙碌碌的邱齐，我没有再劝。每个人都有权利选择自己想要的生活，我们各自为阵，互不干涉。

我努力学习的结果是我的成绩越来越好，名列前茅；邱齐勤学苦练吉他的结果是，他的技术已经超越那个在文艺会演舞台上赢得众人欢呼的学长。看来“天道酬勤”对于任何一个人都是相同的。

“加油男孩”红起来时，邱齐又坐不住了。他兴致勃勃地在学校里寻找志同道合的人，他告诉我，他想组建一支乐队。我以为自己听错了，疑惑地重复：“你想组建乐队？”

他严肃地点头，不置可否。

我耸耸肩，挤对了他一句：“你可真能折腾！”

3

自从邱齐告诉我他想组建乐队开始，他就在全校范围内寻找隐藏的高手。他不仅发宣传单，还在学校的公告栏里贴了“寻觅知音”的告示，一时间里，成了学校名人。

我觉得他这回折腾得太过了，好心劝他：“你玩归玩，但这回动静也闹得太大了吧。”

“这叫什么动静？一点小风波而已，不过，效果还是达到了。”他笑着说。

“你就不担心学习？你明明挺聪明的，稍用功些，成绩就会进步……”我苦口婆心地规劝他，想着同桌一场，在他误入歧途时能够点醒他，让他迷途知返。

没想到，邱齐居然反问我：“你不觉得你的青春是灰色的吗？”

我愣住了，在他眼中，我也许除了读书之外，什么都不会。

他不屑的眼神激怒了我，于是我说：“是吗？要不我俩较量一下？”我以前学过小提琴，也敲过架子鼓，虽然没去考过级，但教我的老师都说我学乐器有天分，如果不是为了学习，我哪舍得放下呀。不过，每个周末写完作业后，我还是会练练手，缓解一下紧绷的神经。

“我看你成天埋头学习，不会是要和我比解方程吧？”邱齐逗着我，随即发出一串“哈哈哈”的笑声。

我愤然道：“我会拉琴，会敲架子鼓，你以为就你聪明呀？”

“你会敲架子鼓？让我见识一下。”邱齐说。他随即伸手来搂我的肩膀，根本不在乎我被激怒的表情。

我看着他的眼睛问：“较量一番？”

“失敬失敬！你愿意来参加考核吗？”他一本正经地问。

考核就考核，不给他露一手，他还真当我是“书呆子”了。

放学后我第一次带邱齐去我家。我拉了琴，敲了架子鼓，特别是敲鼓时，我用了一连串行云流水般的高难度动作，在一阵激越、强有力的鼓点中，邱齐震住了。

他惊讶地望着我，激动地说：“就你了，你能加入我的乐队吗？”

在我犹豫时，邱齐走过来搂住我的肩膀软磨硬泡，好话说了一大堆，还许我种种承诺，我有些心动，但又担心影响学习。在我还下不了决心时，邱齐说：“我保证以后在学习上都听你的……”

在邱齐的怂恿下，我还是答应了。

4

加入邱齐组建的乐队后，我认识了一伙和邱齐一样激情飞扬的同学。其实我早就认识他们，他们都是我学习上的强劲对手。没想到，他们放下课本，走出教室后，还有不为人知的另一面。

乐队的每个成员都是邱齐精挑细选来的，鼓手、贝司手、吉他手、主唱，第一次参加排练，我就被他们精湛的技艺惊呆了。原来每一个年轻人都有一颗爱折腾的心，这无关外表，无关成绩，只因为对生活充满无限的热忱。

我没有因为参加乐队影响学习，这反而更激起我潜藏在内心深处的韧劲。我合理安排好时间，高效率地完成学习任务，然后拉小提琴、敲架子鼓。特别是敲架子鼓时，我整个人都是充满激情的，我沉浸在自己敲出的鼓点中，心里仿佛有一团火在熊熊燃烧。

我们排练了很多别人的歌，又萌生出自己写歌自己唱的念头。虽然很难，有许多新的知识需要了解、学习，但怕什么呢？我不害怕失败，不害怕吃苦，一切只要快乐就好了。学习确实很重要，但除了学习，我们的青春应该更加多姿多彩。只要敢想敢做，我们的青春就有无限的可能。

自从我加入邱齐的乐队后，邱齐也兑现了答应我的承诺，他上课可谓聚精会神，作业完成得有质量也有效率，成绩直线上升。我们都体会到了努力做好一件事的乐趣，也认识到努力学习和组建乐队并非不可调和的矛盾。只要安排好时间，只要足够用心，我们就可以尽情地充实自我。

不希望书里有答案

□张珠容

有一次，美国“动物奇幻小说女王”凯瑟琳·拉斯基想从马的角度去写美洲的开拓史，就去罗彻斯特大学图书馆翻阅一些资料。图书馆的一名管理员黛安知道了她的来意后，很热心地帮忙一起查找资料。

不久之后，凯瑟琳就动笔了。原本凯瑟琳打算采用一种“寓教于书”的写法，借用自己的故事去教育孩子，或在书中揭示一些现实。她把这个想法告诉了黛安，黛安却说：“每一年，都有许多人来罗彻斯特大学图书馆借阅各种书籍、查找各种资料，然后编写成故事给孩子阅读。说句实话，如果您写出来的故事只是给孩子提供答案的，那么您写完之后干脆放到我这里算了，因为反正会有人来找答案！”

听完黛安的话凯瑟琳感到很震惊。她愣了足足有五秒钟，然后紧握黛安的手，连声说：“谢谢你！谢谢你！我知道我该怎么做了！”

一段时间之后，凯瑟琳借用美国西部野马传说，写出了这样一个充满幻想的故事：西班牙征服者带着马群来到美洲，其中有一匹母马生下了小母马，因为食物匮乏，整个马群都被主人扔进了茫茫大海。小母马跟着马群挣扎着登上陆地，妈妈却不幸葬身鲨口。小母马带着马群历经千辛万苦，其中有贪婪的殖民者布下天罗地网，也有野兽神出鬼没，但最终，它们成功回到了遍布香茅草的发源之地。

这个故事就是如今畅销各国的动物小说《危境马王》。《危境马王》出版之后，凯瑟琳接受了不少媒体的采访。其中记者们问得最多的问题就是——《危境马王》的故事跌宕起伏，您是想借故事告诉孩子们什么吗？

凯瑟琳说：“不不不，我不希望孩子们在我的作品中寻找什么答案。我最希望看到的，是孩子们在阅读这本书时感到激动人心。换句话说，我更关心我的作品在孩子心中能激发出什么样的问题。”

“您为什么会这样想？”

“因为我的朋友黛安曾给过我一个很重要的创作启示：讲述好故事的价值，要远远高于给出答案的价值，即好故事胜于好答案！”

古怪的沃里克杂货店

□［美］杰姬·克莱门特·玛兰达

我的家在纽约的布鲁克林，而奶奶家位于纽约的沃里克。虽然都在纽约，在买东西上却有着很大的差异。在布鲁克林，你需要到肉店去买肉，到药店去买药，到食品杂货店去买食物。而在沃里克，上述商品在综合性的商店里都可以买到。

7岁那年的夏天，因为肺炎，爸爸送我到沃里克度暑假。因为生病，我一直对什么都不感兴趣。有一天，奶奶拿出一张购物清单，让我去附近的综合商店买东西。走进综合商店时，我顿时感到头皮发麻。店里到处是乱七八糟的堆满商品的货架。我不懂如何从杂乱无章的商品中找到我需要的东西。柜台后面站着一位女士，正趴在柜台上阅读报纸，她的鼻梁上悬着一副仿佛随时会掉下来的眼镜。

“对不起，请问……”她抬起头，注视着我，说道：“你是克莱门特家的小孩，对不对？我是碧太太。走近点儿，让我仔细看看你。”她边说边把眼镜往鼻梁上扶了扶，“如果待会儿店里少了什么东西，我好向警察描述你的样子。”

“我不是小偷！”听了她的话，我非常震惊。

“我看得出你想多拿东西！”她黑着脸说道，然后继续看报纸。

从小到大，没有任何一个人对我说过这样的话！我想立刻离开这个古怪的杂货店，但东西还没买好。于是，我举起购物清单说：“我要买这些。”

“买东西？”碧太太连头都没抬，“自己过去拿吧。”

“可是……这儿有这么多东西，我不知道怎么找。”我习惯了遇到任何不会做的事情就有大人帮忙。

碧太太指着纱门上的招牌，说道：“这是方圆五英里内唯一的一家商店，你最好习惯这里的一切。这里除了你和我之外没有其他人，我不是你的仆人，所以，我建议你从那边拿一个篮子，然后去找你要买的东西。如果运气好的话，太阳落山前你可以回家。”

此刻距离太阳落山大概还有5个小时时间，看着摆放得凌乱不堪的商品，我不敢确定自己能否在太阳落山前找齐要买的东西。我来来回回转了三圈后，终于找到猪肉豆子罐头、卫生纸，发现了隐藏在报纸下的创可贴。3小时后，除了“焙苏打”，其他基本都找到了。但是，“焙苏打”是什么东西？于是，我再次走到柜台前，指着那个让我困惑的“焙苏打”，硬着头皮问道：“请问这是什么东西？这个字怎么读？”

碧太太仍然没有抬头：“小丫头，你好像从不注意听别人说话。我敢保证你奶奶在写购物清单时一定会告诉你它们是什么。就像刚才我告诉你，我不是你的仆人，你应该记住。下次要好好听别人说话。”说完，她开始为篮子里的物品算账。

我气呼呼地回家，抱怨碧太太的可恶和古怪。但奶奶似乎有自己的想法，我几乎每周都要去综合商店好几次，而几乎每次去都要遇到麻烦。

整个漫长的暑假，碧太太都在想方设法地故意找我的碴儿。当我学会“焙苏打”的读音，知道它是什么东西，并且记住它在货架上位于粉红色胃药下面的时候，碧太太竟然重新摆放所有商品，害得我又从头到尾再找上一遍。暑假结束时，我可以只用15分钟就能完成过去3小时才能完成的“购物之旅”。因为在沃里克的生活，我的病得到了很好的康复，更重要的是，个性发生了很大的改变，每天都保持着昂扬的斗志。

即将返回布鲁克林前，我来到碧太太的综合商店买口香糖。碧太太把口香糖递给我，然后说：“怎么样？这个暑假你都学到了什么？”我冷冷地回应：“你可真是个刻薄鬼！”碧太太笑了起来，“别以为我不知道你是怎么看我的。我只是要教给我所遇到的每个孩子一些小想法，去帮助他们。”

我对碧太太的回答嗤之以鼻，可是很多年后，有一天，我的女儿拿着家庭作业面露难色地说：“它们实在是太难了，妈妈，您能帮我做完这些数学题吗？”

“如果我来帮你做，那你自己怎么能够学会解决问题呢？”我答道。这时，时空仿佛倒流，我又看到多年前，在碧太太的综合商店里，年幼的我正努力地学习计算商品的价钱以及与碧太太讨价还价时的情景。从那以后，我再没被别人多收过钱，也更懂得如何不要指望别人把你从困境中解救出来。一定要尽自己最大的努力去做好每一件事，即使有些事看上去好像超出了我们的能力范围。不得不承认，那年暑假，碧太太似乎真的用她的方法教给了我一些东西。

曹操也会杀田丰

□宋志坚

宋代的洪迈在《容斋随笔》中说到三国时的两件事。一件是曹操不顾众将领的劝阻，率兵出击乌桓，结果大获全胜。班师归来之时，曹操查问当时有哪些人不赞成北伐，别人以为他会处罚那些将领，没想到那些将领都得到了丰厚的赏赐。另一件事是袁绍失计杀田丰，明明是自己不听田丰之言而吃了大亏，却怕被田丰耻笑，索性送他去见阎王。把这两件事拉扯在一起，目的是要显出两人胸襟之反差：一个对反对自己反对错了的人也能团结，一个对反对自己反对对了的人也不能容忍。

曹操与袁绍的胸襟确是大有差别的。郭嘉在官渡之战前论"十胜十败"，其中就论及两人度量："绍外宽内忌，用人而疑之，所任唯亲戚子弟，公外易简而内机明，用人无疑，惟才所宜，不闲远近，此度胜也。"然而，若仅以上述两例为证来说明这种反差，表面上看似乎十分有力，细细斟酌，却是难以服人。

袁绍兵败之后会杀掉田丰，田丰是估计到的。史书这样记载："或谓田丰曰：'君必见重矣'。丰曰：'公貌宽而内忌，不亮吾忠，若胜而喜，犹能赦之；今战败而恚，吾不望生。'"依照田丰的意思，如果实践证明田丰的意见是错的，袁绍反而会宽宥于他，或许还会像曹操那样在班师归来之时给他一点赏赐，以显示自己的姿态与度量。然而，田丰该死就该死在他既然是袁绍的部下，却竟敢比袁绍来得高明，于是，袁绍没有宽容田丰的资格，田丰却有耻笑袁绍的权利，而且这一条神经又特别敏感，即使你没有耻笑，他也感到若有芒刺在背，很不自在，尤其经不起逢纪这类小人挑唆。据史书记载，袁绍兵败之后，曾对逢纪说："田别驾前谏止吾，吾亦惭之。"逢纪说："丰闻将军之退，拊手大笑，喜其言之中也。"大权在握而又恼羞成怒的袁绍，哪有不杀田丰的道理？

于是我想，如果处在袁绍的境地，曹操也会杀田丰。荀彧和杨修这两个冤魂可以证实这一假设。

荀彧是曹操的股肱之臣，"荀文若之进善，不进不休"，这是曹操称赞他的话，然而，荀彧之死，恰恰是因为他的"进善"。曹操想"进爵国公九锡备物"，荀彧不赞成，说："曹公本兴义兵以匡朝宁国，秉忠贞之诚，守退让之实，君子爱人以德，不宜如此。"这一番话，连曹操自己也不得不承认说得堂堂正正，义正词严。然而，恼羞成怒，往往就因为被人说中了要害，"操由是不悦"，终使荀彧"饮药而终"。史书说这是"自杀"，在《三国演义》中，荀彧却是被曹操逼死的。我以为，罗贯中的这一笔，倒是揭示了历史的真相。

关于杨修的生平，《三国志》中并无详细的记载，只是在王粲等人的传略中带到一笔。《三国演义》说到杨修之死，归结为他的过分聪明，所谓"身死因才误，非关欲退兵"。李卓吾评点《三国演义》时说："凡有聪明而露者，皆足以杀自身也。"倒是电视剧《三国演义》的摄制者只用了军校的一句话点出了事情的本质：杨主簿早就说汉中之仗不能打。于是乎，杨修之死依然与"退兵"有关："退兵"就意味着实践证明杨修的意见是正确的，杨修对于"鸡肋"的理解——食之无肉，弃之有味——在曹操看来，就无疑是对他的耻笑。可见曹操杀杨修与袁绍杀田丰其实并没有多大的区别。

《古文苑》中载有曹操给杨修之父杨彪的一封信，说到他杀杨修的原因，最主要的倒是杨修议论大事常与曹操不一心。不一心者，意见相左也。到底是些什么意见，实践证明这些意见是对是错，虽不得其详，但以杨修论事，每每都能一语中的、入木三分看，他不会错到哪里去。而且，既然实践证明别人反对自己是错误的曹操可以宽宥，那么，曹操终于不能容忍杨修，十有八九倒是因为杨修是正确的了。

要团结反对自己而被实践证明反对错了的人，自然也需要有点雅量，要容忍反对自己而被实践证明反对对了的人，却更来得艰难。没有容人之量的袁绍过不了这一关，能够网罗人才的曹操也过不了这一关。郭嘉称善曹操度量的那些话，或许也要打点折扣的。

卧游千万里

□蒋 曼

“卧游”，最早出现在魏晋时期。因道路艰难，交通不便，稍微远一点的风景只能口耳相传。于是，古人因地制宜，发明了新的旅游方式，通过欣赏山水画来体悟山水，琢磨人生的意趣，探索哲学的况味。

南北朝时宋朝宗炳的《画山水序》明确提出“卧游”一说。宗炳，字少文，善书画，好山水。他西涉荆巫，南登衡岳，因结宇衡山，以疾还江陵，叹曰：“老疾俱至，名山恐难遍游，当澄怀观道，卧以游之。”于是，“凡所游历，皆图于壁，坐卧向之”。这是中国古人的卧游方式，以画来触发想象，宽慰心灵。

西方的卧游大师是18世纪法国作家德·梅伊斯特。因为决斗被禁足，他干脆写了一本旅游书《我的卧室之旅》。他穿上粉红色和蓝色相间的睡衣裤，锁上门，径直走向沙发，勒令自己用一种完全陌生的眼光来打量生活。42天，他获得了与众不同的体验，并为“令人厌倦的日常生活”与“奇妙的世界”重新划出精妙的界限。那界限是心灵的丰富与贫乏。

80年后，尼采从中获得新的感悟：有些人知道如何利用他们的日常生活中平淡无奇的经验，使自己成为沃土，在这片沃土上每年能结出三次果实，而其他一些人（为数众多）则只会逐命运之流。人分为两类：一种人可以化腐朽为神奇，另一种人则是化神奇为腐朽。

今天，当旅游业成为新兴产业，行万里路比读万卷书容易。所有的节日，人们的位移都堪比非洲角马大迁移。因为茶卡盐湖刚好位于青藏铁路线上，这个以前人迹罕至的盐湖成为新晋网红地，慕名而去的游客活生生把天空之境踩成了烂泥滩。夏天，我朋友圈至少有5个人晒出了一模一样的照片：一样的蓝天与湖水，一样的白云在画面中打个对折——完全不必亲自去了。去了，照片也是同样的。所有的体验都是别人的重复而已。

前人的旅行不管是主动还是被迫，路线蜿蜒，兜兜转转，是生命的航线，伴随着见闻、顿悟和启迪。一个人，身后长长的路，是用疲惫而坚韧的身体为笔，在天阔地广中书写传奇。今天，我们倒不必身兼重任，旅途和旅行不过是放松心情的游戏，游山玩水，走马观花，要的是一种畅快和惬意，甚至连好奇心都被渐渐省略了。不过是一路吃，一路拍照而已。

现代卧游并不是逆潮流的反叛之举。放大假，窝在家里看别人堵在路上，也能神清气爽，荡胸生层云。从获取信息的角度来讲，即使在家里也远比古代人丰富，只要一根网线，你和世界就不会失去联系。

有人说，这是一个卧游的时代，出门不再必要，可以用一种文化的方式来探寻更富有品质的室内生活。其实，对于今天的多数人来说，这已无须大费周折。

我们的室内不再是徒有四壁，皓首穷经只需要一部手机，从微博到微信、公众号、购物网站、健身软件、抖音和快手上的各种小视频，只有你想不到的，没有你看不到的，而且，隔着安全的距离。只有身心的愉悦，少了旅途的疲惫和劳累。卧游省略了一切繁文缛节，直抵目标地。

不必登泰山的阶梯，也不用连夜裹着棉大衣睡在山顶，就能看著名的日出；不必跟着渔船出海，被风浪摇得晕头晕脑，也能看一船活蹦乱跳的鱼。靠着各路主播的勤奋与努力，我

们甚至可以在白天看到黑夜极光的变幻莫测。反而是真正的旅游正在失去吸引力。

从前，我们对旅游地一无所知，巨大的未知吸引人的好奇心和冒险欲。现在是身未动，神先去。依靠着发达的信息网络，我们对即将抵达的地方了如指掌：天气，地理，景点特色，历史典故，换乘的地铁站，地道的美食，可以停留的时间和地点。如果遇到完美主义者，比如我的一位朋友，为了保证自由行中严丝合缝成功对接，每次出行前，都会提前静对地图，在心里屏息默念，完整地走一圈，不然心里不踏实。我的疑惑是，既然都靠着详细的信息如此完美地走了一圈，这样的出游是抵达他乡还是重游旧地呢？那种初到异地的新鲜感

『惟愚生贪』与『贪转生愚』

□耿　阳

据《唐书》记载，唐代宗时期的巨贪宰相元载伏诛时，从其家中查抄出的财产，除堆积如山的金银之外，还有八百石胡椒。对此，清代的丁耀亢在《天史》中评论道：“即极意温饱，亦不至食用胡椒八百石也。惟愚生贪，贪转生愚。”

人有欲望，无可厚非，区别在于“贤者能节之，不使过度；愚者纵之，多至失所”。但凡真正的智者，不会不明白“名为公器无多取，利是身灾合少求”的道理，只有那些不够聪明的人，才会过分追求名利，也即“惟愚生贪”。

正如庄子所言：“其耆欲深者，其天机浅。”像元载之类的贪官，汲汲营营搜刮了那么多，终究不过是当了个“财物保管员”。殊不知，“夫得者困，可以为得乎？”想要得到什么反被这所得而困，这能算有所得吗？遗憾的是，嗜欲之人深陷其中而难以自拔，耽溺其乐而不知止步，甚至胆大妄为乱伸手，瞎马临渊尚不觉。

也有一类人，本来算不上愚，只因打开了欲望的“潘多拉魔盒”，便丧失基本常识，变得愚昧疯狂，陷入“贪转生愚”的境地。

《醒世恒言》里有个故事：录事薛某，一日在高烧睡梦中梦见自己化为鲤鱼跃入湖中，遇一老者垂钓，薛某“眼里识得破”，心知鱼饵危险，但终因难耐诱惑，还是张嘴咬钩。

庄子曾做过论断，“凡外重者内拙”。一旦被贪欲冲昏了头脑，人的心智就会为名所累、为利所困、为欲所扰。贪欲愈深，智力愈浅，轻则举止失态，重则自取灭亡。清人俞樾《茶香室四钞》记载，有人求文于桑思元，托以亲昵无润笔。桑曰：“吾生平未尝白作文字，可暂将白银一锭置吾案间，鼓吾兴致，待文作完，并银送还可也。”见银方有文兴，何等讽刺！当下，也有很多所谓“能人贪腐”“精英犯罪”的案例，剖析可知，犯事之人的智商和能力出类拔萃，却因一念之差跌进“贪转生愚”的陷阱，令人唏嘘，也发人深省。

由此可见，贪与愚恰如并蒂而开的两朵毒花，要想避免陷入“惟愚生贪，贪转生愚”的泥淖，就要时刻保持头脑冷静，始终守住内心澄明。“鹪鹩巢于深林，不过一枝；偃鼠饮河，不过满腹。”这是借物喻人，阐释“家有黄金万两，不过一日三餐；家有广厦千万间，睡觉只需三尺宽”的道理，教化人们节制贪欲、保存天机，守住一份淡泊宁静。

“知足不辱，知止不殆。”春秋末期，楚国有个卖羊肉的屠夫，人称屠羊说。楚昭王流亡时，屠羊说帮他解决了衣食住行等很多难题。复国后，楚昭王派人去问屠羊说希望做什么官，屠羊说提出“愿复反吾屠羊之肆”，没有接受奖赏。清代曾国藩曾亲书“低头一拜屠羊说，万事浮云过太虚”这一名句送给其弟曾国荃，告诫他切莫狂妄自大、贪得无厌。曾国藩自己更是深谙知足惜福的道理，惜名重节而不贪权位，及时遏止贪欲而没有恃功自傲，为后世留下了“倚天照海花无数，流水高山心自知”的警句。

“惟江上之清风，与山间之明月，耳得之而为声，目遇之而成色，取之无禁，用之不竭。”苏轼的这份情怀，正是很多人所欠缺的，也是最值得珍惜的。少一点物质方面的欲望，多一些理智上的节制，保持不贪不愚的状态，生活便有天光云影，内心便是云淡风轻，不难收获一份恬淡心境。

荡然无存，成了身不由己的打卡癖。是时候冷静地审视我们对生活的感知了。一定要在一个崭新而陌生的世界里，才能放松自己吗？把我们从日常的厌倦中解救出来的，只有遥远的远方和诗？

英伦才子阿兰·德波顿说：“我们从旅行中获取的乐趣，或许更多地取决于我们旅行时的心境，而不是我们旅行的目的地本身。如果我们可以将一种游山玩水的心境带入我们的居所，那么我们或许会发现，这些地方的有趣程度不亚于洪堡的南美之旅中所经过的高山和蝴蝶漫舞的丛林。”

只要内心敏锐和丰富，即使是在司空见惯的日常中，也有让人耳目一新的喜悦。换一种方式，把人从不断重复的烦琐中拯救出来的，不是他乡异地，而是自己发现鲜活与快乐的能力，不管是囿于一室还是周游列国。

苏轼的『日课』

□陆春祥

宋代陈鹄的笔记《耆旧续闻》，记载了苏轼抄书的笨功夫。

朱载上曾经做过黄冈的学教。那时，苏轼正被贬黄州做团练副使，他们俩还不认识。有一天，苏轼听到一个人在诵诗：“官闲无一事，蝴蝶飞上阶。”他一惊，这诗不错嘛，忙问是谁作的。那人答是朱载上，本地的学教。苏轼称赏再三，以为诗写出了幽雅的趣味。

朱载上听说苏轼赞他，第二天，就去拜见苏轼，他们一见如故，此后，朱载上就经常去苏轼家里坐坐。

某天，朱载上又去了苏轼家，名字通报进去后，苏轼很长时间没有出来，朱载上左右为难，想走，却已经通报进去，只好干等。又过了好一会儿，苏轼才出来，他对朱载上连连拱手：不好意思，抱歉抱歉，刚才，我正在做“日课”，就是每天要完成的功课，所以迟了。

两人坐下来，聊东聊西，朱载上好奇地问：刚才先生说的“日课”，是什么内容呀？苏轼答：抄《汉书》。朱答：凭先生的天才，开卷一看就可以终身不忘，哪里还用得着抄呢？苏轼笑笑：不是这样的。到现在为止，我已经抄过三次《汉书》了。第一次读，我是一段文章里抄三个字；第二次读，一段文章里抄两个字；这一次读，一段文章里只抄一个字。朱载上听此，立即起身，对苏轼作揖道：先生能不能让我看一看您抄的东西呀？苏轼回头，吩咐侍从从书桌上拿来一册。朱载上接过一看，都是各种互不关联的字，不知道是什么意思。苏轼又笑笑：您随便说一个字。朱载上就随便说一个字，苏轼立即背出那段文章，无一字差错。朱载上又试了好多个字，苏轼都是极熟练地背诵。朱载上感慨良久：先生真是天上贬到人间的神仙呀！

朱载上这样教育他的儿子朱新仲：苏轼天才，尚且如此发愤读书，我们才质居于中等之人，哪有不勤奋读书的道理呢？

朱新仲也曾以苏轼的事例教育他的儿子朱辂。

我这里不想说苏轼苦读的精神，只说一下他的读书方法。

后人没有看到过他摘的字，但我想，不外乎几种方法：一如《论语》之类的起首法，《论语》二十章，每章的章句，皆取起首句两字，如“学而”“阳货”等，看到就能联想；二是摘取每一节文字里与主要情节或主要事件相关联的字，看到它们就能马上想起这一段；三是记他特别有印象的字词，有实词，有虚词，有人名，有数字，反正，这些字，和他的整体阅读有关。古人的书不分句读，要自己点，阅读的时候，哪一些字印象深刻，能串联起整体，就记哪些字。总体来说，他是提纲挈领，记关键词，他认为的关键词。

对照苏轼的“日课”，不要说“日抄”，我“日读”也做不到。但那些经典，是需要“日读”的。欧阳修这样点拨我们：《孝经》《论语》《孟子》《易》《尚书》《诗》《礼》《周礼》《春秋》《左传》等，以常人的天资为标准，日读三百字，不过四年半就可读完。稍微愚钝一点的，日读一百五十字，那九年也可以读完的。是的，日累月积，所蓄自富。

苏轼的“日课”，特别适用于经典研读，选一两本书，和它们耳鬓厮磨，日久生情，记忆深刻，永远不忘。

翻鲁迅日记，他也抄过不少书，《野草谱》《释草小记》《茶经》《五木经》《唐诗叩弹录》，甚至还抄《康熙字典》。许多成功者，都抄《古文观止》，抄《文心雕龙》，抄《史记》，抄自己心仪的经典。

苦功显示方法，方法寓于苦功，聪明人的聪明办法，往往遭人耻笑，聪明人的笨办法，常常让人惊叹。

抽奖赢大屋

□青　丝

海外媒体登载了一则很有趣的新闻：加拿大阿尔伯塔省的一位女性，拥有一间500多平方米的大屋子，带有专门的琴房及地下酒窖。她不慎摔伤了背部，导致坐轮椅，行动不便，于是想以130万美元的价格把房子卖掉，另换一间便于日常起居的房子。

但是，房子挂牌出售了很久，却因房市低迷，一直没卖出去。女房主想出一个点子，在互联网上发起一个面向全球的“写信赢房子”征文活动，只要年满18岁，缴纳18.7美元的报名费，同时递交一封350字的信或短文，陈述想要赢得这间屋子的理由，就可以参与竞逐。来信将由公众投票选出500篇进入决赛，然后成立一个独立的裁判小组，决定谁是最后赢得这间房子的幸运者。

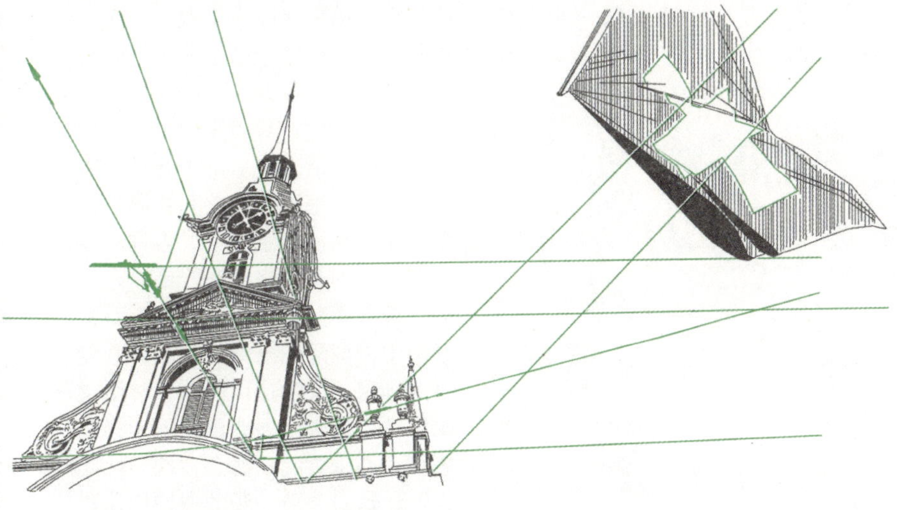

这一创意确实别出心裁，颇具巧思。只要参与者超过6万人，女房主就可以收回130万美元的房子市值，同时又能增广见闻，能以数万个不同的崭新视角，了解这个世界，获得前所未有的体验和见识。

世事多有相似，在清代，也有过一次抽奖赢大屋的活动，引发了极大的社会轰动。清咸同年间，生于盐商世家的红顶商人潘仕成在广州十三行为朝廷代理外贸事务，他斥巨资在广州西关营造私家园林海山仙馆，庭院屋宇不仅极尽奢华，他还四处搜求名画古帖、金石名器，装饰馆内。到了同治末年，潘仕成被查出亏空公帑300万两银子，家产被查抄，海山仙馆也被官府收管，作为抵债资产向社会公开发售。然而，这座岭南名园占地达数百亩，又造价高昂，能买得起的人屈指可数。加上其他富商也担心，会因房屋交易与潘仕成案扯上关系，被无辜牵连，所以海山仙馆公开出售了很长时间，都没有人敢来问价。负责收管的南海县衙急于卖房交差，就想出一个用彩票抽奖赢大屋的方法，面向广东全境发行三万条彩票，每条售价银币三角，拟收回一万元银币的房款。不管谁获得头奖，就是海山仙馆的新主人。

这一特殊的促销方式，果然挑逗起了时人的欲望，于是纷纷掏钱购买，三万条彩票一售而空。结果，香山县一个私塾先生成了幸运儿。但他又一贫如洗，得到这么大的房子，却一筹莫展，不知道怎么处置。自住的话，光是雇人日常维护，每月就是一笔不小的支出；若是出售，又没人买。他由此陷入进退两难的尴尬境地。为了快速变现，私塾先生就把各种物品分拆了出售，先是变卖别墅内的古帖书画、金石文物，接下来卖园子里的假山巨石，各种名花古树也全部锯了卖掉。由于骤然暴富，没有心理准备，其人格也变得扭曲，一拿到钱就大吃大喝，纵情声色，沉迷于赌博无法自拔。于是短短一两年时间，海山仙馆就彻底破败荒废，最后被夷平成了菜地。重新变得穷困潦倒的私塾先生不久也心怀郁恨而死。

现代心理学研究发现，一个人是否幸福，很大程度上不是由物质决定的。很多中了彩票后生活轨迹被改变的人，幸福指数并不比没有中彩票的人高。因为骤然得来的财富缺乏积累的过程，会造成人的心理异化，由此把一切都简单地理解为金钱利益关系。加之乍富的人不能有效地控制风险，更愿意相信那些带有偶然性的东西，也容易造成财富的巨大浪费。有一句市井俗语“人生有多少上坡，就有多少下坡”，很浅白地道出了人须脚踏实地努力奋斗的意义。如果财富没有根基，得来完全是靠运气，获得往往也就意味着失去的开始。

消失

□祁文斌

美国小说家福克纳一天接到电话，得知自己获得了1949年的诺贝尔文学奖，他反应平淡。他对围在他家院子外的记者们只说了一句话：“这是莫大的光荣，我很感激，不过，我还是愿意待在家里。”

1962年2月，福克纳收到白宫的请柬，邀请他连同其他全美50位诺贝尔奖获得者出席肯尼迪总统主持的晚宴，福克纳答复说：“我这个年纪已经太老，不宜跋山涉水去和陌生人一起吃饭了。”

福克纳爱喝酒、骑马、自由游历，却不喜欢社交活动，在精心营造的“山楸橡树别墅”，他热衷于做个乡下人。在给朋友的信中，福克纳这样写道：“我真实的抱负是，作为一个独立的个体从历史中消失，不留下任何痕迹……除了我写的那些书。”

原来，福克纳最大的爱不是“呈现”，而是“消失”：让文字呈现，让个人消失。

俗世里的传奇

□曹可凡

因为拍摄一部纪录片，得以重返曾经实习过的“瑞金医院”。步入院史陈列室，仔细端详墙上悬挂着的医学大家照片，诸多往事袭上心头。

“瑞金医院”脱胎于“广慈医院”，内外科均实力雄厚。内科由邝安堃教授领衔，名医云集，外科同样如此，只是风格不同，分“法比派”和“英美派”。“法比派”大都留学法国和比利时，灵魂人物为傅培彬教授。董方中教授则是“英美派”中坚力量。尽管人生经历相异，对疑难杂症和医学理念各抒己见，却又相互尊重，绝无门户之见，可视作“和而不同”典范。不管来自哪个派别，老师们对操作流程都有严格规范，譬如打结一律用左手，即便像阑尾那样的小手术也必须按规则切口，来不得半点马虎。

曾经有幸随傅培彬教授参加一台“疝气”教学手术。傅教授一边操作，一边询问局部解剖，我们若一时答不上来，他也决不斥责，而是耐心解释，直至学生弄懂为止。至于董方中教授，我们没能听他授课，却也常常会在医院里见到他的身影。在“瑞金医院”实习，时值二十世纪八十年代中期，老教授们的着装大都比较朴素，董方中教授却开着一辆红色跑车出入医院，且西装笔挺，左侧上衣口袋还放着一块白色口袋巾，气宇非凡。从其他外科医生口中得知，彼时的董方中医生被泛美航空公司聘为高级医学顾问，待遇与其他医生自然悬殊。据说：“董方中医生的上衣口袋里始终放着一支牙刷，就是为了随时外出会诊。他查房时也总是西装革履，斯斯文文。日常生活中平易近人，但一旦上了手术台，立刻化身为‘棺材板里能救活人’的神医，‘出神入化’的快刀手。”只可惜，无缘亲眼目睹。

很多年后，偶然看到一张黑白照片，照片上两对夫妇微笑着面对镜头，左边是董方中和太太李杏芳，右侧竟然是张骏祥周小燕。这两对夫妇究竟是何关系，百思不得其解。有次前去采访周先生时，方才知道原来董方中医生是她亲舅舅，但年龄相仿，只差3岁。当年，张骏祥与周小燕结婚，便借董方中医生家办了一桌喜宴，招待亲朋好友。1976年周恩来总理去世，音乐学院举办追思会，说及家中两代人和周恩来的友谊，小燕教授激动不已，忽然呼吸窘迫，晕倒在地，幸亏董方中医生及时赶到医院，与其他医生通力合作，这才使小燕老师转危为安。

20世纪40年代，正当董方中先生从上海圣约翰大学医学院毕业，赴美国西弗吉尼亚州圣玛利亚医院深造时，周小燕正在巴黎备受煎熬。抗日战争时，20岁的周小燕以一曲《长城谣》，激励无数抗日志士。小弟弟德佑未满19岁便牺牲于抗日运动，为防不测，小燕与大弟弟天佑一起远赴巴黎求学。前往巴黎途中，站在船头，扑在栏杆之上，周小燕凝视着翻滚的波浪，心中默祷，期望自己未来的生活如同大海一般，时而平静如镜，时而波涛汹涌。不想，一语成谶。到法国没多久，巴黎沦陷，纳粹铁蹄肆意践踏法兰西大地，战火四起，所以，小燕先生常打趣道：“The war follows me every where（我到哪儿，战争就到哪儿）.”和弟弟一起逃难的过程中，弟弟突发阑尾炎。由于断电，手术无法进行，弟弟在冰水里泡了一夜，转成肺炎。一个年轻的生命瞬间陨落，小燕遭遇人生最低谷。而在此时，萧子升和凌卓，一对慈爱的夫妇出现在了小燕的生活之中。萧子升是诗人萧三胞兄，与毛泽东、蔡和森同为杨开慧父亲杨昌济得意弟子，人称“湘江三友”，因其性格温和，毛泽东称其为“萧菩萨”，彼时在巴黎李石曾创办的中国国际图书馆任馆长，其妻凌卓为画家，文学造诣高深，林语堂评论她“口未尝出一恶语，手未尝作一恶事，心未尝起一恶念，她天性之厚也”。这对菩萨心肠的夫妇用慈悲与爱温暖着小燕日渐枯寂的心灵。也是在萧子升凌卓家，小燕有缘与潘玉良相识，也常应邀前往潘玉良画室做客，潘玉良居住在拉丁区的一个阁楼里，宛若歌剧《波西米亚人》里的场景，画室里有不少裸体素描，以及少量油画。在小燕记忆里，潘玉良笔下的景物人体与其长相简直天壤之别。潘玉良也给小燕画过一幅肖像，可是小燕觉得不像，竟未取回，直到多年之后，这幅肖像才随潘玉良其他遗作，一起回归故里。

周先生晚年开启艺术第二春，忙于声乐教学，桃李满天下，但也不得不抽出时间照顾年老体弱的丈夫。张骏祥先生为体位性低血压所困扰，有时，身体位置稍一变动，就会昏厥，危及生命。为此，周先生总不离开骏祥先生半步，曾多次舍弃担纲国际声乐大赛评委的机会。但1995年纪念

没有谁敢嫉妒天上的星星

□游宇明

一位画家朋友近年创作上颇有建树，其国画频频入选国内外各类大展，作品的售价一路飙升，从两千元一平方尺（0.111平方米）到数万元一平方尺。手头有了钱，他立即给老家的学校捐了图书馆，为妻子的老家赠了敬老院。然而，一个人太红，总有一些人说三道四，比如有人说他的国画技巧拙劣，有人说他的构思俗气……朋友很是苦恼。我问他：“你跟别人发生过冲突吗？”他说：“没有。”我又问：“你获了奖、赚了大钱之后，是不是经常在同仁面前炫耀？”他说：“也没有。”我说：“那你好好地画，一定要画到那些人架着云梯、坐着宇宙飞船也够不着你的程度，世上有人嫉妒明亮的电灯，但你见过谁去嫉妒天上的星星吗？”

朋友笑了。

我这样劝导，并非胡说八道。20世纪20年代，鲁迅的小说、散文声名大振，也有人嫉妒，说他心理阴暗，说他的学术著作涉嫌抄袭，鲁迅并没有被这些流言击倒，该干吗干吗。到了30年代，他的作品越来越出色，作为中国文坛领袖的地位谁也撼不动，那些流言反而少了，逝世的时候为他送行的人多达十来万，他的棺木上还被盖着“民族魂”三个大字。鲁迅的经历也证明了没有谁敢嫉妒天上的星星这个道理。

自然，一个人想成为“星星”，绝非起个念头便可，至少你得翻越三个山头。第一个山头是人品。做事之前先做好人，操守被人认可，拉后腿的人才会大幅减少，鼓励帮助你的人才会多起来，你才有机会一步步行高致远。品质不好，别人必然围剿你，你就很难从人群里脱颖而出，就算侥幸跑到某个高处，也可能摔下来。

我们需要翻越的第二个山头是实实在在的能耐。干大事业的人都具备某种常人不及的素质，比如超强的记忆力，比如发散性很强的思维，比如充沛的想象。曾国藩是被人们视作因为勤奋、坚持而成功的典范，但我们是否注意过，除了上述这些，曾国藩还特别识人心，办事时原则与灵通兼而有之，这就是他的本事。没有这种本事，曾国藩很可能一辈子是京城的七品芝麻官，甚至是双峰荷叶乡下的一个老农民。而要获得出类拔萃的能耐，我们就要沉下去，就要敢于去做一般人不愿做、不敢做的事。

最后，我们还得翻越心理素质这个山头。首先是站位要高，既要看到眼下的花花草草，也要看到未来的阴沟陷阱；既要看到一时的风雨泥泞，也要看到突围之后的蓝天白云。站位高了，我们的人生规划就会比别人做得更到位，走向远方就有足够的“后勤”支持。人也得有点意志和耐心。生活不是你养的宠物，想要它如何便如何；相反，许多时候，它就是你面对的这片大地，你来不来，它都是这副模样。遇了挫折、遭了危难，就当被蚊子叮了一口，重新出发就是，千万不要悲观丧气。生活中的一些人，他们缺的不是品德，不是能力，而是坚定不移的心劲。在心理素质这个山头前，他们没尽力冲锋，就先举起了白旗。

星星的高度折射的是生命的伟岸，在这种伟岸面前，包括嫉妒在内的一切阴暗都会感到本能的自卑。

抗战胜利五十周年“长城音乐会”，周先生竟奇迹般登临长城，身着黑底红花旗袍，与学生共同吟唱《长城谣》。当“万里长城万里长，长城外面是故乡……”旋律响起，数千羽白鸽凌空翱翔于蓝天白云之间，所有人的眼睛都湿润了。直播结束，周先生又匆匆赶回上海，以免骏祥先生担心。

当生命之舟慢慢驶向终点时，躺在“瑞金医院”的病床上，周先生常会回忆起与骏祥先生生活的点点滴滴，譬如有一次周先生登台演唱，得知丈夫会来欣赏，故演唱时用力甚猛，结果遭骏祥先生“讥讽”，“那简直是声嘶力竭，鬼哭狼嚎”。周先生起先感到委屈，但细细琢磨，觉得丈夫说得在理，艺术要讲究分寸，太过与不足，均会损伤艺术的完整性。说完这则逸事，周先生冲我笑了笑：“艺术要有分寸，做人又何尝不是如此。”

分寸，是周小燕先生留给世间最后的艺术箴言，也是她毕生的行为准则，更是创造俗世传奇的人生底色。

落花与黄鸭

□朱　辉

某部纪录片里有这么一段场景：1992年，一艘远洋轮船沉没于阿拉斯加海域，几个集装箱在翻船过程中破裂，7000只小黄鸭玩具漂浮于海面。这些小黄鸭有些最终漂到了北极地区，有些穿越太平洋来到澳大利亚，更有一只居然一直漂了15年，途经三大洋，最后抵达苏格兰海岸……

如果以这些小黄鸭的经历为题，让高考学子写作文，不知道孩子们该如何下笔，想想都难。幸亏出题的考官没这么“毒辣”，不然或许会产生不少零分作文。如果让“鸡汤”作家去写呢？虽然他们的本职工作就是从一切事物中“参”出哲理，“参”出成功学口号，然而小黄鸭漂流这事儿，着实太难“参”。那只漂到了苏格兰的小黄鸭，显然最励志，尤其看到它褪了色、老化了的“皮肤”，如果再配上煽情的音乐，一定能让泪点低的人潸然泪下。15年啊，就这么漂过了三大洋，一路上得经历多少狂风巨浪。然而应该为什么而感动呢？这是它努力的结果吗？7000只小黄鸭本来集中在一片水面上，只不过风吹雨打，它们被不同的洋流带走，最后差以毫厘、失之千里……

小黄鸭漂流记，很容易让人联想起南齐永明七年（公元489年）的一场大辩论，竟陵王萧子良等一大批名士、显贵与范缜一人论战。萧子良问范缜：“你不信因果，怎么解释人会有富贵贫贱之分？”范缜答道：“人之生譬如一树花，同发一枝，俱开一蒂，随风而堕。自有拂帘幌坠入茵席之上，自有关篱墙落于粪溷之侧。”意思是“人的命运就好像一棵树上的花，大家一起生长，随着风的吹拂各自飘落。有的擦着帘幔落到了垫子、竹席之上；有的挨着篱笆墙落到了粪坑之中……”

平心而论，将一切归咎于偶然，也是以偏概全。不过萧子良等名流觉得自己那套理论无懈可击，质疑者都是胡说八道。遇到范缜这么一怼，顿时张口结舌，无言以对。范缜的偶然论不是真理，可是用之轻轻一击，萧子良们的因果论居然就瞬间崩塌了。

有科学家说世上并无偶然，所谓偶然如果经过严密的各种因素计算，其实能证明都是必然会发生的，只不过目前人类还没有如此高超的计算能力。既然我们能力还十分有限，就不必摆出能参透了一切的架势。在“格物”方面，我们只不过是“小学生”。“格”出来的所谓道理，常常只是将内心原有的看法，附会到事例上包装成哲理，或许并不值得用以给别人指点迷津。

还米去时一尖碗

□郝金红

文学家莫言小时候兄弟姐妹多，再加上当时经常歉收，吃不饱肚子是常事。九岁那年冬天，家里断粮了。万般无奈之下，莫言的母亲只好去向邻居借粮。那天傍晚，母亲带着莫言捧着一只碗来到了邻居家。邻居大娘一听说借粮，思忖了几秒，然后从莫言母亲手里接过碗，走进了里屋。没一会儿，她手里端着一平碗米，小心翼翼地放到莫言母亲的手中，说了一句：“也只有这么多了，拿去充个饥吧！”

好不容易挨过了那个冬天，第二年秋收时，因为全家人的辛勤劳作，莫言家里有了一些余粮。母亲就要去还邻居家的那碗米。还米时，母亲还是带着莫言去的。盛米的还是去年借米的那只碗。莫言却见母亲还了邻居家满满的一尖碗米。待还完米回来，莫言问母亲：“去年咱不是只借了一平碗米吗？干吗还米时你盛了一尖碗？”母亲摸着莫言的脑袋说：“娃儿，你大娘去年家里也没有余粮，她能借我们一碗，已是大大的善心了，我们还她一尖碗，其实也没多出多少，不过是表达咱的感念罢了。如果一个人不知道感恩于人，困难时又怎会有人相帮呢？”

借米来时一平碗，还米去时一尖碗。一个人对另一个人的影响，不在于夸夸其谈的说辞，而是生活中那些低到尘埃里的温暖细节，以及细节里蕴藏的一颗感恩之心。母亲的做法对莫言影响至深。他后来说：“黄土地上的劳动人民养育了我，我无以为报，只能用文字尽情地赞美和讴歌。”

优化思维方式，用更成熟的心智去思考

聪明和有智慧看似相同，却有差异。一个人可以很聪明，但不一定很有智慧。一个很有智慧的人，往往善于从不同角度思考问题，以至拥有更广和更深的洞见力。当我们能够以更成熟的心智看待问题时，我们可能会发现，这个世界原来有更多路可行。

技能有短板，不如不管它

□汪星宇

我的好朋友F小姐，是一个酒量惊人却充满童心的美女老板娘。从大学开始，她就自己开了一家淘宝店，而且生意一直不错，是同龄人中为数不多刚进大学就能经济独立的姑娘。F小姐说，她想出国读工商管理硕士，问我的意见。我问她为什么想出国读书，她说因为觉得自己英语不好，想上上课补补短板。

在这个生意蒸蒸日上的节骨眼上，她想出国读书确实是一个很让人意外的决定，但如果有充分且合理的理由，大家肯定都会特别支持。不过如果仅仅是为了补英语短板，我觉得其实没有必要。

在还没微信的时候，F小姐就有了微商的思维，那个时候她在微博上推广看中的衣服，一炮而红。她的特长是亲和力特别强，有着经商的天赋和沟通的技巧，打得一手生意的好牌，有着将商品化腐朽为神奇并推销出去的“超能力”。生意最好的时候，她一个月的利润可以近百万。我想，她就是在擅长的领域发挥到极致的楷模了。

随着年龄的增长，我开始笃信一个道理——强化你的特长，远比补短板要紧。木桶原理所说的，木桶的盛水量取决于最短的那块板，其实更适用于组织而不太适用于个人。对个人来说，拥有某方面的特长，往往是独具价值的基础。

随着社会分工的细化，现今各个门类越分越细，世界不再需要太多的全才了。而且随着各科知识的深化，越来越少的人成为全才。相反，社会需要在某一个点上有长处、有新意、有才华的人。万金油的缺点在于，各个领域的知识都懂一点儿，但不可能每个领域都钻得很深。“术业有专攻”，所谓的“万金油”人才破绽太多，反而不如专才活得漂亮。

更重要的是，我相信这个社会的“倒锥形”人脉理论。在各个行业、各个领域的底端，人与人之间的交集是极小的。他是“码农”，你是行政人员，我是厨子，隔行如隔山，我们没什么交集，更谈不上跨界。但当你凭自己的特长，在某个领域做到了上层甚至顶端，那么你的平台就不再是倒锥形底下的那一个点，而会成为顶端的那一个面。那样，你与别的行业顶端上的人，就会有很多交集。如果你是知名演员，那么投资圈、体育圈的名流于你就都是十分靠近的存在了。人脉对于一个人成功的重要性不言而喻，因而我们需要用自己最擅长的方式最快地成长，成长到一个可以跨界交流的高位，更好地实现自身价值。

我其实是个特别喜欢补短板的人。初中的时候体育不好，于是一个劲儿地打球，结果初三参加阿迪达斯五对五篮球联赛，惨败。

高中的时候，不会唱歌，于是参加了合唱团，竟然做到了团长，可因为高音上不去、低音下不来的毛病，被团友们笑话到现在。

到了大学，我一直觉得自己高中的时候活动做得够多了，就不想在大学参加学生会了，想挑战一下做学术。可惜，在我亲爱的“学霸”室友的衬托下，才知道自己没那把金刚钻，瞎揽了瓷器活儿。

我们每个人都有一些爱好，或许它们奇奇怪怪特别小众，甚至难登大雅之堂，但未来你会发现，你的这些爱好与长处会是你的竞争力。蜻蜓点水聊各种话题容易千篇一律，有独特且擅长的爱好和领域绝对是百里挑一。

我另一个朋友，从小就喜欢各种涂鸦，每年我过生日都会给我送一幅他画的画。高考后填志愿，他扛不过妈妈的意愿报了会计学，四年下来他别的方面我没关注到，倒是经常在朋友圈看到他画的各种插画。作为一个非美术专业的学生，他作图修图可谓手到擒来，还得了不少奖。有一回我问他将来想干什么，他说想在设计的道儿上一路走到黑。我笑他，这明明是康庄大道嘛。

高中的时候，有一回参加上海市中学生演讲比赛，我定的决赛演讲题目是《我心灵手巧喜欢做电工活，你干吗非逼着我考北大》。好钢得用在刀刃上，扬长避短是人在江湖行走需要懂得的一个简单道理。现在的教育体制并没有给人很多选择，很多孩子喜欢唱歌游泳，家长会觉得很好，但很多孩子说我将来要做钢琴家，做跳水运动员，家长就不能忍。其实三百六十行，行行出状元，人家喜欢烹饪上新东方也没错，喜欢做电工活也不应受到什么打压。

当然，我必须澄清一下，我的意思是技能上的短板有时不太重要，要重点发展技能上的长处；但对做人来说，人格的完整永远是让你脱颖而出的终极法宝。

有些人会一直住在一个词语里

□王雄斌

人真是一种奇怪的动物，活着活着就会觉得有些词仿佛专门为某个人订制。不管是刮风下雨，还是在陌生的地方看到，这个词后面的那个人就会跋山涉水出现在脑海，远远地只为看你一眼，又消失得无影无踪。

比如有个词叫阴天，一想起就觉得特别有仪式感。年轻的阿爸穿起雨衣，像一个等待号角响起的战士，冲进雨幕里，往羊圈里背草料。阿爸好像对每一场雨的到来都心存感激，阿妈比阿爸矜持一些，天明时分，探过身子向阿爸求证："嗨，下雨啦？"我很奇怪，阿爸和阿妈之间总是用"嗨"来代替称谓，从来不需要铺垫。比如，阿妈说"下雨啦"，阿爸接下来的动作就像编排好的程序：先掩紧我的被子，用满是胡楂的脸碰碰我的脸颊，嘴里像羊一样含混不清地咕哝着"长大啦"；接着一骨碌爬起来，断然走出去，然后带着一身水汽回来，向阿妈汇报一下雨有多大。

每当这时，阿妈也总是赖在炕上指挥阿爸：水开了，能放茶叶啦；把冬天晾好的干羊肉拿出来，炖上；等天晴了，该晒晒被子了。阿爸有条不紊地干着活儿。阿妈从起床之后，开始筹备阴天聚会的各种东西。接下来家里会来很多人，他们从一场雨谈到秋后的收成，从一场雨联想到草原的丰茂，接着会从一个人讲到另一个人，讲到情义，讲到想念，还会找各种理由唱歌，一首接着一首。我那时极其讨厌他们唱歌，总是不明白，为什么那么熟悉的人却要借着歌声和酒劲说那么深情的话？有时候，我会一个人站在沙梁上看天，和身边的小草、野花说话，会潜伏进羊群和它们斗智斗勇。谁知很多年后，只要天阴，那些人、那些景象、那些歌声，就会填满我所有记忆和想念的缝隙，连人们擦拭眼泪的动作都历历在目。

有时候我会固执地认为，一些不知去向的人，一部分住在梦里，一部分住在词语里。比如有个词叫窗明几净。我总觉得那是大雪封路的某个午后，屋内炉火点点，炉上炖着羊肉，成片的阳光透过窗户落进来，我坐在窗边的一角，读着三毛的书。就在这时，有人推门进来，我定睛一看，是同学老五踏着大雪来看我，我们相拥在一起。那时候屋外雪花飞扬，阳光斑斑点点，明暗交错。多少年来，我一直觉得那就是久别重逢时该有的情景，以至于很多年后，我特别喜欢坐在明亮的窗前写作。了解我的朋友也总说，真正的文人总喜欢在昏暗的灯下，诗酒百篇，可惜你那酒量啦！

再比如远方，每次说起，人们眼里总闪着热切的光。可是谁也不想说破，这热切的重逢之后，将是一场冗长的分别。比如，我总会记起在西部遇见的一位大哥，他前一秒还目光冷峻，但下一秒讲起自己的妈妈，反复克制情绪，终于还是无法阻止那一句："妈妈我想……"他用尽全力打败了一个"你"字。他说他一生最遗憾的就是，从监狱里出来，母亲已经不在了。说这话时，他的泪水沿着眼眶径直滑落下来。"柔软"两个字，把一个那么彪悍的人猛地打倒在地。

长大后终于懂了，人这一辈子，一出生就兵分两路，一部分交给了时间，一部分交给了命运。而我们注定会被一些词语收留，或实在的，或可感的，或卑微的，或温柔的。不过，这些词，注定不会和伟大、永远等大词并排出现，一如它们当初来这个世界一样平凡。它们与露珠、青草、歌声等词并列出现，散发着想念的味道，成为留在这个世界上的最后模样。

生命之轻

□许厚全

悬崖当前，那些体积、重量庞大的动物会心生恐惧——赶紧止步。然而，蒲公英的种子纵身跃下悬崖，会由此发现一个新的天地，然后扎下根来，开花，繁衍。一粒尘埃、一枚羽毛，也会获得重新起飞的机会。我喜欢看这些轻微、渺小的事物，在巨大的危险面前起舞，飞翔。

羊爱吃够不着的草

□凌仕江

你喜欢和羊在一起吗？

我听见有人简单地说了两个字：喜欢。

可是你没有亲近羊的机会，同大多数城里孩子一样，你只在电视或书本上见过喜羊羊与灰太狼。喜羊羊毕竟是离我们生活现场有距离的产物，是高科技制造的一个虚拟的电视形象，据说喜欢那家伙的人比喜欢灰太狼的更多。真正的羊长得什么样儿呢？是单眼皮还是双眼皮？羊有胡子吗？下雨天羊穿鞋子吗？……所有关于羊的答案，可能你都只能凭感觉想象了。当然，能够充分发挥想象，不是一件坏事。但有时，我们不能脱离生活情感凭空想象，尤其之于一只羊的真实生活。

没错，羊，看上去的确很温顺很可爱，抚摸它头上的一对角，比天线宝宝还要温柔。可是在你伸手欲抚摸那羊角的时候，弄不好羊就会不顾一切地把你顶翻在地。你一定很尴尬、委屈、流泪。

羊为什么会用角顶你呢？

因为你从没给羊喂过食，你从来都不是羊的小主人，更不懂羊的小性子。

曾经，我家养了几只羊，清一色的黑。这种“黑”，不同于北方草原或内蒙锡林郭勒羊的强大阵容与丰富色系，在川南浅丘地带，它们看上去犹如失散的姐妹，东边的草地上站着几只瘦骨嶙峋的，西边的山坡上躺着一只孤零零的小肥羊。山沟沟里，一只怀孕的老母羊带着三两只小羊羔，跪在绵绵烟雨里，张望天空。在它们眼里，看不到什么是辽阔，也看不到什么是远方，只有幽闭的丘陵、山包、竹林、树桩、河沟、小路、人家。记忆里，它们身上的黑，隆重得化不开，如同我写作业时，不听使唤的笔管滴落在白纸上的墨水，沉浸在没完没了的惆怅之中。

在黑夜里，我也曾想起小羊羔浑身的毛在阳光下黑得闪光发亮。十月之后的夜，不太冷，也不够黑，那些闪光的想象擦亮了冬日的翅膀，给内心送来了一束温暖的光芒。这是源于它刚从母体落地，我母亲就用一块柔软的布在它身上擦拭了清油，一遍又一遍。在黑夜中，母羊发出有些低沉和粗糙的声音抗议母亲的举动。小羊羔也跟着母羊发出极不情愿的呼喊声。母羊一面翻着白眼直视母亲，一面在小羊羔身上不停地舔来嗅去，直到把小羊羔身上凌乱的毛舔得顺顺当当，光光滑滑，小羊羔在大地上就有了简单的蹦跳动作，像一个孩子乱七八糟涂在黑板上那歪歪斜斜的音符。

山风吹过，树梢响动，山雨欲来，丘陵暗淡，忽然就听见小羊羔如婴孩般甜美脆啼的声音，拂过芦苇，划破山沟的清寂。

在乡间的动物世界里，羊是最爱干净的动物之一。

这从它们觅食的细节上不难得以见证。它们低头吃草的样子，看上去并不盲目，而是一边吃，一边有选择地锁定目标。它们觅食的过程，有个试探性的动作，就是用鼻尖先发出声响，这种声响其实是对脏物的一种排斥，比如尘埃、狗屎、牛粪、蛇皮、毒草、死耗子、农药等，这一现象既反应出羊与生俱来的高度洁癖，同时也能够判断出羊有喜新厌旧的脾性。

那时，晨曦微露，我常常学着母亲的样子，把羊从屋角牵到山坡上，就地抱一块石头将绳桩用力地钉在泥土里；若是遇到周围泥少石多，便将绳桩拴在树杈上。为防止偷羊者，到了中午时，母亲会叮嘱我去山坡看看羊。

有一回，羊的表现着实把我惊呆了。

那片紧挨着岩边边的青草地，是村子里所有家畜动物未曾涉足的领地。一般的放羊人家都不愿把羊牵到这里，生怕羊发生意外，老人们传说，在我还没降临这个村子的时候，那个地方吊死过许许多多的羊，平时母亲绝不允许我这样干。但一想到那片长久从未被动物开垦过的青草地，我就想让我家的羊去好好打个牙祭。于是背着母亲悄悄地把羊送到那个地方。阳光高照，有蜻蜓在头顶乱飞，我站得远远的，躲在树下，看见那只双眼皮的羊，坐立不安地朝着岩边边东张西望，仿佛一个男孩看见悬崖边的野玫瑰，时而跳起身挣扎几下。其他羊也耷拉着脑袋，一个个吃饱了青草，打着饱嗝，眼睛半睁半醒的样子。我悄悄地走近它们，趴在地上，沿着双眼皮羊的目光，将头伸向岩那

柱子的弹性

□毕淑敏

有一个故事，说的是一根柱子，一根三百年前的柱子。那根柱子很坚固，支撑着一座宏伟的大厅。那座大厅很大，大到修建的时候没有人相信一根柱子就能支撑起沉重的穹顶。年轻的建筑师用了种种科学方程式来证实他的这根柱子是何等牢靠和坚固，足够应用。人们虽然不能反对他的公式，却可以反对由他来担当这座市政大厅的总设计师。

年轻的设计师面临一个选择。如果他坚持他的设计，他的设计就永远停留在纸上了。如果他变更他的设计，人们就看不到这根独撑穹顶的柱子了。设计师沉吟再三，修改了他的图纸，又添加了四根柱子。人们对这个更加稳妥的设计拍手叫好，据此建起了壮丽的大厅。

很多年过去了，年轻的设计师变成了墓碑，大地震袭击了城市。很多建筑都倒塌了，唯有具有五根柱子的市政大厅依然巍峨耸立。人们说，幸亏有五根柱子啊！终于到了维修的时刻。人们惊讶地发现，除了最早设计的那根独撑天下的柱子，其余的四根柱子距离穹顶都有一道窄窄的间隙。也就是说，它们并不承接穹顶的重量，只是美丽的摆设。

于是人们惊叹这匪夷所思的设计，给予设计者以排山倒海的赞美。回答他们的只有墓草的摇曳。

设计师没有收获生前的称誉，但他收获了一根柱子。设计师是可以怒发冲冠一走了之的，但为了他的柱子的诞生，他妥协和避让了。设计师是可以在事成之后即刻就公布他的计谋的，但为了他的柱子无可辩驳的质地，他保持了宁静的缄默。设计师是可以在一份遗嘱或一部著作中表达他的先见和果敢的，但为了他的柱子的荣誉，他不再贪恋丝毫的浮华。设计师为了他的柱子，隐没在历史的尘埃中。

这是一根有弹性的柱子。它的设计者把自己的性格赋予了它，于是柱子比设计师活得更长久。

边，原来那儿有一丛炫目的灯笼草，青葱葱、绿油油，叶片肥而厚。奇怪，羊脚下到处都是灯笼草，怎么近的不吃，非得想着远的呀？

而且冒着生死危险。

那一刻，羊在我心里真的有些傻傻的样子，近处的灯笼草被它们蹂躏成了一片废墟。面对自己的那片天地，它们只顾甩甩头，很不满足的样儿。羊们心照不宣地凝视着岩边那一株摇曳的灯笼草，高岩下面全是荆条与乱石，还有长满刺的山泡泡。突然发现主人来了，它们就恢复不动声色的样，好像什么心事都不曾有过。

若不是我出现得及时，后果简直不堪设想。

我狠狠地揪着双眼皮羊的胡子，领着它们转场到另一个安全的地方。双眼皮羊拼命地回头，迟疑地停滞不前。其他几只喜笑颜开的羊却落井下石地冲在了双眼皮羊的前面。这画面使我在多年后看清了一个事实：每一只羊生命里都有一颗舍近求远的心。同人一样，羊都有认不清自己的时候。这一切，我不知是羊跟着人学的，还是人跟着羊学的？作为主人家看来，羊的这种自私行为，真是太不厚道了，说它们贪婪也好，勇敢也罢，总之，容易得来的它们反而不懂珍惜，够不着的却成了它们的渴望。

原本，很想在下雨天，给羊穿一件雨衣，或者替羊做一双雨鞋，生怕雨水弄脏了它们油亮的外衣，更担心它们沾水带泥的脚，踩乱了屋檐下干净的坝子，可母亲总捂着嘴笑我多情，说你这样只会让羊长不大哟。一方水土养一方人，动物也不例外，既然命运让它们在这里安营扎寨，就应该接受这里的一切。母亲的话好比生活的土特产，即便是对一只羊的生活意见，也总散发着泥土的芬芳。

后来，我再也不必同情它们挨母亲揍了。

羊被揍得最惨的一次，是苞谷收成最好的那年夏天。屋子里的苞谷棒堆成了山尖尖，我们成天都守着苞谷忙个不停，有时忙得连羊都懒得放到山上去，一根根粗壮的苞谷棒子从我们的手心变成一把把苞谷米米，一人一天至少得抹三大箩筐苞谷籽，坝子里晒满了金黄的苞谷米米，我们的手板心生疼，青一块红一块，紫一块黄一块，还得不停地赶在好天气里抹苞谷。当麻雀一窝蜂地占据坝子的时候，羊不知何时挣脱缰绳，冲了进来，拉屎又拉尿，它们的添乱并不是为了吃坝子里的苞谷米米，而是爬上坝子中间的木架子，偷吃母亲为过年储备爆米花而挑选的最长最大的蓄着胡须的苞谷棒子。情急之下，母亲顺手从黄瓜棚栏里抽起一根青竹竿，只听见她声嘶力竭地吆喝了一声——糟践！羊儿们咩咩咩地把魂都叫落一地。

月亮挂在北面的天空

□刘江滨

月亮挂在北面的天空？这怎么可能？我们看到月亮挂在天空的时候都是在南面啊，顶多还有东面或西面，绝对不会是北面。但是，如果我说是在南半球的澳大利亚呢，那就绝对没错了吧。

那年我去澳大利亚旅游，一下飞机，就觉得有哪儿不对劲儿。哦，晴朗的天空中，太阳居然在头顶的北面闪耀，也就是说我面朝太阳的时候需要身体向北。这是我第一次到达赤道以南的地方，小学的地理课告诉我，这是再正常不过的事情了。可几十年的生活习惯已经固化了，依然感到别扭。好在在澳大利亚的几天里，并不需要时时看太阳，也并不影响什么。

有天晚上，在悉尼的海滩漫步，圆圆的明月挂在空中，当然也是北面的天空，清辉流淌，大地笼罩在银色的朦胧里，微风习习，安谧美好。我面朝北方静静地欣赏着异国的月亮，一股思乡的情绪慢慢溢上心头，想念万里之遥的妻儿。这时发生了一个奇异的景象，我在恍惚走神的状态中，突然发现月亮不知不觉移到了南面！我使劲眨眨眼睛，拍拍脑袋，没错，月亮从北面的天空移到了南面的天空。我知道，我转向了。

转向的原因，来自强大的定式思维和习惯认知。我们的国度在北半球，太阳从东方升起到南悬中天再到西方落下，形成一个半圆的轨迹。阳面从来都是南面，山之阳也是指山的南面一侧，房子是坐北朝南，君王是南面称王。《周易》云："圣人南面而听天下，向明而治。"故阳为贵，阴为贱。"北"字是两人背靠背，打了败仗，背向着敌人逃跑，故曰败北。臣服为北面称臣。所以，中国文化里边，向阳代表着温暖、光明、胜利，背阳代表着阴冷、黑暗、失败。至今我们看到一些重要的古建筑大多都是坐北朝南，大门向南开。朵朵葵花向太阳，我们已经习惯了面朝南方站立的姿势。

这种思维定式甚至影响到阅读。如阿根廷文学大师博尔赫斯《庭院》一诗里有这样的句子："夜幕降临，庭院的两三种色彩渐感疲惫。满月那伟大的真诚。已不再激动那习以为常的苍穹。庭院，天空之河。庭院是斜坡，是天空流入屋舍的通道。无声无息，永恒在星辰的岔路口等待。住在这黑暗的友谊中多好，在门道、葡萄藤与蓄水池之间。"我们脑海中浮现出的画面，不用想一定是"满月"挂在南面的天空，那个"庭院"也一定是在"屋舍"的南面。可是，错了。阿根廷和澳大利亚一样也是处于南半球，月亮只能挂在北面的天空，房屋应该是坐南朝北，院子自然是在正屋的北面。但是，我们在阅读的时候，一般不会做这样的思维转换。

思维定式，也称惯性思维，是人类长期的经验或认知产生的定向性的思维方式。它有积极的一面，也有消极的一面，对我们的日常工作生活产生影响。比如，有人做了一个有趣的调查：一个公安局长和一位老人在马路边交谈，跑过来一个小孩。小孩对公安局长说，出事了，你爸和我爸吵起来了。老人问公安局长，这孩子谁呀？公安局长说，我儿子。这个问题是，小孩说的两个爸爸跟这个公安局长是什么关系。据说，100个人中只有两人回答正确。一说公安局长，人们首先认定是男的，这就是思维定式，影响了人们的基本判断。

有的思维定式甚至能产生致命的后果。拿破仑被流放到圣赫勒拿岛，有一位密友深有谋略，给他送来了一副象牙和美玉做成的国际象棋。拿破仑每天跟自己下，聊以打发寂寞孤独的时光，象棋被他摩挲得越加光滑，一直到他死去。后来，这副象棋被几经拍卖倒手，终于有人从棋子的底部发现了一个惊天秘密，原来里边藏着一个帮助拿破仑出逃的缜密计划。可是，拿破仑没有想到这些，他只是简单认为朋友送给他象棋，就是供他消遣的。惯性思维使拿破仑错失了逃出生天的绝佳良机，造成终生遗憾。

明代心学大师王阳明有句名言："破山中贼易，破心中贼难。"思维定式也可谓"心中贼"，我极其顽固的潜意识居然能够将空中的月亮移位，可见改变惯性思维、观念传统是一件多么不容易的事情。恩格斯说："传统是巨大的阻力，是历史的惰力。"传统当然有积极的一面，也有消极的一面，我们要摧毁的是它的"阻力"和"惰力"。历来事物发展的障碍，主要就是陈陈相因的观念、思维、习惯极其顽韧地存在于意识深处，成为定式，必须打破和改变，"苟日新，日日新，又日新"，才能冲脱藩篱和窠臼，轻松前进。

月亮挂在北面的天空，你还以为是错的吗？

熊真的活过来了

□编译/夏建清

在美洲印第安部落里流传着这样一则故事，代代相传。据说有四位印第安药师，他们无所不知，无所不能。部落里无论谁遇到什么难题或困境，只要找到他们，一般都能迎刃而解，所以他们在印第安人心目中至高无上。

有一天，一个印第安男孩突然问了一个问题，他问，这四位药师哪一位最聪明？他说，无论怎样，总有一位比其他人更聪明一些。人们觉得这种想法很有道理，他们的好奇心也被激发出来，茶余饭后，人们争论不休，可是谁也不能说服谁，甚至还有人争论到大打出手，部落里原先的安静被打破。一位长老将这一切看在眼里，急在心头，他终于想出了一个检测方法，他要测试出那位最聪明的药师，让部落恢复安静祥和。

四位药师被召集来，长老告诉他们到树林里的那块空地去，中央的那棵雪松下已经给他们安排好了测试任务，检测四个人中哪一位是最聪明的。

四位药师第二天天一亮就出发了，行走了好几英里的路，来到树林空旷处的雪松下，只见雪松根部堆了一堆白骨，像是某种动物的骨头，四个人围着白骨看了半天，终于第一位药师开腔了：“我要用我的知识将这堆白骨还原，以此证明我的智慧。”说着，他就动起手来，其他三位药师立在一旁静静地看着。

没多久，这些白骨就站立了起来，节节相扣，这位药师满意地看着自己的作品。第二位药师说：“我知道这些白骨的出处，而且我能将其血肉皮毛还原，重新恢复这一生灵外形之美。”说着，他便动手完成自己的设想，没多久，一头栩栩如生的熊出现在四位药师的面前。

大家对眼前美丽的熊赞不绝口，旋即这两位药师争执起来，各自都说自己的任务最难，声称自己才是最聪明的。这时第三位药师说话了：“你俩别争了，我坚信我能赋予这头熊以生命，这样，我就是无可争议的最聪明者。”

这时，一直沉默不语的第四位药师说话了：“请等一等。我请求你千万别这样做！”其他三位药师都一脸不屑，不听他的。只见第三位药师开始作法，另两位药师目不转睛地盯着看，完全忽视了第四位药师的存在。第四位药师见他们不听劝，便悄悄地爬上了这棵雪松，藏在雪松枝叶间静静地看着树底下发生的一切。

不多久，熊真的活过来了，只见它伸了个懒腰，睁开了双眼，看着眼前的一切，突然大吼一声，伸出巨大的熊掌去抓药师。三位药师见状撒腿就跑，熊在后面拼命追，不知跑出了多远，最终见长老带着全部落里的男女老少手拿棍棒喊叫着将熊吓走了，他们才终于舒了口气，知道自己得救了。

第四位药师从容不迫地回到部落里，大家都吃了一惊，以为他早死了。他告诉大家他爬上了松树，躲过了熊，那三个药师还在争执谁也没见过他上树。大家见此情景，全都明白了，四位药师中哪一位才是最聪明的。

长老意味深长地说：“常识，往往并不平常。”

河豚精

□陈菡

“蒌蒿满地芦芽短，正是河豚欲上时。”很多人知道河豚是从苏轼这两句诗开始的。更多的了解大概就是，河豚的味道极其鲜美，却含有剧毒，稍有不慎，美味的豚肉就会变成食客们最后的晚餐。那么，网络新词语“河豚精”与河豚本身又有什么关系呢？

简而言之，“河豚精”说的是那些在被别人说自己脾气差时反应特别大的人。作为“河豚精”，其实他们内心对自己有着十分清楚的认识，即明确知道自己天生就不是一个好脾气的人，故而生活中就已经很努力地在克制自己了，然而便是这样竟然还要被人评价脾气差，这下是真的忍不了了。内心独白如下：我外表有刺，里面还有毒呢，知不知道我已经忍得很辛苦了！既然你说我脾气不好，那我就让你看看真正的发脾气是怎样的！于是，“河豚精”再也不肯压制自身的坏脾气，美味的河豚开始“放毒”了！

人与人交往，要多为对方着想，做事要得体，不要试着突破底线去激怒别人。再老实的人，忍耐也都是有限度的，更别说一直憋着一股气的“河豚精”了。

奢侈品包包和煤油桶

□岑　嵘

耶鲁大学人类学女博士薇妮蒂斯·马丁是一个位于美国中西部密歇根小镇的姑娘，那里民风淳朴，她在35岁的时候，遇见了自己未来的丈夫，一个土生土长的纽约人。婚后，马丁跟随着丈夫的事业，住到了纽约的富人区——上东区，体会到了前所未有的心灵冲击。

有一天，一个略微年长的贵妇完全不管人行道交通规则和礼仪，有意阻挡正常行走的马丁，甚至用包撞了她，最气人的是她还得意扬扬地笑了。

这件事引起了作为人类学家马丁的兴趣，她在街角蹲点，持续观察了几周，在她研究了一百多起撞击事件后，她发现这是上东区"正在迈向老年的中年妇女"发起的权利展示行为，被攻击的通常是年轻女性，并且她注意到，冲撞发生时，这些女人手上都有一只顶级的昂贵包包。一个奢侈的包包为何有这种神力？

美国经济学家凡勃伦在1899年的经典著作《有闲阶级论》中提出了"炫耀性消费"的概念，指的是人们购买和炫耀昂贵商品的倾向，其目的是向他人展示自己的财富和地位。过度的炫耀性现象不仅在美国社会可见，凡勃伦还观察到，全世界的人在整个人类发展历史上都有炫耀自己的奢侈品的情况存在。

古埃及的法老们通过金灿灿的宝座和庞大的金字塔大肆炫耀他们的财富；印度的邦主在他们的属地建造了奢华的宫殿，豢养大量珍稀的动物；印度瓜廖尔土邦主曾订购了一列用真金白银打造的火车，只用于在宫中的餐厅兜圈子，把盐和香料带给席间的宾客；希腊船王亚里士多德·奥纳西斯的奢华游艇比球场还要大，还有一个用马赛克镶嵌的舞厅，将地板收起来之后就能露出泳池，船上酒吧里的高脚凳都包着华丽昂贵的软皮，洗手间的马桶全部是纯金制造的。

2008年，苹果公司的应用商城上架了一款叫作"我很富"（I Am Rich）的手机软件，售价999.99美元，它没有任何功能，只是在屏幕上显示一颗红灿灿的钻石，为了让用户提醒自己很有钱。尽管这款无聊的软件第二天就被下架，但据统计还是有8位土豪买了。

奢侈品包包就是这样一种地位性的产品。马丁说："一个超棒的包是刀剑与盾牌，我要买一个她们没有的东西，她们想要的东西，或是她们有但见不得别人有的东西。"当别人看到我们拥有它们时，可以给我们带来"地位"的感觉，所有的人对它肃然起敬。

那为何人类（尤其是女性）对包包情有独钟呢？上东区的女性为何要用奢侈品包包去冲撞他人呢？这也许是品牌生产商培育的一个阴谋，让女性处于包包的竞争中，也许，它还有更深刻的进化原因。

黑猩猩专家珍·古道尔有一则真实案例，讲述一个边缘黑猩猩如何一夜成为族群里的老大。迈克原来是一只地位低下的年轻黑猩猩，也是一个在族群内部常被欺负与排挤的外来者。直到有一天，迈克无意中拾获被人类丢弃的煤油桶，便用以展现身份地位。

黑猩猩在展现势力时，使用的方式是互相追赶，丢掷石块，摇晃树枝，或亢奋尖叫等，以吓唬其他同伴。所以当迈克拎着这个铁家伙，用大家都没看过的神秘物体敲击地面，并发出恐怖声响时，族群内所有的同伴都被吓住了，这一场展示瞬间挤下了原来的首领歌利亚，让迈克攀上统治阶级，连续五年得到族群的敬畏。

黑猩猩迈克手上拎着的煤油桶，就是大家此前都没看过的奢侈品，这就相当于一个顶级昂贵的女包，这种地位性的产品震慑了同类，让别的猩猩对它产生了敬畏，即便人类后来拿走了这只煤油桶，迈克仍然处在族群的统治地位。

也许，那些奢侈品就是一个煤油桶。

不知深浅

□钟治德

某人生在河边，练就了扎猛子的本领，遂以为天下第一，于是到长江扎猛子，下去就再没上来。不知深浅却要忙着出名，是耐不住寂寞的表现。云在山间，山在云中，年去岁来，萦来绕去，才成美景。前贤赞倪云林之画已臻"真寂寞"之境界：千山万山，无一笔是山，千水万水，无一笔是水，有处却是无，无处却是有。沧海月明，不乏一生只入一行，造诣精湛的人物，是岁月的涤荡让他们得以被广泛认同，产生深远影响。

遇见自己的管仲

□陈思呈

人与人的相处之道，并不是只要“有善意”就万事大吉。出发点是好的却引起对方的不适，这样的事情有很多。

有一个朋友，我们刚认识时十分投缘，共同话题不少，本来可以成为不错的朋友。但阻止我们继续来往的，是几件因对方的“善意”而起的事。

这位朋友对于“凉了的东西”，包括凉水、凉菜、凉饭，都有恐惧感。比如有次我们一起吃饭，我点了一杯冰水，她大为不满，说冰水对人体如何如何坏，建议我最好换一杯，或者不喝倒掉。全程下来，我感到自己喝下的是一杯毒液，甚至感觉自己是有罪的。

有次我们和几个朋友一起开车去某处玩。当天中午我有事没有吃饭，朋友们将食物给我打了包，然后我们开车继续走。我想着，走到一个风景优美的小村停车，我再下车吃。我这个朋友却急起来了，因为这意味着我会吃一顿凉了的饭菜。这是她的养生原则，是她无法接受的。她执意要我们的车子在路边停下来，让我在路边，坐在一块歪歪扭扭的石头上，先把饭吃完。如果我不这么做，恐怕一车子的人都不得安宁，所以我妥协了。

这一次妥协，过后想起来简直有几分屈辱，慢慢地，就尽量避免和她共处，关系就这么淡下来。

疏远是一种本能。她不让我喝冷水、吃冷饭，是出于好意，出于对我健康的关心。但我感到恐惧，感到越界的控制欲。即使是父母对子女，这样的控制欲也是应该警惕的，何况只是朋友。

人们常会说，这都是为了你好。这话说惯了，自己也不深究了，其实我是怀疑的。

一个成年人知道自己需要什么。我需要喝冷水，渴的需求大于冷水的伤害。其次，你认为不健康，却未必是真理。停车让全车人等着我吃饭，也是同样的道理。而且，似乎还陷我于不义。当然，展示了她对我的关心。

是不是真的为对方好，还是只为了展示为对方好，这是值得怀疑的。

前不久我和一个好朋友见了面，对方是远道来广州出差的好友，见面时间是下午五六点，也就是说，是一个饭点。按常规和江湖原则，我应该请她吃饭。但她说不想吃饭，因为肠胃有点问题。而我也同样有着肠胃问题，我们就一拍即合，饿着度过了一个晚餐时间。

对，我没有履行江湖原则，没有尽到地主之谊，但又怎样？我们之间本来就不是江湖，不吃饭，才更有义气。

因为这里面有信任。我相信她说“不想吃饭”是真的，不会以一顿饭来衡量我的情分。我还相信她能经得起这种不按常理出牌的招待方式，相信她是不需要以俗规来对待的人。我相信她对我的了解，更相信她对友谊本身的理解。

我还信任自己，更相信自己值得她直言相待，无须废话。

这才是真正的友谊啊。

管仲和鲍叔牙合作做生意，管仲出资少，拿的分红却比鲍叔牙多，别人看不下去，鲍叔牙却说：“这没什么啊，管仲家里穷，他比我更需要钱。”人们又去说管仲，管仲也一脸坦然：“这没什么啊，我家里穷，我比他更需要钱。”他和鲍叔牙一起去打仗。管仲每次上战场，进攻的时候躲在后面，撤退的时候跑得最快，人们又看不下去了，鲍叔牙说：“不是这样的，管仲他爸死得早，他怕他自己死了之后，老妈没人养。”人们常常说在这个友谊中，鲍叔牙很伟大，而我觉得，管仲也很伟大，他的伟大之处是他从不以客套对鲍叔牙解释，也不以客套和常规来要求自己，或要求对方。他相信友谊的默契，相信人性。和鲍叔牙相比，他更是一个对友情和人性乐观的人。

那位不让我喝冷水的朋友，我感到的是，解释好累。而她听不进解释，因为她需要的是一个发挥她爱心的对象，她选择了我。我具体怎么想的，又有什么重要呢？她需要的，既不是了解我，也不是接受我，更不可能是倾听我。

我们一生中，遇到的热闹的友谊恐怕不少，但遇见自己的管仲就很不容易。想到这一点，我不禁也有点难过。

三个贵人

□晏建怀

西汉开国功臣陈平的经历，简直就是一部人生励志片，足以让人感慨唏嘘好半天。他穷苦农民出身，在秦末大乱之际从军，先事魏，再事楚，后事汉，为汉朝建立做出了卓越的贡献，最后封侯拜相，走上人生巅峰。陈平的成功，得益于三个贵人。

第一个贵人是他哥哥。有人会说，自己的亲哥哥怎么能称贵人呢，哥哥对弟弟好是人之常情呀？但陈平的哥哥与一般的哥哥可不一样，他为了这个弟弟，竟然休了自己的结发妻子。陈平从小好读书，当时，家里很穷，哥哥陈伯为了让弟弟专心读书，包揽了所有的农活。陈平虽然是个农家子弟，却脸宠丰腴白皙，身材高大俊美。有人问陈平："你家一贫如洗，吃了什么好东西让你这么高大健壮啊？"一旁的嫂子平时就对这个游手好闲不事家务的小叔很有意见，抢白道："吃什么？不过谷皮碎米粗粮劣食罢了。我前世不知造了什么孽，摊上这么个叔子，不如没有的好。"陈伯听到老婆这样数落弟弟，气不打一处来，立马以离间兄弟为由，一纸休书将妻子扫地出门。虽然陈伯妻因一句话被休，确实冤屈，但对于陈平来说，有兄如此，简直可以唱"世上只有哥哥好"了。

第二个贵人叫张负。陈平年逾弱冠，到了谈婚娶的年龄了。陈平是阳武县户牖乡（今河南兰考县东北）人，本地有一富翁叫张负，声望颇高，家财万贯，他的孙女张氏年轻漂亮，典型的"白富美"。陈平家虽无资财，但他心气高，对张氏梦寐以求，只是门第悬殊，不能如愿。恰巧乡亲家办丧事，请陈平帮忙，陈平受人之托，忠人之事，早出晚归，尽心尽力。张负恰来乡亲家吊唁，见陈平帅气勤勉，便相中了他。为了坐实，张负还特意到陈平家看了一下，但见"负郭穷巷，以弊席为门"，陋巷贫居，草席为门，穷得叮当响。不过，门外却有清晰的车辙，可见德高望重者频频光顾，这更坚定了张负把孙女嫁给他的想法。于是，在张负的主持下，陈平如愿以偿，抱得美人归。张负给陈平的，不单单是一个"白富美"妻子，更重要的是给了他一个创造奇迹的信心。

第三个贵人是汉王刘邦。阳武县属魏地，秦末天下大乱之际，陈平告别疼他的哥哥和爱他的妻子，凭着满腹学问和"宰天下"的远大理想，出外闯荡世界了。他先在魏国任职，干得不如意，转投项羽，项羽不能容人，他又在老友魏无知的举荐下，投靠了汉王刘邦。

刘邦与陈平一番交谈后，感觉他确有大才，马上任命他为都尉，兼掌护军，监督诸将。陈平刚来，就谋得要职，大家不服。后来，周勃、灌婴向刘邦告状说，陈平曾和嫂嫂私通，在魏不能容身，逃而归楚，楚国待不下，又来降汉，还利用职权收受将领们贿赂，这样一个朝秦暮楚而贪污受贿之人，不宜重用。刘邦听后，经过一番调查，了解到周、灌二将所说有真有假，与嫂私通乃子虚乌有，受贿却是事实。

然而，刘邦认为，汉国正是用人之际，他要的是陈平的才，至于私德，无关大局，可以包容。所以，刘邦不但没责罚陈平，反而大大地赏赐了他，又升他为护军中尉，负责监督全体将领。从此，军中无人再敢说陈平的不是。后来，陈平一直随刘邦南征北战，在楚汉战争和平定异姓王叛乱中屡建功勋，最后封侯拜相，位极人臣。

一个人的成功，主观能动性固然重要，但得到周围人的发现、帮助和提携也很重要，甚至非常关键。有的人纵有济世安邦之才，如果得不到推荐，往往埋没于草野而默默无闻。可一旦有人发现、引荐和使用，他就能如虎添翼、平步青云。就像陈平，他有缺点、有毛病，背后戳他脊梁骨、添油加醋说坏话的人还不少，但有了这三个坚定相信他的人，给了他登高而招、顺风而呼的机会和平台，陈平最终实现了"宰天下"的理想，成就了辉煌的人生。

配角的配角也能光彩照人

□陈甲取

关于魏晋名士王朗，他在历史上一出现就和华歆并肩而行。如果说华歆是配角，那么王朗就是配角的配角。对于华歆来说，“锄地拾金”与“割席分座”，只不过是以其贪慕荣华，衬托出了管宁的高尚节操。但对王朗而言，“乘船搭救”和“模仿华歆”，则毫无争议之处，活脱脱暴露出他的自私与愚蠢，衬托出华歆的义气与智慧。

这些事情见于正史倒还罢了，小说《三国演义》又横插一脚，硬生生造出在魏蜀两军对垒时，王朗吹牛说要凭三寸不烂之舌拿下诸葛亮，结果却被诸葛亮指着鼻子，大庭广众下抑扬顿挫地一通怒骂：“皓首匹夫！苍髯老贼！……”把王朗气得心脏病发，坠落马下一命呜呼。悲摧到这个程度，就让王朗百口莫辩、无语泪两行了。

不管怎么说，王朗的名声因这三件事遭到毁灭性打击，呈现在世人面前的是活生生一个情商、智商双低的跳梁小丑。但是细读史书，却发现王朗赫然有着另一面，作为曹魏三朝重臣的他，其形象即便称不上高大全，起码也是光彩照人。

相比演义中被骂得无言以对，历史上的王朗口才相当好。早前，王朗担任东汉会稽太守。后来，孙策攻打会稽，王朗率众抵抗，失败后无奈投降。再后来，曹操上表征召王朗，任命他为谏议大夫，参司空军事，就此挤进曹魏集团的核心领导圈子。

在曹魏，王朗不经意间就展示了其嘴上功夫。一次，曹操请王朗赴宴，调笑他说：“可不能学你，当年在会稽连饭碗都丢了。”王朗四十五度角仰头望天，叹息一声说：“唉，言行举止要表现得恰到好处忒难了！”曹操大为奇怪：“老王你这话几个意思？”王朗说：“我当年端汉王朝的饭碗，却没端住，这是‘未可折而折’；而您在这个场合，本该尽地主之谊，给我这个初来乍到者春天般的温暖，没想到您却这样笑话我，您这可就是‘可折而不折’了。”曹操汗颜，却因此更敬重他了。

或许是受到华歆的影响，后来王朗为人相当仗义，与“乘船搭救”的背信弃义判若两人。王朗年轻时跟名士刘阳关系很好，刘阳忠于汉室，害怕曹操篡夺汉室江山，曾打算刺杀他，只不过没有成功。后来曹操执掌大权后，对刘阳展开清算行动，刘阳已死，曹操就对刘家的后人下发了通缉令。刘阳的亲戚朋友虽多，但没有人敢冒着生命危险收留他们。唯有王朗毅然收留他们好几年。等见到曹操后，王朗又一次次为他们求情说项，曹操才赦免了刘家子弟。

魏文帝曹丕即位后，王朗任职司空，与钟繇、华歆并列为“三公”，威望高名气大，就连曹丕都跟人说：“这三公，确实是一代伟人啊！以后再想找到这样的人才，忒难！”王朗业余注重强身健体，而钟繇膝盖风湿，下拜起身不太方便，华歆也是病秧子，曹丕就特别恩准三公坐着轿子上朝。钟繇、华歆都老实不客气地笑纳了曹丕的好意。唯有王朗不愿搞特殊，以身体倍棒吃嘛嘛香为由拒绝了，坚持每天一溜小跑上下朝。

华歆曾主动请求将太尉职位让给管宁，王朗也做过类似的事情。朝廷下令大臣举荐德能兼备的人才。王朗推荐名士杨彪，并请求将自己司空的职务让给他。曹丕不许王朗让位，却相信王朗的眼光，将杨彪提拔到仅次于三公的高位。不仅如此，在曹丕提出要分封给王朗封地，并封他一个儿子为列侯时，王朗却求曹丕将列侯封给他的侄子王详。这让曹丕大为感动。

在日常生活方面，王朗也是严于律己，以勤俭节约为本，就连他自己结婚时，亲戚朋友送的份子钱，都谢绝了。王朗还热衷于慈善事业，但他行善时并不单纯体恤穷人，而是先救助更有需要的人。就因为这，王朗经常被一些俗人笑话，说他顶着乐善好施的高帽子，却不是真的热爱慈善。对此王朗一笑置之，并不辩解。

此外，王朗与其子王肃都是经学大家，著有《周易传》《春秋传》等多部经学巨著，晋代甚至将王学设为官学，《三国志》作者陈寿对王朗的评价是“文博富赡”。

在年近八十寿终正寝后，王朗作为曹魏功臣，得以跟钟繇、华歆等人配享曹操庙，生前身后备享哀荣。王朗还跟司马氏沾亲带故，他的孙女嫁给了司马昭，生下了晋武帝司马炎。

视野比赚钱更重要

□［日］松下幸之助

这是很久以前的事了。我收到一封来自北海道札幌市的信。信里写道：“我是一家眼镜店的店主。前几天，我在电视上看到您，觉得您戴的眼镜不太适合您的脸形。所以建议您换一副更好的眼镜。”这位眼镜店老板特意从北海道寄信给我，还真是热心。我回了封信表示感谢，但很快就把他的建议给忘了。

后来有一次，我偶然有机会去北海道的札幌市做演讲。演讲结束时，给我写信的那位眼镜店老板过来求见。他60来岁。

“您好像还戴着以前那副眼镜呀，我给您换一副吧。”

我被他的热情打动了，决定采纳他的建议。

“那就听您的，您说戴什么样的眼镜，我就戴什么样的眼镜。”

当晚，我在酒店大堂和四五个人谈业务。那位眼镜店老板再次来访，趁我谈话间歇上前对我说：“我需要用1小时左右的时间来确认眼镜和脸形的适合度、眼镜的尺寸，以及您的眼镜度数。10天后配好寄给您。”

他临走时又说：“您这副眼镜戴很久了吧？可能现在已经不符合眼睛度数了。方便的话，您可以来我们店里看看，10分钟就行。”

他的意思是想给我重新测一下眼睛的度数。我想10分钟还是能抽出来的，于是跟他约定回大阪前会去一趟他的眼镜店。第二天去机场前，我特意去了一趟他的眼镜店。到了那里我吃了一惊，那家店位于札幌市的繁华区，店面非常大，简直就像来到了眼镜百货商店。我随店员走进店里，里面有个大厅，有30多位顾客正一边看大屏幕一边等待。据说这里还配备了全世界最精密的验光仪器，令我再次赞叹不已。尤其让我佩服的是那些二三十岁的年轻店员，个个热情开朗、干脆利落、彬彬有礼，确实让顾客觉得心情愉快。那位店老板也没闲着，像只松鼠一样在店里忙前忙后。

我不禁感到佩服：没错，做生意就得这样才行。

我说：“您这么忙，为什么还给我写信呢？难道仅仅是为了卖给我一副眼镜？那您可亏大了呀。”店老板微笑着回答说：“您经常要出国访问吧？要是您戴着这样的眼镜到国外去，人家还以为日本没有眼镜店呢。这样会影响外国人对日本的印象。”

很显然，那位眼镜店老板心里除了赚钱，还有更广阔的视野和见识，商人要赚钱，这是天经地义的，总不能等着饿死。但如果只想着赚钱，并不是长久的经商之道。只有拓宽视野，不唯利是图，怀着真心和热诚经营，才能实现真正的繁荣昌盛。

不妨错过

□黄征宇

在硅谷，很多成功人士都会说一个词——FOMO，即fear of missing out（害怕错过）。越成功的人就越在意FOMO，他们担心如果不能随时随地地掌握这个世界最新动态的话，就会错过机会。

但是，斯坦福大学的教授们提出了一个很好的问题：“你看了那么多的新闻，其中有多少真正对你产生了影响？掌握了那么多信息以后，我们做出的判断真的比以前更正确吗？”恐怕并不是。绝大多数时候，大多数人仍然依靠直觉或习惯去做决定。

斯坦福大学的教授们给出的建议就是：“新闻并不需要看很多，挑选你最需要的关键信息即可，因为绝大多数信息跟你的生活关系很小。”在大量阅读跟你生活关联度不大但冲击力很大的新闻——例如某地发生恐怖袭击之后，人的负面情绪和焦虑感都会大大上升。

教授们说，必须在大脑外设立一道防火墙，同时不断为大脑补充养分，这样才能从根本上抑制焦虑，让人变得更专注，更有效率，更有幸福感。

但我的观察是，在机场、地铁、餐厅等公共场所，很多家长和孩子手里拿的往往不是书，而是手机或平板电脑，而且通常是各看各的，并不交流。

为什么赚了不少钱，进入了中等收入行列，人们却不快乐？答案很简单：因为幸福的关键不在钱袋里，而在脑袋里。

轻率承诺或许是一种讨好姿态

□杨　眉

不管社会如何风雅时尚，总是做事踏实、认真负责的人最受欢迎。人们越来越重视“契约精神”，而“这人不靠谱”往往指那些夸夸其谈，说话不算数，承诺了却不兑现的家伙。

“轻诺寡信”这个成语出自老子《道德经》的第六十三章：“夫轻诺必寡信，多易必多难。是以圣人犹难之，故终于无难。”

这段话的大意是，轻易做出的承诺最后必然导致失信于人，而总是把事情看得太容易必然会遇到很多困难。所以明君谨慎小心地认真对待各种事情，而最终可以免于困境。

老子这里说的是为政者，但日常生活中，轻诺寡信者同样会对自己和他人制造很多麻烦。

很多人可能都有这样的经历：身边有一位喜欢揽事、喜欢承诺的人，在你正因为一件棘手的事发愁时，他主动提出给你帮助，给予你极大的惊喜与感动，但是一段时间后你去问起他有关事情的落实情况时，他充满歉意地对你说：“真对不起，我实在是太忙了，我马上就去办。”然后就是明日复明日地推迟，直到你恍然大悟，原来你一直是在与一个不讲信用的人打交道。

此时你的事情已被彻底耽误，你的信用也因他而受损，为了补救，你不得不花几倍的时间与精力。而他，也同样付出了代价，那就是你与他关系的疏远甚至中断。

明白人都知道，轻诺是一件成本非常高的事，因为如果一个人想要兑现他轻率做出的承诺，他只有两个选择，要么就是付出全部的时间精力去兑现诺言，但即使如此，承诺积累到一定数量，人就会分身乏术，他想不食言都没有可能；另外一个选择就是只管随意承诺，不管兑现；不管哪一种，最终的结局都是，必然要食言，要面临在人们面前彻底丧失信用的结果。

守信用在人际交往中之所以意义重大，是因为这个人格特质本身自带可操作性。如果说我们很难在有限的时间内确认一个人是否具有真正的仁慈、忠诚等特质，但是几乎任何人都可以通过对方是否说话算数这一点去衡量其是否值得信赖。重然诺与否，是一目了然的，是任何人都可以自行辨别与区分的。因此，是否守信用就成为人际关系中显而易见的试金石。

守信用的意义大家都深有感触。它不仅可以满足人们的安全需要，而且可以满足人的可控感。守信者的行为是可预测的，因此人们愿意与其建立深入而持久的关系。反之亦然。

其实，轻诺者寡信是必然的结果，因为人的精力与能力都有限，再加上环境的作用，导致没有人可以在轻易承诺之后还能一一兑现诺言。

既然轻诺必寡信是一个非常简单的常识问题，那为什么这个世界上仍然存在轻诺寡信的人？

这里的原因有很多，有一种是属于缺乏自信，因此而不敢拒绝别人，总以为如果拒绝别人，就会威胁到关系。这种类型的轻诺，可以用西方行为治疗中的“自信训练”加以解决，其要点是先从认知上了解，别人没有我们想的那么脆弱，不会因为一次拒绝就与我们断绝关系，另外就是要练习对不合理要求说“不”。

还有一种轻诺则是由当事人的求生存姿态所决定的。

所谓“求生存的姿态”是西方萨提亚家庭治疗模式中的一个术语，指的是当一个人在生命早期遭遇不幸的亲子关系时，会产生降低自我价值和不平衡感，为了自我保护，他把自己的权利赋予他人，“他们采用求生存的姿态来保护其自我价值，以对抗口语或非口语的、感觉到的，以及推测来的威胁。”

当婴儿感觉到自己的生命受到威胁时，会依据自身的情境而分别发展出四种求生存姿态：讨好型、指责型、超理智型、打岔型。

人在早期为了自我保护而无意识中发展出来的这些生存姿态，除非被有意识地加以改变，否则就会固定为成年时的应对方式。

持讨好生存姿态的人常常会轻率地做出承诺。他们为了通过取悦他人而找到存在感，并体现自身的价值，养成了为他人奉献时间和金钱等的习惯。因此，他们往往会不顾一切地去做承诺，以此去讨好身边的人。

在承诺的当下，他们确实会为自己赢得很多好感，但是之后的某一天，在他们无论如何也无法兑现诺言的时候，他们的世界就会再次崩塌，再次印证自己的无价值和无意义，从而陷入恶性循环。

如果我们的轻诺真的是属于生存姿态而造成的后果，我们就需要寻求专业帮助，只有这样才可以建立起内在的自信与价值感，才可以避免因轻诺而造成的寡信。

唯有尽其兴 才能尽其才

□田艺苗

6岁那年，你在做什么？缠着大人问十万个为什么？为了一个冰激凌倒地打滚耍赖？在公园的哈哈镜前对着自己的怪模样哈哈大笑？

当我们的人生还未“预备起”时，6岁的沃尔夫冈·阿玛迪乌斯·莫扎特，在一个大雪天的凌晨，和姐姐一起裹在一条大羊毛毯子里被抱上马车，开始了四处卖艺的辉煌童年，也开始了奔波劳碌漂泊的一生。那是1762年的寒冬。

莫扎特这段最好的时光，后来留在大文豪歌德的记忆中。

那时，歌德13岁，是个黑头发的英俊少年，坐在剧场里伸直了脖子，他被这个孩子的天赋震住了。穿大人礼服的莫扎特，戴假发穿长袜，坐在钢琴前神气十足地弹着协奏曲，像个音乐盒中的小木偶，演奏熟练准确。弹完钢琴曲，大人将他抱起来，让他站到琴凳上，塞给他一把儿童小提琴，他接着表演变奏曲。台下掌声不断。

歌德一直记得这个“耍音乐把戏的、可怜的小猴子”，但他认为这样“轻松愉快的艺术手法”是“一切艺术之冠”。对于艺术这个深沉缥缈的上帝，能够轻快面对的，只有天才。

神童莫扎特与姐姐的巡演遍及欧洲，到过慕尼黑、林茨、维也纳，后来又经科布伦茨、波恩、科隆、布鲁塞尔，到法国、英国和意大利。成年之后，他在维也纳辛苦打拼却无法出人头地的那些日子，童年风光的维也纳之行仍历历在目。

莫扎特圆滚滚的小身影出现在宫廷大门口，后面跟着他的爸爸和姐姐。他们第一次觐见皇后，有点儿惴惴不安，只有莫扎特一人乐呵呵地走上前。皇后朝他弯下腰，他攀着皇后爬到她膝上，抬头亲吻她的脸颊，然后乖乖爬下来，就像在家中见到陌生客人一样。这个场面既逗人又辛酸。孩子还不知道害怕，父亲却借他稚嫩的手叩响了上流社会的大门。

他们在宫廷里举办了3个小时的音乐会，贵妇绅士都来了，宫廷礼仪全都取消了，人们喜气洋洋地观看表演。幼年的王子、公主围上来，惊讶地望着两个山里来的小孩。孩子们捧出新衣服、玩具、糖果、金币送给姐弟俩，让老莫扎特嘚瑟了好一阵子。

童年得志的人，其实没有真正的童年，却又一辈子都停留在童年。莫扎特小时候是小精灵，长大了是大天使，友善乐天，与世无争，对谁都亲热至极，搞不懂人与人之间为什么要争个你死我活。他独自生活在音符纷飞的快乐王国里。

风光的背后自有各种难言的苦衷。莫扎特和姐姐受邀到各处宫廷和贵族宅邸表演，报酬几乎都是由主人随意决定的。宫里的人其实精明势利，运气好的时候他们会得到一些金币，但更多的时候他们收到的是鼻烟壶、戒指、古玩，亲吻和达官显贵的交口称赞。

这个时候，老莫扎特一筹莫展，他总不能把贵妇的亲吻拿去换差旅费和饭钱吧。数趟远行，他们虽受到热烈追捧，却越来越穷了。

四处旅行也让莫扎特大开眼界。相比贵族宅邸，小酒馆才是他的地盘，他在那儿弹琴唱歌，跳假面舞，喝啤酒，吃红肠，开下流玩笑……数年四处辗转，马车、信件穿梭，琴声、笑声交织，一转眼他就长大了。

毫无疑问，老莫扎特是出色的音乐教师、成功的营销专家，他让莫扎特成为史无前例的音乐神童。莫扎特的童年被父亲花了不少时间与精力包装宣传。每到一地演出，老莫扎特便花血本雇高级专用马车，先塑造出一个业已成名的形象。演出之前四处宣传，节目单印得像马戏团的海报。演完之后，他百般奉承钻营，攀附贵族保护人（就是现在的赞助商），每发现有利可图的赞助人便四处托人写推荐信，然后写信给家乡的大主教，炫耀他们在各地的成功，详细描绘上流社会是多么奢侈讲究。

老莫扎特是一位严格而巧妙的教师，他为莫扎特设计的功课都是“刻意练习”，即根据学生的才华、接受力、强项与弱项有目的地设计练习，如此，莫扎特的音乐技能就像打桌球一般以直线路径轻松入洞。每次出门巡演之前，莫扎特都要进行强化训练，练习的节目有演奏、伴奏、背谱、即兴作曲、主题变奏，甚至蒙上眼睛弹琴。有时甚至昨日练新曲今晚即登台，这要求莫扎特注意力高度集中，全身心开动个人的急智、潜能与魅力。这样密集的边学边演非常锻炼人，也着实消耗体能，神童的“超能力”让他直面挑战，越困难越来劲。这多少消耗了莫扎特的健康，从小到大他一直都长得苍白矮小，后来的早逝也与成长期的过劳不无关系。

除了技能训练，老莫扎特对天才的成长也不是没有一点功绩的。在莫扎特求知欲最旺盛的青春期，他带他见世面，聆听、感受各地的演出与风土人情，培养鉴赏力，后来莫扎特一直对新鲜事物感觉敏锐，对自己的乐感胸有成竹。

但老莫扎特是个失败的父亲。他让儿子小时候做天才，带他四处奔波，无视他的压力与心灵创伤，却想

『糟糕』的尝试，也应被温柔以待

□宋 静

1993年，古董商人威尔逊在波士顿的垃圾箱边上捡到了一幅名叫《露西在花田里》的诡异画作。画中的女子算不上美貌，天空配色更是光怪陆离。一开始，威尔逊只是对画框很感兴趣，想把画框捡回家。而威尔逊的好友莱利看到后，向他买下了这幅画并摆放在家中，说道："它不是一幅杰作，但很特别！"

莱利的话让威尔逊感触颇深：一幅画难道非要被艺术的条条框框约束吗？让人从中感到幽默、快乐，难道不好吗？后来，他们决定专门收集这样"特别"的作品。

威尔逊和莱利通过捡垃圾、到二手店购买的方式，获取了最初的展览品。1994年，他们在莱利家的地下室举办了第一场展览，获得了出乎意料的成功，糟糕艺术博物馆就这样诞生了：脑洞大开的《身着草裙的狗》、雷人的《蒙娜丽莎》、夸张的《好莱坞红唇》……随着收集的作品日益增多，越来越多的参观者慕名而来。于是，威尔逊和莱利将展馆迁至戴德姆社区剧院的地下室。

尽管位于美国波士顿的这家糟糕艺术博物馆里陈列的都是"糟糕"的画作，但仍然被盗贼觊觎。

1996年，一幅从垃圾堆里捡来的名叫《艾琳》的画作神秘消失了。威尔逊先是开出了6.5美元的"高额"悬赏，后来悬赏又提高到36.73美元，画作仍然杳无音讯。直至2006年，有人联系糟糕艺术博物馆，告知用5000美元赎金可以换回《艾琳》。博物馆没有支付赎金，但最后画作还是被完璧归赵。《艾琳》被盗后，糟糕艺术博物馆吸取教训，在展馆内安装了一台假监视器，并附带警示标语："警告——本馆受假的摄像机的保护。"

2004年，糟糕艺术博物馆又一幅《排水管自画像》的作品被盗，其位置上放了一封勒索信，索要10美元赎金，窃贼却忘记留下联系方式。然而，该画失窃后不久便被送回，外加10美元的捐款。

2008年，糟糕艺术博物馆在波士顿的萨默维尔剧院建立了第二家展馆。这一次，连洗手间外都摆上了展品。与戴德姆展馆免门票不同，这里是只有买了剧院票的人才能进入。博物馆没有固定的开放时间，而是随楼上剧院的营业而开放。

展馆中有幅画叫作《乔治周日坐在马桶上》，用点彩法画着一个穿着内裤、大腹便便的人坐在马桶上。一位参观者在看完这幅画后，在留言簿上写下了一段幽默的观后感："它映入我眼帘时，正好有人走进了展馆旁的男厕所，与眼前的画相呼应，这幅画顿时有了生机。"

糟糕艺术博物馆致力于"将最糟的艺术分享给更多观众"，至今已累积600幅画作，每年都会吸引近8000人次参观。它坚持"人弃我取"的原则，每件展品的价格不能超过6.5美元，但它筛选收藏品的过程十分严格。糟糕艺术博物馆收入的"艺术品"必须是艺术创作者认真努力的结果，并且不能无趣，还要具有"让人目光无法从画面上移开的魅力"。美国全国广播公司称："糟糕艺术博物馆是名副其实的'被遗弃画作之家'，该馆的艺术风格让人们对艺术品的价值有了更多思考。"美国《纽约时报》则表示："这个博物馆让那些艺术水准浅薄的人，找到了属于自己的一片天。"

作为世界上唯一一家致力于向人们展示不完美艺术作品的博物馆，糟糕艺术博物馆的宗旨是，歌颂那些无法通过其他渠道得到认可和展示机会的艺术家的劳动成果。所以，那些想要创作却又畏惧害怕的人，请勇敢起来吧，因为任何饱含诚意的努力都应被温柔以待，即使是一件"糟糕"的艺术品。

要他长大之后做回普通人，老老实实地待在宫廷里，领固定俸禄，生活体面，地位尊贵，这样自己也好无后顾之忧，安享天年。

宫廷哪里容得下真正的艺术天才！但莫扎特在维也纳无法出人头地，主要怪他父亲将他从小秀过了头，让他在城中一现身即遭音乐家们的联手围剿。而父亲对他的支持，也不过和那些打压他的人毫无二致——以贬低他人来抬举自己。

老莫扎特去世的时候，莫扎特正在写歌剧《唐璜》。父亲是带着遗憾走的，他一直觉得儿子忘恩负义，辜负了他的期望。莫扎特也对父亲冷了心，彼时他连生计都成问题，父亲去世也不见他流露出强烈的情绪起落。没有比亲人之间的自私绝情更让人勘破人性、更摧毁人生的了。在名利的裹挟下，欲望卷走温暖，亲情也未必纯洁。老莫扎特自以为能操纵儿子，可他不懂天才。

我国明末清初的杰出思想家顾炎武曾说，才由性生，唯有尽其性才能尽其才也。也许任性桀骜本是才华的一部分，天才的冲动与意志是不可管理的。

做个问题收藏家

□王月冰

在图书馆听到一位心理治疗师的公益讲座。她说：“有的问题我们暂时放不下，那就把问题收起来，放好。”有人鼓掌，然后有几位朋友坦诚分享了自己这方面的经验。

张先生现在是一家电器连锁品牌大型卖场的负责人。他说，3年前，他还只是公司的一个普通管理人员，领导并不重视。后来，他在书上读到“把问题放好”这个观点，决定尝试。

从此，他随身携带一个本子记录各种工作上的问题，并且给它们定星级。五星级的是亟待解决、需要立刻着手去做的，四星级的也是急的，但是可以稍缓，三星级的次之，然后二星级、一星级甚至没星级的。他又在办公桌前方挂了一块小黑板，四星和五星的问题都写到黑板上。

每次开会、下卖场、接待客户，等等，他都详细记录下这些问题，然后把这些问题一一放好，标好星级，接着依照星级一件件解决。而且，每3天他都会根据变化给问题重新调整星级。渐渐地，他发现自己办事条理清晰，效率提高，心态平和，情绪稳定，不再像之前那样每天处于急躁与焦虑中。

张先生在顾客和同事中的口碑越来越好，慢慢地，连董事会的人也经常忍不住来看看他的那些星级问题，它们甚至成为公司决策的重要参考数据。顺理成章地，张先生成为公司骨干。

第二位分享经验的是30多岁的谭女士，她是一家花艺馆的掌门人。

谭女士说，她几年前自身状态和家庭生活都一团糟，身体发胖厉害，皮肤糟糕，夫妻感情产生猜疑、压力，与婆家关系剑拔弩张。辞职，焦虑中再找工作无果。她只觉得自己问题一大堆，都需要解决，可又都很棘手解决不了，缠得她透不过气。后来，她也尝试采用“把问题放好”，首先调整自己的生活方式。

她把形象问题、婆媳矛盾、工作问题都列出来收好，放在口袋里、手机里。每天早上醒来，她看看这些问题，问自己：“我现在可以尝试解决哪一件？对，减肥！”于是起床跑步。跑得有些累了，坐下来休息，又从口袋里掏出问题来看，问自己：“休息的时候可以尝试哪个问题？对，给婆婆打个电话，问她今年的体检约了没有。”电话通了，接到她的电话，婆婆有些意外，但听得出很开心，当她提醒老人要记得去约体检时，老人家连说三次“谢谢”。

运动后洗完澡，坐下来，再次掏出问题来看：“现在可以尝试解决哪个？对，可以考虑创业的事。”静下心来思考自己的爱好、资源情况等等。于是自然而然就有了开花艺馆的想法，好像这个想法在那儿等她很久了。她勇敢地去花市打工、学习，然后考察、找门面。如今，两年多过去，她身材苗条、面若桃花，家庭美满幸福，花艺馆风生水起。她说：“把问题放好，不急，一点点去化解。”

听这个讲座时，我的人生也面临很多问题，生意遇挫，身体内查出块影，孩子叛逆，我失落，焦虑，痛苦。

我深呼吸，用了些日子来调整心态，又写下很多安慰自己的话做成精致的小卡片，经常抽一张来读，与自己对话，探索内心深处的初心。然后，把自己面临的一系列问题写出来，放好，有的携带，有的暂时收藏。

气定神闲地去找新门面，找成功的同行聊天，坚持吃素食，适量运动，拿出固定时间陪孩子读书、聊天、看电影、打球。我不再焦虑，不再逃避，而是把问题当成我养的那盆君子兰，小心翼翼地放好，每天去向它问好，和它交好。

不久后，我找到合适的门面，生意很快好转，身体内的块影逐渐变小，孩子进步很大，被爸爸和老师赞为“懂事长”。

《论语》里说：“无所用心，难矣哉。”遇到问题，无所用心，难。我们总以为这个“用心”，指的是要迫切去行动，其实不然，用心是要先走心，然后才是思想和身体来执行。待心定情绪稳，与问题握手言和，去融化，改善，解决。一次处理不好，不急，再处理一次，还不行？还是不急，再尝试。即使一直解决不了，心定如山，问题也伤害不了我们，大不了我们与它共存，也许，它会被你这凛然气质吓到而离去。

借钱

□南在南方

外爷有个布钱包，上头用丝线绣了两副欧体对联，一是“阿堵物不尽，孔方兄常来”；一是“常纳全国币，广进四方财”。

每每看到，我都要一乐，端的是几句好话，只是日子时不时捉襟见肘。外爷过世后，这个钱包被我收留了，是个念想。

再有意思的钱包如果没装钱，也如同一件漂亮的衣服穿在塑料模特身上一样，就没啥意思。

但更没意思的是借钱。

虽然林语堂说：“如果你要失去朋友，很容易，那就是尝试着向你的朋友借钱，或者借钱给你的朋友。”这句话确实不错，可不同朋友借钱问谁借呢？

借钱这事儿，是活生生的人世百态，不过底色好像一直是难为情。

从前我念书时，每回开学前，父亲都要惆怅，嘴里念叨着许多名字，计划着路线，预计各种局面。有时跑半天，空手回来，那些难为情印在脸上，让我至今难忘。不过，这并不影响他第二天重新去借的决定，这其中的难处他很少说。但如果某个人古道热肠，解了燃眉之急，他一定念念不忘。这样的日子持续了好多年，直到弟弟工作一年之后回来，挎包里装了许多水红色的票子，父亲这才把账还清。他很高兴，倘若他再年轻10岁，怕是要仰天长啸一回了。

我年少时，幻想着有一天能过上金玉满堂的生活，想吃面条就吃面条，想吃白米就吃白米，想想都激动得浑身颤抖，只是年岁渐长，这个想法再也羞于提起。

偏偏有一天看到一个笑话说，有个穷人捡了一个鸡蛋，跟老婆说，要拿这个鸡蛋请邻居家的鸡抱窝，到时候挑一只小母鸡，等它长大，每月生15个蛋，再抱窝，两年下来能有10两银子，然后养牛，两年之后，有300两银子，200两放高利贷，100两买个小妾，孝顺你……老婆一听要买小妾，从他手里把鸡蛋夺过来扔到地上说：“我要除了这个祸根！”穷人不干了，去官府告老婆，县太爷说：“这妇人实在可恶，硬是败了你的万贯家财，把她斩了。”穷人一听赶紧下跪求老爷开恩，说不就是一个鸡蛋嘛……

这里头好像也有我的影子，自己没有多少钱，偶尔也发幻想：要是有一位柴进这样的朋友，钱多得用不完，好汉打门前过，根本不消张嘴，一大包银子扔过去，真是快意人生。

没有柴进这样的，有钱锺书这样的朋友也好啊：那时古典文学组一个人向他借钱，问借多少，答曰1000。他竟说，不提借了，我给你500，不用来还了。过了一阵子，还是这个人来借，他依旧是这个法子，打个对折白送，豪气啊。

这也是想想而已。如同张爱玲说过一句，雨天没有带伞的人，躲在别人伞下，会淋得更湿。

关于借钱，还有两个好玩的故事。

一个是弗洛伊德讲过的，说一个穷人向朋友借了25块，说是急用。同日，这位朋友遇见穷人在饭店吃一盘很贵的奶浆沙罗门鱼，朋友就上前责备他说：“你刚跟我借钱，就跑来吃鱼。这是你借钱的目的吗？”穷人回答说：“我不明白你的话。我没钱时不能吃鱼，有钱时又不许吃鱼。请问你，我何时才可以吃鱼？”他大约是当笑话讲的。许多人借钱多是万不得已，像这种借钱吃鱼的，想起一句天津老话，“借钱吃鱼虾，不算胡乱花”，管得着吗？

还有一个是日本僧人松尾芭蕉写的借条：“与去来君。欲往芳野行脚，希惠借银五钱。此系勒借，容当奉还。唯老夫之事，亦殊难说耳。”

没钱又想出去玩，找你借钱，你必须借，并且，这个钱你借给我了，我也不一定还你。洒脱极了。

一般借钱都是要还的。如果未按时还上，就得躲债，可跑了和尚跑不了庙，终究还是要还的。不过有一种侥幸，是魏允迪的一首诗里说的：“寂寞山涯更水滨，漫天匝地白如银。前村报道溪桥断，可喜难来索债人。”雨啊，雪啊，这些坏天气，竟然带来一种特别的欢愉，这是没有借过债的人体会不到的兴味。

一般借钱到了期限不还，债主是要讨的，这也有一宗趣事。当年我在商州，跟着叔父一起做根雕太师椅，用大理石镶底座。大理石是赊来的，一晃到了年底，大理石厂的周经理来了，说是闲着没事来看看，正好做了一方石头镇纸带来供叔父把玩。他坐了一会儿就走了，叔父看看那方镇纸，上头刻了七个字：清风明月不用钱。叔父拊掌大乐，叫财务赶紧给人结账。

狼的嚎叫所隐藏的意义

□［美］阿尔多·李奥帕德

一个深沉、发自肺腑的嚎叫在各个悬崖之间回响，然后滚落山下，隐入夜晚遥远的黑暗之中。那叫喊爆发出一种狂野、反抗性的悲愁，爆发出对于世上一切逆境的蔑视。

一切活着的生物（也许包括许多死者）都留心倾听那声音。对鹿而言，它提醒它们死亡近在咫尺；对松树而言，它预测了午夜的格斗和雪上的血迹；对郊狼而言，那是一种有残肉可食的应许；对牧牛者而言，那是银行账户透支的威胁；对猎人而言，那是獠牙对于子弹的挑战。然而在这些明显而迫近的希望和恐惧之后，藏着一个更深奥的意义：只有山知道这个意义，只有山活得够久，可以客观地聆听狼的嚎叫。

无法理解那声音中所隐藏的意义者，仍知道它就在那儿，因为在整个狼群出没的地区都可以感觉到它，而且它使得这儿有别于其他地区。所有在夜晚听见狼嚎者，或者所有在白天察看狼之足迹者，都可以感到隐约有股寒意袭上背脊。即使没有看见狼或听见狼叫，许多小事件也暗示着它们的存在：一匹驮货之马半夜的嘶叫、石头刺耳的滚动声、一头逃命之鹿的跳跃……只有不堪造就的新手才察觉不出是否有狼，或无法察觉山对狼怀有秘密的看法。

我自己对这一点的坚信不疑，要追溯到我看见一只狼死去的那一天。那时，我们正在一个高耸的悬崖上吃午餐，一条汹涌澎湃的河流在悬崖下推进着。我们原以为看见了一头胸部浸在白色水花之中，正涉水渡过急流的鹿，当它爬上岸，朝我们走来，并且甩动着尾巴时，我们才明白我们错了：那是一只狼。其他六只显然已长大的小狼从柳树丛跳出来，一起摇摆尾巴，同时嬉戏着相互殴打，以示欢迎。所以我们的确看到一群狼，在悬崖下一个空旷的平地中央打滚。

在那些日子里，没有人会放弃一个杀狼的机会。瞬间，子弹已经射入狼群里，但是我们太兴奋了，无法瞄准：我们总是搞不清楚如何以这么陡的角度往下射击。当我们用完了来福枪的子弹时，老狼倒下来了，另外有一只狼拖着一条腿，进入山崩造成的一堆人类无法通行的岩石堆里。

我们来到老狼那儿时，还可以看见它眼睛里凶狠的绿火渐渐熄灭。自那时起，我明白了，那只眼睛里有某种我前所未见的东西——某种只有狼和山知道的东西。我当时年轻气盛，动不动就手痒，想扣扳机；我以为狼的减少意味着鹿会增多，因此狼的消失便意味着猎人的天堂，但是，在看了那绿色的火焰熄灭后，我明白狼和山都不会同意这个想法。

自此之后，我看到各州不断地扑灭狼，看到许多刚刚才失去狼的山的面貌，看到向南的斜坡出现许多鹿刚踩出来的纷乱小径。我看到每一株可食的灌木和幼木都被鹿吃去细枝和嫩叶，然后衰弱不振，不久便告死亡。我也看到每一棵可食的树，在马鞍头高度以下的叶子都被鹿吃得精光。看到这样的一座山，你会以为有人送给上帝一把新的大剪刀，叫他成天只修剪树木，不做其他事情。到了最后，人们期望的鹿群因为数量过于庞大而饿死了，它们的骨头和死去的鼠尾草一起变白，或者在成排的只有高处长有叶子的刺柏下腐朽。

现在我猜想：就像鹿群活在对狼的极度恐慌之中，山也活在对鹿群的极度恐慌之中；而或许山的惧怕有更充分的理由，因为一头公鹿被狼杀死了，两三年后便会有另一头公鹿取而代之；然而，一座被过多的鹿摧毁的山脉，可能几十年也无法恢复原貌。

牛的情况也是如此。牧牛人除去了牧场的狼，却不明白自己正在接收狼的一项工作：削减牛群的只数，以适合牧场的大小。他没有学会像山那样思考，因此，干旱尘暴区便出现了，而河流将我们的未来冲入大海里。

我们都在努力追求安全、舒适、长寿，以及单调的生活。鹿用它柔软的腿追求，牧牛人用陷阱和毒药，而大多数人则用机器和钱。在这方面获得某种程度的成功是很好的，而且或许是客观思考的必要条件。然而，就长远来看，太多的安全似乎只会带来危险。当梭罗说“野地里蕴含着这个世界的救赎”时，或许他正暗示着这一点。或许这就是狼的嚎叫所隐藏的意义；山早就明白了这个意义，只是大多数人仍然不明白。

万物皆有光

□韩浩月

秋天的一个早晨，来到许久不曾来过的河滩边，散步的时候没忘用手机东拍一下西拍一下。在跑道边露天座椅休息查看这些照片时，我惊奇地发现，相册里存储的刚拍下的图景里，有些事物是发光的。

比如一朵紫色的喇叭花。天气渐冷了，它却丝毫没有枯萎的征兆，在秋日阳光下努力地盛开。镜头拉近再拉近，直到整个画面中不再有杂草，只装有那朵喇叭花时，花蕊的部分便散发出洁白而又温润的光来。那种光芒，是玻璃或者金属体才能发出的，此刻由一种植物内部深处发出来，还是能够引起内心一点小小的震撼。

还有几株长在铁丝网后面的狗尾巴草。草的后面是一堵水泥墙，看上去平平常常，毫不起眼，可当它们入镜的时候，犹如发现镜头存在的超级模特，瞬间起了范儿，在风中优雅地摇摆。头顶那些蓬松的“发丛”，在阳光的照射下清晰可辨，每一根都能看得仔仔细细。它们的“肤色”，要么是“青春绿”，要么是“健康黄”，正是因为有了这“神谕”般的光，它们仿佛拥有了人格，在这平凡的世界绽放出个性的美。

如果你再去海洋馆，看企鹅游泳的时候，请注意观察它们游动时身体的周围，会浮起一层密密麻麻同时又晶晶亮的水泡，这些小水泡在企鹅身处的水域里，显得亮度要高不少，因为这些水泡的存在，你会有错觉，运动着的企鹅是会发光的，那种光，可以视为它们心情的反映。

有些光来自伟大的光源体——太阳，有些光来自物理性质的折射，有些光则来自于灵魂。如果你家里有小孩子，可以注意观察一下，当他们在阳台上专注地游戏，或者在台灯下耐心地涂抹一幅画时，当他们不说话，安静地沉浸在自己的世界中，就会发现有一种无形的光，笼罩着他们的身体，再凝目注视时，有时还会感受到他们的头顶，有一道莫名的光环，那是他们稚嫩而纯粹的灵魂，在快乐地发光。

有一位网友，记录了她看到一个人身上发光的那个瞬间。那个人不是什么名人明星，只是一位在巷口摆摊卖煎饼的老奶奶，在将香喷喷的煎饼交给女孩的时候，女孩发现自己身上没有带现金，想要手机扫码支付，老太太的摊位上却没有摆那种随处可见的收款码。这个时候老太太对她说：“姑娘，快上班去吧，奶奶一直在这儿卖煎饼，下次再经过的时候付钱就行，不经过也没关系，就当奶奶送给你吃了。”那个女孩看着老奶奶慈祥的面庞，突然觉得，她身上是会发光的，一种柔软、温暖的光，给人以无限的信任感。

类似的体验，相信每个人或多或少都有过经历，只是有的人幸运一些，遇到的次数比较多。如果在人生的某一个阶段，你突然觉得，眼睛在周边的生活环境中看到“发光体”的频率很高，那么，很可能，这个阶段会是你一生当中最幸福的时刻。一个自身幸福的人，会用发光的心态去看待一切，自然也会被别人当成一个“发光体”。

格莱美音乐奖终身成就奖获得者莱昂纳德·科恩2016年去世的时候，一些喜欢他的歌迷频繁提到他的一个名句，“万物皆有裂痕，那是光照进来的地方”，这简单的几个字，安慰了许多人的心灵。由此可见，“光”被赋予了多大的能量，“光”所到之处，黑暗、凄冷与伤痕，都会消失无踪。

其实，在万物皆有裂痕之外，还可以这样理解：万物皆有光，无须借助照射进来的外在光线，万物本身都有各不相同的光，比如草木的温暖与馨香，粮食的饱满与庄严，田野的宽阔与旷远……以及，人与人之间的爱、承诺、信任、托付等等。

当你觉得，万物都会发光的时候，内心的孤独，便会不治而愈。

把弱点当作根据地

□周国平

我常用一句话勉励自己：把弱点当作根据地。我不擅长交际？好吧，那我就少去交际的场合，正好把时间节省下来多读点书。我太敏感？好，我就捕捉住心灵里的各种细微的情绪，把它们记录下来吧，于是有了诗的创作。我从小为必有一死而痛苦？好吧，我就直面这个痛苦，一定要把生死的道理想明白，不知不觉走上了哲学的道路。弱点是限制，而限制有一个好处，就是给你的力量规定了使用的渠道，就像河岸给溪流规定了奔涌的渠道，而这本身就已经是在突破限制了。

所谓弱点，是用社会的眼光衡量的，许多这样的弱点，用文学的眼光衡量却是优点。敏感就是如此。不论哪一代的青少年，必有一些格外敏感的心灵，情感世界的一阵小风会使之战栗，一场小雨点会留下深深的印记。和同龄人相比，他们有许多隐秘的欢乐，同时也有更多隐秘的痛苦。你说他们经不住风雨？不是的，正因为存在这样的心灵，情感世界的风雨才有了价值，没有浪费在无声无息之中，而是催放出了诗的花朵。

每一个人的长处和短处是同一枚钱币的两面，就看你把哪一面翻出来。换一种说法，就每一个人的潜质而言，本无所谓短长，短长是运用的结果，用得好就是长处，用得不好就成了短处。

我对人类弱点怀有如此温柔的同情，远远超过对优点的钦佩，那些有着明显弱点的人更使我感到亲切。

人皆有弱点，有弱点才是真实的人性。那种自己认为没有弱点的人，一定是浅薄的人；那种众人认为没有弱点的人，多半是虚伪的人。

人生皆有缺憾，有缺憾才是真实的人生。那种看不见人生缺憾的人，或者是幼稚的，或者是麻木的，或者是自欺的。

正是在弱点和缺憾中，在对弱点的宽容和对缺憾的接受中，人才能幸福地生活着。

谁也不欠你的

□马　德

人总是习惯于寻找心理上的某种匹配。

小说《飘》中，斯嘉丽是塔拉庄园的富家小姐，艾希礼是十二橡树庄园的公子哥儿，在斯嘉丽看来，他们俩才是最匹配的婚姻伴侣。所以，当艾希礼意外地宣布要娶另一个女孩梅兰妮时，斯嘉丽无论如何也想不通。因为，在她看来，艾希礼应该娶的人是她啊。

这个世界，多少人痛苦，只是因为心底里深埋着两个字：应该。

这笔钱，本应该我得，却进了别人的口袋；这个职位，本应该自己拥有，却被他人巧取豪夺；这份荣誉，按道理无论如何也不会旁落，却最终与己无关。每个人都在“应该”中找到了自己，却又在每一次失落中迷失着自己。

人要活在自己的心理预期里，这是一种匹配暗示。但生活不总会给自己所预期的，这是一种无果回应。

于绝望处，可以看到痛苦和愤怒，也会看到深执和狭隘。

生活不会按常理出牌，意思是想告诉所有人，这个世界，没有那么多“应该”。一个人把“应该”当成一种逻辑，实际上很不应该。

人生所有的结果，有的是命运强加的，有的是自己逗惹的。

太阳东升西落，看似每天重复，却在重复中包含着无限可能，甚至还包含着某种神奇。就像《基度山伯爵》中，含冤关在依夫堡地牢里的男主人公唐泰斯，绝望至极的他就要绝食自尽了，突然听到了地底下挖掘的声音，他与一个想越狱的人——神父法利亚相遇了。也正是因为这样的相遇，才让他成了基度山伯爵，才有了后来荡气回肠的复仇。

也许，有人并不情愿接受莅临于自己的种种。但生活不会因为谁的喜恶，而改变了已有的可能。已经到来或尚在路上的事，无所谓对与不对，岁月会以自己的方式，解释其中的必然性和合理性。

以此，让每一个人看到时间的公正、博大与不可抗拒。

这个世界，谁也不欠你的，也不存在“应该”“不应该”。有时候，淡然是最好的接受。

转转

□王太生

转转，是一种笃定悠闲状。抑或，心不在焉，走走看看，边走边看。

吃过饭，住所附近转转，消食，节奏不紧不慢；也是一种家园里的灵魂散步，闭上眼睛，熟悉周围的一草一木。

三月少闲田，雨燕绕梁飞。一个农人，在田埂上转转。春暖花开时，是吹吹风，察看庄稼长势；夏天听蝉鸣高柳，闻柴门临水稻花香；若是秋天，站在收割后的水稻田中央，天地明净，泛着秋光，与一季作物拱手道别；到了冬天，一夜大雪，天地混沌，循几只雪泥鸿爪，推门而出。

转转，在一个人的领地。从前，我乡下的姨爹是个残疾的退伍军人，在战争中失去了一只手臂。姨爹虽说坐在家里拿工资，是村里少有的旱涝保收的人，可他闲不住，帮生产队看鱼塘，大多时候，即便是家中来了客，他也要抽空溜出去，在河坡上转转。那时候，河坡上长着黄豆和芝麻，河里荷叶田田，姨爹晃荡着空袖管，身影出现在河岸上。

乡下人转，城里人也转。乡下人到田埂转转，到打谷场转转，到村头转转，到集市上转转；城里人到公园转转，到广场上转转，到街坊那转转，路上遇到几个熟人，打声招呼。

有想出去走走的冲动，心里还有诗和远方。上个月，我的邻居朱大爷想去苏州转转，朱大爷说，苏州好啊，温柔之乡。朱大爷记得他上一次去苏州时才30多岁，一晃40年没有去过了，朱大爷想去苏州。

转转是一个人的小品，它不需要太深太远的思考，也不需要宏大的阔步。

我以前喜欢看火车，哪怕不乘车，只要有机会，我会到火车站去转转。钢轨是通往世界的天梯，我喜欢那种气势，它要去远方，哪怕是辆绿皮慢车。

友人于二，闲时喜欢到老水关转转。老水关，是这座城市的水城门，从前城外的船到城内，必须经过老水关。于二在老水关上转，他总觉得从前的船上坐过一位美人，在船过水关时，冲岸上微笑。船进城时落帆，出城升帆，不知道那些人后来去了哪儿。

俗事缠身，是需要抽出身来，到别处转转的，一个人自己放牧自己。

落雨天，打一把伞，在雨中的世界转转，顿觉天地草木清新。

我到上海，喜欢到那些民国老建筑的周围转转，那些老房子里一定有过很多故事，里面曾经住过什么人？又有着怎样的陈设摆布？这些都引发一个路过者的好奇。

转转是一个人走路，它不同于散步，有探望的意思。一个离家多年的人，回到家乡，他要去看望老同学、老朋友、老街坊，他要去转一转老街道、老城墙、老茶馆、老澡堂，以及他小时候玩过的地方，走进一座城的精神肌理。散步，则是放松心情，与并不相识的人擦肩而过。

转转，一定范围里的漫游，没有天涯孤旅的开阔，也不是旷野上思想者的散步，它只在小世界里，看看人家院子逸出的花草，墙头挂出的石榴，看着看着，一个人心里喜欢。

翻几页泛黄的线装书，看几张古画，是到古代街市、城廓转转，古代有好多美食，散着袅袅热气，也有好多店铺、房屋、桥梁、城楼、车、骡、马，市声喧嚷。

到古诗里转转，会遇到“七八个星天外，两三点雨山前。旧时茅店社林边，路转溪桥忽见”。

到一些老地方转转，有人走屋空，物是人非的感觉。

我在这座古城，喜欢寻找旧院里的老植物。在那些古宅里，发现了七百年的紫藤、八十年的紫薇、一百年的枸骨树，它们分别呼吸在巷子深处的不同人家。

转转的标准姿势，是晚风中披一件布衣，倒背着手，一言不发，有地老天荒之感的独自踱步。

它没有“前不见古人，后不见来者”的独步怆然，却有着自己世界的亲切。

人和墙

□许厚全

郭子仪被封为汾阳王，赐建王府。某日出门时，他嘱咐筑墙工匠：“好筑此墙，勿令不牢！”工匠回答说：“几十年来，京城达官家的墙都是在下所筑，从来只见主人改换，而墙依旧完好。”郭子仪闻之怆然，当即上朝坚决向皇帝请求告老还乡。人有荣宠盛衰，岂如物之坚牢。炙手可热时保持清醒很重要。

我们终究是不一样的

□蒋曼

代沟这个东西是必然存在的，它让处于不同年龄阶段的人真的好像活在两个世界，如今，它更加繁密。

辛辛苦苦在厨房里把一条大鱼剖开，去了鱼鳞，挖去鳃，对自己的手艺颇为得意，这是我从小练出的技艺。女儿在一边看见了，用一种惊讶的眼光看着我，不满地说："想不到，你是这样的妈妈，好残忍哟。"而且宣布从此不再吃鱼。

我都不敢给她说外公外婆会杀鸡，她乡下的爷爷每年都要杀猪！让她知道这样的家族技能，她会不会从此把我们视为潜伏于人间的恶魔？

乡下的表姐也很苦恼，现在的孩子当真心善得让父母难做呀。家里喂的鸡鸭羊，孩子们不准杀，不准卖，说是要保护动物。表姐说："难不成，我一个乡下人还要开家动物园。"杀个鸡鸭，孩子们都要伤心落泪。表姐忧心忡忡，心善是善，可人还得吃饭呀。搞得大人卖个鸡鸭羊，不但不敢让孩子帮忙，还要偷偷摸摸，避着他们的眼线。

女儿天性怕水，学了好几个暑假的游泳，也只会蛙泳，而且必须要戴泳镜才愿意游，因为眼睛稍微有点水，她就紧张得不行。我让她把头抬出水面游，她很是不满，说那不是游泳的标准姿势。这种对规则的死板认同让我大伤脑筋，本来当初学游泳是为了获得一门生存技能，但看她现在的固执，我无奈地说："难不成，以后落在水里了，你非得要有一副游泳镜才能游得起！"她也觉得荒谬，可依然坚持必须戴游泳镜才游泳的规矩。

现在小孩子练的童子功，是钢琴、轮滑、乐高玩具、标准的蛙泳，而我们的童子功是杀鸡、剖鱼，外加可以救命的狗刨式。

生活的背景发生了太大的变化，只是每天翻篇时，忘记了日复一日之后就是长年累月。这些在丰富文明和物质中成长的孩子，彬彬有礼，遵守规则，内心纯净。我们也乐于向他们展示精心建设的美好世界。但是，有时候你种下的花，不一定会开出想象的样子。

女儿买了一辆新自行车，让她周末把车放在家里。自行车棚没人看管，家在二楼，车也不重。本想搞个安全教育，提醒她小心自行车被盗。结果，女儿义正词严，说我心理阴暗，"现在还有谁来偷自行车呀？到处都是共享单车，你竟然怀疑我们小区的人？"她嘲笑着我的经验。结果，一周之后，自行车成功丢失。

我倒是有点幸灾乐祸，只是这教训并不便宜，还不知道沮丧的女儿到底能反思出什么道理。也许她会说："不能以偏概全，一叶障目。"现在的小孩，批判和颠覆的功力如与生俱来一样娴熟。

在街边的时装店买衣服，老板喊500，我看了看，随便还了一个价300，春天都要来了，你卖一件，少一件，好进新货。老板倒是爽快，心里略一盘算，松了口："那你再加点。""差不多了，你这是人造棉的，洗得不好，棉都滚在一起了，说不定穿不了几次呢。"老板下定决心："好，成交。"回头看看一旁的女儿，满脸的厌弃和不满，一走出服装店，就对我大加抨击："你太狠心了，人家的店铺有租金、人工、水电，肯定要贵一些嘛。你这样砍价太可恶了。"

我一下子火了："我的钱难道不是辛苦挣来的吗？我又不是抢她的衣服，给的价格，她不能接受，就不卖。如果她愿意卖，说明她这个价格卖得出来。吃我的，用我的，还胳膊肘往外拐，不为妈妈节约了钱高兴，还视我为黄世仁，可恶的大反派。想不到你是这样的孩子！"

想起我小时候，为了给家里减轻负担，放学时常去捡煤渣，所有的旧书、报纸、牙膏皮，都是欢欢喜喜拿去卖了的，父母得大钱，我拿小钱，买个棒棒糖，甜到心里去。

我们坐在高高的谷堆旁边，听妈妈讲那过去的事，这是过去的童话。

在大城市的霓虹中，白莲花云朵里的月亮早已消失，我们和孩子隔着相当漫长的岁月。不是时间，是不同的成长背景，我们现在彼此一无所知。

那些把兔子、猪、羊当作宠物养的孩子，他们认识图片上许多动物。他们喜欢的自然是整齐的树林、干净的草坪和美丽的鲜花，生机勃勃，芳香扑鼻。我们不一样，我们从真正的旷野中成长，看到过幸福的晴川，也害怕过黑夜中奇怪的声响。被狗追着跑，把猫撵上树，抓得了黄鳝和泥鳅，被蜜蜂叮一个红包。在真正的田野上，我们从不敢过于放肆。

城市正成为巨大的温室，孩子们那种属于本能的原始野性生命力在文明的洗涤中消失。我们的生活经验似乎再不能传承下去，即使在同一空间，所有的告诫交错着过时。我们终究是不一样的。

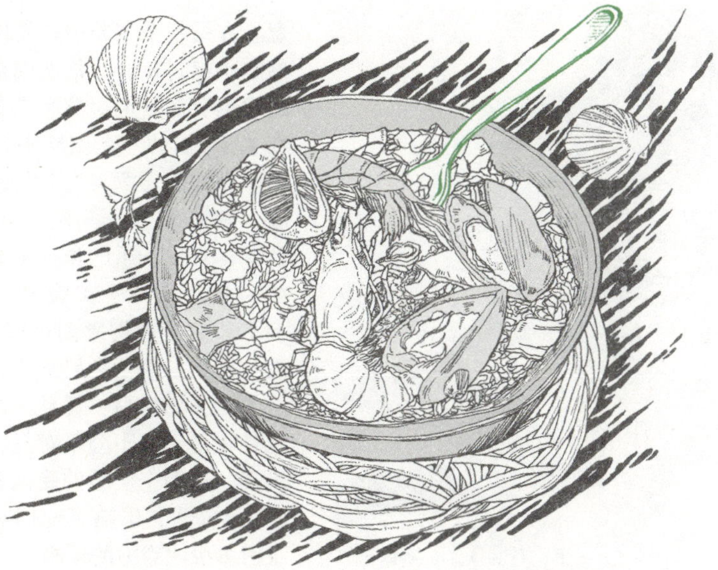

白饭之魅

□米丽宏

一餐饭中，饭与菜，何为主，何为次？

在宴席上，饭，一般被称为主食；然而它总在宴席的尾声，才姗姗上来。那时，美酒肴馔已占据胃肠，饭往往成了陪衬。大家也总象征性地来几口，压个轴。

饭，的确是最养人的东西。一方水土养一方人，大江南北饭不同：南方人吃白米饭，类似于北方人吃馒头面条，也类似于西北高原吃特色面食……一餐一饭，化成人的血肉，供养着人的生命。漂泊时，它抚平你心头的创伤；安逸时，它像你初恋时分的纯洁思想。

旧时好多有传承的人家，吃饭有个规矩：一桌子琳琅佳肴前，先吃三口白饭。长辈一代代教诲：第一口必须先吃饭，而绝不能没吃饭就夹菜。

这个规矩有来历。明朝的一部养生专著《遵生八笺》中说到，一位僧人，吃饭总是先淡吃三口：“第一，以知饭之正味。人食多以五味杂之，未有知正味者，若淡食，则本自甘美，初不假外味也。第二，思衣食之从来。第三，思农夫之艰苦。”

我想，三口白饭，是提醒你：食之本，在饭；饭之味，为源。饭味为正味，正味恬淡素朴。一碗白饭的味道，是百味之基。饭之甘，更在百味之上。其甘，是符合自然之道的味，是粮食本身的甘，其美，是得自日月山川的美。

它滋养人身，也颐养人心。

清朝名臣曾国藩的家书，被人称为“中国古代成功学四书”之一，他于同治十年（公元1871年）十月二十三日写给弟弟：“吾见家中后辈体皆虚弱，读书不甚长进，曾以养生六事勖儿辈：一曰饭后千步，一曰将睡洗脚，一曰胸无恼怒，一曰静坐有常，一曰习射有常时（射足以习威仪强筋骨，子弟宜学习），一曰黎明吃白饭一碗不沾点菜。”

这封家书的主题堪称曾氏养生六要，其一便为“黎明吃白饭一碗不沾点菜”。早餐白米饭，不加佐菜，调料也无，只一大碗白花花的米饭吃下去。

乾隆时期书画大家郑板桥，也有一封写给弟弟的家书道：“来书言吾儿体质虚弱，读书不耐劳苦……则补救之法，唯有养生与力学并行，庶几身躯可保强健，学问可期长进也。养生之道有五：1.黎明即起，吃白粥一碗，不用粥菜；2.饭后散步，以千步为率；3.默坐有定时，每日于散学后静坐片刻；4.遇事勿恼怒；5.睡后勿思想。”

两人的修身之道，有惊人的相似之处，特别是黎明一碗“白饭”等四则，几欲雷同了。那白米饭，不咸、不甜、不辣、不酸，平淡，质朴，近乎无味；然它化之于天然，最慰肠胃，以活脏腑，调顺血脉，使一身流行冲和，百病不作；而那些膏粱厚味，咨口腹之欲，极滋味之美，穷饮食之乐，虽肌体充腴，容色悦泽，而酷烈之气，内蚀脏腑，精神虚矣，安能保全太和？是以，善养生者养内，不善养生者养外。

而日餐一顿白饭，坚持下来，或许会渐渐习惯这种素淡口味；由一碗白饭，渐渐引发开去，便可思考社会，思索人生。它打开了内心追求的一条通道。基于“淡”处看世界，人便能拨开障目枝叶，看到阔大森林；便可拨开云雾缭绕，看到生活本质。

为人处世，借着这“淡”的品味，会清醒很多。

所以，古人日餐一碗白饭，自有其深意：它不仅于养生层面裨补于人，于做人的层面，也是一种打开与启迪。在习惯养成的过程中，一碗白饭，会为修炼清美人格、提升人生境界，供应源源不断的秘密能量。

识得正味，安于正味，面对光怪陆离的重口味，才会不羡、不贪、不陷。人生之正味，亦在一碗白饭中了。

两种方式

□天　空

爱因斯坦说：“只有两种方式度过你的人生，一种是把什么都不当奇迹，另一种是把什么都当作奇迹。”

毫无疑问，前者是一种死气沉沉、浑浑噩噩的生活方式；后者则是一种生机勃勃、天真烂漫的生活方式。但是，第一种方式是大多数人的选择，第二种方式是极少数觉醒者的幸运。

精致的独处

□［美］斯蒂芬妮·罗森布鲁姆

人们多年以来一直认为，比独自用餐更糟糕的事，就是在公共场合独自用餐。借用社会学家欧文·戈夫曼的话说，你是一个“孤单者”，不是“合群者”。他还说，在公共场合，“合群者”比“孤单者”拥有更多的保护、选择和自由。

在1984年的电影《纽约教父》中，史蒂夫·马丁（美国电影男演员、喜剧演员，《纽约教父》的男主角）走进一家热闹的餐厅，告诉领班“我一个人”时，领班回问道，“一个人？”然后，音乐、刀叉碰撞的声音、愉快的闲谈都消失了，整个餐厅瞬间鸦雀无声。每个人都转过身来盯着他。经过一段显得相当漫长的静止后，领班终于说“先生，请跟我来”，一束冷光打在马丁身上，追着他，直到他在人群中间的一张桌子落座，周围的人依然目瞪口呆。

独自用餐的惨状在2015年的电影《龙虾》中更是体现得淋漓尽致。在一个人类找不到配偶就会被变成动物的世界里，单身者聚集在酒店的舞会大厅，被迫观看一系列宣传性的幽默短剧，其中包括一段“独自用餐的男人”。剧中的男人喉咙中卡了东西，窒息而死。在随后的短剧“与女人一起用餐的男人”中，男人的喉咙里又卡了东西，但是这次，坐在对面的女人采用了海姆立克急救法，救了他的命。观众鼓起掌来。

人们对于他人如何看待自己，表现出超乎寻常的焦虑，以至于研究人员为此专门提出了一个新概念：“焦点效应”，灵感来自《纽约教父》中那段一人用餐的痛苦。“人们会高估其他人对自己的行为和外表的关注度。”康奈尔大学心理学教授托马斯·D.季洛维奇及同事在《性格与社会心理学杂志》中写道。他们做了一系列关于外表和行为的研究，最终得出了这个结论。其中一个实验中，受试者穿上印有好看图案或尴尬图案的T恤，并预测他们会吸引多少人的注意。在另一个实验中，受试者被要求参加小组讨论，预估他们正面或负面的评论会对其他组员产生多大影响。在关于T恤的一个实验中，受试者穿上印有他们愿意与之关联的人像的衣服，比如鲍勃·马利（牙买加唱作歌手，雷鬼音乐的鼻祖）或马丁·路德·金。另一个实验中，受试者穿上了印有令他们感到难堪的图像的T恤，比如巴瑞·曼尼洛（美国创作歌手）的头部特写。暂且不论曼尼洛先生是否受到了不公平对待，研究人员发现，这两个实验的受试者都因为过度关注T恤，影响了他们对于自己会吸引多少注意力的预测。

小组讨论的实验也得出了类似的结果。在评估对于小组讨论的贡献时，受试者高估了他们的陈述对其他组员的影响。研究人员表示，“第一次约会时‘明显的’失态，在队伍前笨拙地绊倒，或者在演讲中误读了一段重要的话，每件事都看上去非常丢脸，让我们难以释怀。但是很多时候，其他人根本没注意。”

这一规律对于独自用餐是否适用呢？社会科学家、加州大学圣芭芭拉分校心理学与脑科学学院学术委员会成员贝拉·德保罗已经在探索这个问题的答案了。为了评估人们对独自用餐者的看法，她和位于夏洛茨维尔的弗吉尼亚大学的几位同事，让四个二十多岁的人（两男两女）和四个四十多岁的人（两男两女）去一家餐厅，拍摄他们的照片。随后用软件将照片处理成多种场景，每个人都被改成了独自、与异性或与同性一起进餐。研究人员用软件进行处理，而不是安排他们在不同的场景拍照，是为了确保在每张照片中，无论是独自进餐还是和他人一起，每个人的面部表情和姿势都是一样的。德保罗解释道，必须确保不会因为就餐者的姿势和表情变化而影响人们的判断，这一点非常重要。

随后，她和同事们带着照片来到当地的一家购物中心，调查了上百名路过的成年人，让他们通过看某位就餐者在特定场景下的照片，判断那个人为什么会出去吃饭。如果照片中的

你需要的不是一匹马

□张君燕

克努特·汉姆生是挪威著名的作家，他出生于挪威一个边远小村的农民家庭。15岁时，他就开始独立谋生，在一家农场干活。汉姆生从未接受过正规的教育，但他思维特别活跃，对于生活里的一些事情他都有独特的见解，有时还试着把它写下来。

有一年夏季，农场主储存的一批苹果出现了一些问题，如果不及时出售就会坏掉，这对农场主来说是一个非常大的损失。农场主便雇了一些马夫，让他们驾着马车把这些苹果全部运送出去。几天过去，苹果才运出去一小半，农场主非常着急，他让马夫们扬鞭策马，提高速度。马车的速度确实提高了一些，但效率仅仅比原来提高了一点。农场主又向其他农场借来一批快马，这批马果然跑得非常快，速度几乎是原来马车的两倍。然而，想要在限定的时间内把苹果全部运送出去，还是非常困难。

这天，农场主围着马车不停地咒骂着，可是马和马夫都已经疲惫不堪，无论如何也不可能再提高速度了。“这可怎么办？再过几天，这些苹果就全部坏掉了！”农场主急得团团转。这时，汉姆生突然灵机一动，说道：“马车不行，为什么不用其他方式来运输呢？比如汽车？”一句话让农场主跳了起来：“对呀！我只看到了身边的马车，为什么没想过用汽车呢？”后来，农场主立刻去外面租来几辆大货车，短短两天时间内，便将所有的苹果都运送了出去。

见此，汉姆生突然深有感触，他也对自己做了一个决定：开始正式写作。他发现，自己真正需要的不是打零工赚钱，而是努力去实现写作的梦想，因为只有写作能带给他心灵的快乐和满足。后来，汉姆生成为著名的作家，在获得1920年的诺贝尔文学奖后，他笑着说：“人生中的很多时候，我们需要的也许不是一匹跑得更快的马，而是一辆汽车。”

人在独自进餐，研究人员就会询问那些路人，他（她）为什么这样做。一部分人说“他很孤独”或“她看起来很郁闷”，其他人则非常乐观，甚至有点向往，比如“享受少有的安静时光”和“他生活稳定”。

当受访者看到两人共同进餐的照片时，出现了负面解读（这对夫妇一起吃饭“是为了好好聊聊，因为需要修复他们之间的关系”或他们想要“远离孩子们”）和正面解读（男人想要“和他的妻子一起吃饭，度过愉快的时光”和“他们喜欢在一起”）。

德保罗是“单身生活”这个领域重要的研究者和作者，但她从未在科学期刊上发表上述研究发现。这是为什么呢？因为结论显示，人们对于独自进餐者的看法，与对有餐伴的客人的看法没什么不同，德保罗称之为“无效结果”，她觉得科学期刊并不会对此感兴趣。客人的年龄、共同进餐者的数量，同性或异性，都不会影响人们的判断。

“我们完全没想到，竟然没有发现任何差异。”她解释道。在开始这项研究时，她认为打算独自进餐的人会担心别人将他们视为“失败者”。她说：“人们的确会鄙视独自进餐者，但当人们看到两人共同进餐的照片时，也同样会贬低他们。”

所以，还有什么理由妄自菲薄呢？

闲时看花去

□潘玉毅

唐代赵州有位从谂禅师，主持柏林禅寺四十年，主导过一桩有名的公案——吃茶去。

据说，当时有两个和尚不远千里跑来见他，请教何为禅道。从谂禅师问其中一个和尚："你以前可有来过这里？"和尚回答："未曾。"从谂禅师说："吃茶去。"回头他又问另一个和尚："那你呢？"和尚回答："我曾有幸到过这里。"从谂禅师道："如此甚好，吃茶去。"这一顿操作，别说这两个和尚，连寺院的监寺都听得一头雾水："来过、没来过你都让他们吃茶去，这是何道理？"从谂禅师唤了声监寺的法号，监寺答应了一声，禅师说："吃茶去。"

这桩公案后来换了个名字，叫"禅茶一味"。然则，不管叫什么，看过风景方知景美，吃过茶水方知茶味，个中的滋味讲是讲不来的，禅亦如斯。

不只问禅、吃茶，看花也是这样。现代人看花，颇有几分"赶场子"的味道：国花园的牡丹开了，就跑去洛阳看牡丹；鸡鸣寺的樱花开了，就跑去南京看樱花；太子湾的郁金香开了，就跑去杭州看郁金香……其实，花哪儿没有呢？东岸西岸、南山北山，小区的公园里，公司的花坛里，老家的院子里，我们每日上下班路过的道路两边，都有花在开，所缺的不过是一个有心的看花人罢了。

人有时就是这样奇怪，宁可乘飞机、坐高铁跑到很远很偏的地方去看一株花开，也不愿意把目光停留在眼前，看一看身边的花海，还堂而皇之地说"熟悉的地方没有风景"。其实，并不是熟悉的地方没有风景，只是日日看，觉得厌了而已。

许多人每日里朝九晚五，做着重复的工作，过着相似的日子，早已消磨了对生活的热情。他们有意无意地封闭了自己的"六识"，无论看到什么，听到什么，都视而不见、听而不闻。看到花不知是花，看到风不知是风，甚至连人间的四时也都模糊了印记。然而，这并不意味着生活不值得付诸热情。

这个世界，春夏秋冬，各有各的美好，草木虫鱼，各有各的可爱，你不去看，不去感受，永远也体会不到，但当你靠近它们、融入它们，学会用它们的视角打量这个世界，便能感知到它们的美好。"路遥知马力，日久见人心。"物与人本质上没有任何分别。

《传习录》里王阳明先生曾说过这样一段话："你未看此花时，此花与汝同归于寂。你来看此花时，此花颜色一时明白起来，便知此花不在你的心外。"花也好，树也好，山也好，云也好，它们与人无关，又与人有关。说它们与人无关，是因为欣赏也好，不欣赏也好，花该开时开、该落时落，不会因为人的态度而改变，其余事物也是一样。说它们与人有关，是因为同一件事、同一个人、同一道风景落在不同的人眼里会呈现不同的状态，引发不同的联想。

如果我们放慢了脚步，睁大眼睛观察，竖起耳朵倾听，当可发现春天的花和夏天的花并不一致，秋天的雨和冬天的雨也各有韵味，所以无论什么时候去看花，无论什么时候去赏雨，以什么样的姿态去，与谁同行，感受绝不相同，而这正是生活的本来面目。

一声蝉噪，两句鸟语，三五成群的蛙鸣，桌上菜肴，纸上红尘，白头发的读书人，以及你所去过的每一个地方，邂逅过的每一个对象，从某种意义上来说，都是你所欣赏的"花"。"看花去"，换一种表达，就是提醒人们要多留意身边的美好。

无论好坏，善待便是

□余秀华

一年里，秋天是最具植物性的。一个人年轻的时候多半是动物性的，只有老了，才从灵魂里生长出植物的根须。有了植物性，大地从容，生命也从容了：一个枝条垂到地面，不过是弯曲起来重新向上；一个人跌倒了，不过是爬起来，继续走路。生命就是这样一个过程。无论好坏，善待便是。所谓善待，就是你跌倒的时候根本不需要看四周有没有拉你的人，而是已经用这个观察的时间爬了起来。

白发

□冯骥才

人生入秋，便开始被友人指着脑袋说：“呀，你怎么也有白发了？”

我听罢笑而不答，偶尔笑答一句：“因为头发里的色素都跑到稿纸上去了。”

就这样，嘻嘻哈哈、糊里糊涂地翻过了生命的山脊，开始渐渐下坡来。或者再努力，往上登一登。

对镜看白发，有时也会认真起来：这白发中的第一根是何时出现的？为了什么？思绪往往会超越时空，一下子回到了少年时——那次同母亲聊天，母亲背窗而坐，窗子敞着。微风无声地轻轻掀动母亲的头发，忽见母亲的一根头发被吹立起来，在夕照里竟然银亮银亮，是一根白发！这根细细的白发在风里柔弱摇曳，却不肯倒下，好似对我召唤。我第一次看见母亲的白发，第一次强烈地感受到母亲也会老，这是多可怕的事啊！我禁不住过去扑在母亲怀里。母亲不知出了什么事，问我，用力想托我起来，我却紧紧抱住母亲，好似生怕她离去……事后，我一直没有告诉母亲这究竟为了什么。最浓烈的感情难以表达出来，最脆弱的感情只能珍藏在自己心里。如今，母亲已是满头白发，初见她白发的感受却深刻难忘。那种人生感，那种凄然，那种无可奈何，正像我们无法把地上的落叶抛回树枝上去……

当妻子把一小酒盅染发剂和一支扁头油画笔拿到我面前，叫我帮她染发，我心里一动，怎么，我们这一代生命的森林也开始落叶了？我瞥一眼她的头发，笑道：“不过两三根白头发，也要这样小题大做？”可是待我用手指撩开她的头发，我惊讶了，在这黑黑的头发里怎么会埋藏这么多的白发！我竟如此粗心大意，至今才发现才看到。也正是由于这样多的白发，才迫使她动用这遮掩青春衰退的颜色。可是她明明一头乌黑而清香的秀发呀，究竟怎样一根根悄悄变白的？是在我不停歇的忙忙碌碌中、侃侃而谈中，还是在不舍昼夜的埋头写作中？是那些年在大地震后寄人篱下的含辛茹苦的生活所致？是为了我那次重病内心焦虑而催白的？还是那件事……几乎伤透了她的心，一夜间骤然生出这么多白发？

黑发如同绿草，白发犹如枯草；黑发像绿草那样散发着生命诱人的气息，白发却像枯草那样晃动着刺目的、凄凉的、枯竭的颜色。我怎样做才能还给她一如当年那一头美丽的黑发？我急于把她所有变白的头发染黑。她却说：“你是不是把染发剂滴在我头顶上了？”

我一怔，赶忙用眼皮噙住泪水，不叫它再滴落下来。

一次，我把剩下的染发剂交给她，请她也给我的头发染一染。这一染，居然年轻许多！谁说时光难返？谁说青春难再？就这样我也加入了用染发剂追回岁月的行列。谁知染发是件愈来愈艰难的事情。不仅日日增多的白发需要加工，而且这时才知道，白发并不是由黑发变的，它们是从走向衰老的生命深处滋生出来的。当染过的头发看上去一片乌黑青黛，它们的根部又齐刷刷冒出一茬雪白。任你怎样去染，去遮盖，它还是茬茬涌现。人生的秋天和大自然的春天一样顽强。挡不住的白发呀！

开始时精心细染，不肯漏掉一根。但事情忙起来，没有闲暇染发，只好任由它花白。染又麻烦，不染难看，渐而成了负担。

一日，邻家一位老者来访。这老者阅历深，博学，又健朗，鹤发童颜，很有神采。他进屋，正坐在阳光里。一个画面令我震惊——他不单头发通白，连胡须眉毛也一概全白；在强光的照耀下，蓬松柔和，光明透彻，亮如银丝，竟没有一根灰黑色，真是美极了！我禁不住说：“将来我也修炼出您这一头漂亮潇洒的白发就好了，现在的我，染和不染，成了两难。”老者听了，朗声大笑，然后对我说：“小老弟，你挺明白的人，怎么在白发面前糊涂了？孩童有稚嫩的美，青年有健旺的美，你有中年成熟的美，我有老来冲淡自如的美。这就像大自然的四季——春天葱茏，夏天繁盛，秋天斑斓，冬天纯净。各有各的美感，各有各的优势，谁也不必羡慕谁，更不能模仿谁，模仿必累，勉强更累。人的事，生而尽其动，死而尽其静。听其自然，对，所谓听其自然，就是到什么季节享受什么季节。哎，我这话不知对你有没有用，小老弟！”

我听罢，顿觉地阔天宽，心情快活。摆一摆脑袋，头上花发来回一晃，宛如摇动一片秋光中的芦花。

当至爱选个无用之物

□梅 莉

某次和朋友们一起K歌时，惊讶地发现平日低调的森先生成了麦霸，歌唱的水准令人惊艳，简直像专业训练过的歌手，深情款款，字正腔圆，绝无半点他说话时夹带的口音。特别是献给他太太的那首《当你老了》，让人感动到想落泪。

于是，我问森先生是不是学过唱歌，他说没有，只是坚持多年的一个爱好而已。为什么爱上唱歌呢？有个非同寻常的原因。那时，他第一次创业失败，就以建造师的身份在一家公司打工。有一天他加班回家晚了，加上他买的房子又偏远，地铁不通，打不到车，就坐上一辆黑车。结果路上出了事故，黑车与一辆大货车相撞，他在车里被撞得弹起来，前额碰到车顶，后又因为反弹力后脑勺狠狠撞到座位后背，眼睛陷入一片黑暗，昏迷几分钟后才苏醒。黑车司机说自己家贫才出来挣点外快的，遂向森先生求情，不走保险，让他千万不要报警。他心一软，念及同在魔都打拼的异乡人的艰难，想想也就罢了。事后他被查出有脑震荡，一个月后有耳鸣声，像小鸟无时无刻不在"啾啾"鸣叫，这让他情绪很崩溃，看了很多医生未果，都说车祸后耳鸣是治不好的。其间他还曾得过一次焦虑症，在医院住了几个月，后事都交代好了。

后来，森先生想以后怎么办呢？人生得硬着头皮往下走啊。积累几年的工作经验，他又开始了第二次创业，终于柳暗花明，他赶紧在交通便利的市中心买了房。只是工作非常繁忙，每天都开车奔波在路上，乏味单调，他就一边放音乐，一边跟着放声高歌。几年下来，他学会了数百首歌。在K歌软件上，他每录制一首，都赢来无数粉丝点赞。森先生说，他要去学吉他，余生一定要创作出一首自己的歌，自弹自唱自嗨。

原来每张云淡风轻的脸上都有过不为人知的过往，起先不理解森先生为何一直戴着耳机，谁知他是用音乐来对抗耳鸣呢。

如果说音乐是救森先生于水深火热之中的话，那叶玲则纯属热爱。她本在某行工作，现在的银行竞争激烈，压力倍增。前上司每天的晨训及布置的根本完不成的任务像个巨大的阴影笼罩在叶玲头顶，她每天上班如临大敌，再加上有两个同事先后被查出患有恶性肿瘤，吓得她赶紧提前退休保命要紧。退休第一天叶玲就去报名学唱歌，后参加各种合唱团，因她人美歌靓，四处演出。最近她又参加了市里的一个唱歌比赛，最终进入了决赛。自退休后学唱歌以来，她越过越年轻，气色也红润起来，与之前的灰头土脸有云泥之别。她说人生自五十岁始。

前阵子因为妈妈动手术，我压力大到难以入眠，忍不住重新下了个K歌软件（多年前下载又卸载），曾经的我不也是校园"歌手"吗？花一下午时间录了两首上传到网上，说我打败了全国95%的人，竟也有人送花、评论与点赞，感觉就像小孩子得到糖果一样开心。

我喜欢的音乐人张亚东先生说过这样一段话：曾有个朋友对我说，人活着应该有至爱，但不能选择一个活物，爱一个人，她可能会变心，爱一个宠物，它可能会死，你一定要选择一个不会离开你的东西。我选择的是音乐。

人活着要有至爱，来对抗生活中突如其来的困境，至爱通常选的是那些无用之物，然而，它带给人的快乐与慰藉真是物质所不能给予的辽阔与神奇。

这个夏天我又有了一个新的至爱，我列了个待学歌单。不如唱歌。

每个人都是“唯一之花”

□［日］渡边和子

经常做比较的人，很容易成为极端自卑的人或极端自负的人。和自己完全一样的人，在全世界，即使是全宇宙，也找不到一个。奥地利哲学家马丁·布伯说：“这个世界上新诞生的婴儿，是此前谁也没见到过的新事物，是带着独一无二性诞生的。在其出生前，没有与其相同的人；在其死后，也不会有同样的人出现在这个世上。如果出现了，那个人就没有出生的必要。那个人是唯一的、独一无二的人，他有知道这一点的权利。”

我们总是拿别人和自己做比较。如果看到优秀的人，请不要沮丧，以他为目标努力吧。“我想成为像他那样有同情心的人”，“我想成为像他那样努力的人”。自顾自的沮丧，没有任何意义。要是遇到比自己还差的人，那该怎么办才好呢？那时候，就把他当作反面教材吧。“注意，不要像那个人一样说出伤害别人的话。因为他伤害了我，我感到非常痛苦。”

我喜欢“我以外皆师也”这句话。虽然我长时间任教，但我从我的学生、小学的儿童、幼儿园的孩子以及家长的身上，都得到过教诲。人不能忘记“我以外皆师也”这种谦虚的心态。

我是我，别人是别人，每个人都具有独特性。正因为我是这个世界上唯一的、拥有名字的、不可替代的“唯一之花”，所以不必去模仿其他人。如果要做比较的话，就把他人当作努力的目标或是作为反面教材来看好了。你保持你自己的样子就好，没有成为其他人的必要。另外，如果你觉得他人和你的想法一样的话，那就犯了个大错误。每个人都是独一无二的个体，怀着尊敬之心，学习该学习的地方，丢弃该丢弃的地方吧。

4分钟的“奇迹”

□韩大爷的杂货铺

1954年之前，在4分钟以内跑完1英里（约1609米），被认为是不可能发生在人类身上的事。不论是医生的推断，还是生理学家的实验，都判定4分钟跑完1英里已是人类的极限。各大赛事上的选手们，也不断证实着这个观点。他们像被诅咒了一样，有人甚至跑出过4分1秒，但始终没人能突破4分钟的大关。

罗杰·班尼斯特站出来说：“我觉得跑进4分钟不是不可能的，我会证明给你们看。”当时他的最好成绩不过4分12秒，所以没人把这话当回事。他不断训练，成绩一点点进步，4分10秒，4分5秒……然而一直卡在了4分2秒。一些专家和运动员说：“你看，不相信科学吧？”可班尼斯特不管，反倒投入更疯狂的训练中。1954年5月6日，他再次挑战1英里，用时3分59秒抵达终点。

有趣的是，在“奇迹”发生之后，全世界的运动员仿佛集体开窍了。6周后，一名澳大利亚选手跑出了3分57秒9。第二年，共有37名选手在4分钟以内撞破终点线。1956年，全世界已经有300多名运动员可以轻松突破“4分钟预言”。但从1954年到1956年，世界田径运动无论在训练技术上，还是在运动装备上，其实并没有长足的发展。

当我们不知道或不相信一些概念时，这个世界就好像以“我们不知道或不相信”的样子存在着，一旦我们感知到或相信其存在，它就又像我们已经知道的那样继续往前发展。命运本身就有无数种，它很客观。所谓主观能动性，就是看你挑其中哪一种去实现。

如何遇见更好的自己

□岑峡

几乎每个人，尤其是当他年轻的时候，都有一个愿望：在未来遇见一个更好的自己。然而很多事情事与愿违，事实上，如果今天不做出改变，未来就更难改变。

有这样一个实验，一组调查对象被要求选择一场当晚观看的电影，另一组则要选择后3天每天晚上要看的电影。这个调查显示出一个有趣的模式，选择今天的电影时，两组人都选了轻松愉快的爱情片、喜剧片和动作片；而要选后几天（明天或后天）晚上要看的电影时，人们会选择比较严肃的经典电影，比如《辛德勒的名单》。

研究者发现，人们总是把要付出努力的事情放在未来。在白天人们总会说："今晚我要看一部有趣的电影，明天我会看一部我该看的有深度的电影。"可是到了明天时，人们还是想找乐子，只要可能的话，他们还是会找一部轻松搞笑的电影来看。

我们总是对于未来的行为过度乐观。以为明天会更成熟、更理性，也更有作为。商家对这样的盲目自信乐不可支，因为他们知道可以利用人们的这种认识来赚钱。美国马里兰大学的经济学家劳伦斯·奥苏贝尔做过这样一个实验：他给消费者呈现了信用卡公司所使用的两种不同的促销方式，并且分析了消费者的反应。第一种卡最初6个月的利率很低很诱人，只有4.9%，但6个月以后的终身利率为16%；第二种卡诱惑利率稍高，为6.9%，但6个月以后的终身利率要低得多，为14%。

如果消费者是理性的，那么他们会选择终身利率较低的信用卡，因为终身利率将适用于大部分债务。然而实际情况并非如此，奥苏贝尔发现，选择第一种信用卡的消费者几乎是选择第二种信用卡的3倍。

造成这种现象是因为我们认为未来会和现在不同，而且通常会变得更好，而最终的结果就是我们今天大手大脚地花钱，把还钱的事情推到以后。当我们制订财务计划时，我们期待遇到一个崭新的、经过完善后的自我。我们并不真正关心银行会在6个月后或两年后要求我们支付过高的利率，因为我们认为自己很快就能还清债务。然而这些时间过去后，我们仍然是债务缠身。

当我们去健身房时，我们也同样会认为自己能够坚持锻炼，在半年或者几个月后，就能遇见一个更健康、身材更苗条的自己。当我们缴纳了不菲的入会费用之后，我们发现锻炼是一件多么艰苦的事情，很快我们就放弃了。

这种心理误区甚至导致了2007年的美国次贷危机。当时的华尔街在考虑一个问题，怎么样才能让没有能力还款的人也申请房贷？他们想到的办法就是"诱惑利率"。这些住房抵押贷款的利率几乎都是浮动的，但是其中绝大多数又都有一个为期两年的诱惑利率。这些诱惑利率都被定得很低，通常为5%，然而优惠期之后将会飙升到11%。这种做法导致了大面积的断供潮，最终引发一场全球性的金融危机。

"遇见更好的自己"是个良好的愿望，但是人们做出改变的能力比他们自己认为的要差得多。因此，如果你真的想在未来遇到更好的自己，除非你从现在就开始行动。我们生来就感觉明天会和今天不同，但如果你不立刻采取改变的步骤，今天的状况就是明天的缩影。

余烬

□郭华悦

用过柴火灶的人都知道，一锅饭菜的精华，往往是在余烬阶段完成的。用柴火灶煮饭菜，最忌讳的就是熟透。看着熟了，这才停下来不再添柴火，做成的饭菜往往过了火候。若汤菜还没熟透，就不再添柴，将余烬拢一拢，盖上锅盖，人到别处忙去，等回来后揭开锅盖，汤菜还咕嘟嘟冒着小泡。那温软的味道，仿佛在鼻尖上跳跃着。这就是余烬之妙。

用柴火灶熬汤炖肉，还有煮饭，没有余烬，是出不来悠长绵柔的味道的。如今，缺少的恰恰是余烬。不管在饭店，还是家里头，常常是用大火爆炒菜肴，一副急吼吼的样子。煮熟的菜肴，全靠细致的调味料，品尝起来，美则美矣，但总少了那么一点悠长的后劲。而这种后劲，要余烬温熬才能得到。一道菜，一个人，都是一样的道理。

尝试刻意练习，做有硬实力的行动派

很多人羡慕所谓的天才，希望能像他们一样优秀。那些被称为天才的人，确实取得了很大的成就，但他们并不是在一夜之间做到的。他们努力的过程并没有被看到。实际上没人知道他们在背后付出了多大努力。往往，你付出更多，才能得到更多。

他总是能骗过死神

□拾遗

2019年第91届奥斯卡奖揭晓，《徒手攀岩》获得本届奥斯卡最佳纪录长片奖。这部纪录片，讲述的是攀岩之神亚力克斯·霍诺尔德徒手攀登美国优胜美地酋长峰的故事。

有一个人，知道他名字的人很少，但当你在百度输入他的名字“亚力克斯·霍诺尔德”时，会自动弹出“亚力克斯霍诺尔德死了没”。

不是很多人想亚力克斯死，而是亚力克斯从事的运动实在太危险。这项运动便是位居世界十大最危险户外运动之首的徒手攀岩。

尽管从事这项运动的死亡率高达50%，但亚力克斯依然甘之如饴。他说：“人生在世，就应该以最大热情追求自己喜欢的事，哪怕为此付出生命！”

1985年出生的亚力克斯，被很多人称为“疯子”。他的疯狂，在于他坚持的这项运动。

看到他攀岩的图片，你可能会这样惊叹：“看得心都跳到嗓子眼了。”“看得我脚趾都抓紧了。”“我手心都出汗了！”“简直是疯了，太恐怖了！”

徒手攀岩，意味着不用任何辅助工具，也没有任何安全保护措施，在陡峭光滑的岩壁上，只有攀登者自己和呼啸的山风，绝不允许出现任何失误。一旦失误，惩罚就是失去生命。

1913年10月，登山家保罗·普劳斯，徒手攀爬奥地利曼德科格尔峰北脊时从高处跌落。1993年5月，攀爬大师德里克·赫西，徒手攀爬美国优胜美地国家公园酋长峰时，从半空垂直跌落……

亚力克斯生于美国加州，从小好动，成天爬树、爬墙、爬屋顶。妈妈发现他这个特点后，带他去了一个攀岩俱乐部。

11岁的亚力克斯第一次接触攀岩后，就喜欢得忘乎所以。从此，每周5天，他都骑车11千米到俱乐部练习。

攀岩并没耽误学习，19岁的他以优异成绩考入排名世界前十的加州大学伯克利分校。但上大学后不久，亚力克斯的爸爸就去世了。亚力克斯向妈妈提出退学：“我不喜欢大学，我对学的东西没什么兴趣，真正让我有激情的是攀岩。生命太短暂，我不想浪费在不喜欢的事情上。”妈妈考虑两天后，同意了。

亚力克斯弄来一辆房车，从此吃睡就在车里，像羚羊一样迁徙，寻找适合攀登的岩壁和天气。

2008年，亚力克斯只用4小时，就登上了著名的“半圆顶”岩壁，而其他攀岩者得花两天时间才能上去。

2012年，亚力克斯只用两小时多一点，就登上了著名的酋长峰，而其他3名攀爬者采用围攻方式，也用了几十个小时。

亚力克斯就这样创下许多惊人的世界纪录。

“一旦上路了就回不了头，必须一口气攀爬到山顶，不能说中途没力气了、状态不好，或者感到恐惧就算了，这样的话，基本就和死神见面了！”

峭壁之上，亚力克斯每一步行动都格外小心，先将石灰粉抹在下一步抓点上，然后用手去感觉岩石的摩擦力。反复实验，直到身体和心理达到一个启动“阈值”，然后果断地把自己交出去。

“在攀爬中，我能将精神封装保护起来，形成独立的精神领域，防止多想别的东西。”

有人问亚力克斯为何要从事这么危险的运动。“因为喜欢啊，这跟任何人选择一个兴趣一样。这辈子你做的每件事都包含或多或少的风险。关键在于，你愿意在什么事情上冒险，或者说，你愿意选择过怎样的人生。我喜欢徒手攀岩，就要爬得完美无缺。为之冒险，我甘之如饴。”亚力克斯这样回答。

很多人都认为：他这么玩命，肯定没有老婆吧？要不怎么不阻止他！事实上，他不仅有，还有一个孩子。

并不是说妻子和母亲支持他去“送死”，一是如他妻子所说：“如果不让他攀岩，他活着也等同于死去。”二是如他母亲所说：“生命太短暂，容不得浪费在不愿意去做的事情上。”

当然，亚力克斯也凭借攀岩赢得了很多赞助，他不但让家人过得富足，还成立了一个基金，专门帮助世界各地的贫困者。

很多人都觉得他简直就是“神”，亚力克斯却说：“我无非就是比你们多了一些无所畏惧的勇气而已。”

这个世界上，总有那么一些“怪诞的人”，会像亚力克斯一样，敢于为了心中所爱，去尝试一切在他人看起来不可能的事情，于是他们成了亚力克斯、乔布斯，成了比尔·盖茨、马云。

以亚力克斯的一句话收尾吧：“如果有一天，你找到了自己所热爱的事情，请一定一定要给自己一个机会，再用所有热情和时间去坚持。因为只有站在高处，才能看到更美的风景。”

用诗写留言的女孩

□宁 白

从山上看普蕾雅号游轮，才发现，它白色的身姿是瘦瘦的、长长的，此时，正优雅、闲适地静卧在多瑙河畔。我坐在宽敞通透的观景房，听着音乐，看两岸的风景，一点都没觉得船的狭小。有几次回房间，遇见保洁女孩的推车占了大半通道，才觉得终究是一艘行游于河上的船，窄了。但是，这位保洁女孩会表达歉意，面带微笑，挺真诚的样子。其实，船体的宽窄与否，和她无关。

这条多瑙河上的游船，专门接待中国游客，属于欧洲一家游船公司，可容纳一百五六十位客人。船上除了船长和水手是奥地利男人，其他的服务员，都是来自中国大陆的男女青年。十几天的航程中，这位清理房间、打扫厕所的保洁女孩，时时展露出她单纯而阳光的笑容，在其他酒店里，很少见到。她几次向我们问好后，妻子便对她颇有好感，见到她，就会招呼：辛苦了！

游轮在斯洛伐克首都布拉迪斯拉发停靠后，船上几乎所有的客人，都去了布拉迪斯拉发城堡。已近千年的城堡矗立于一片起伏的丘陵之上，橙色的屋顶下，是通体洁白的外墙，秋阳普照，圣洁而温暖。一大片缓坡的草坪围绕着城堡。

是草地青翠的绿色和那高而无比宽大的白墙，引发了一位同行女士的奇思，她走上前去，身体靠着白墙，右脚踩着草地，左腿略为弓起，张开双臂，脸仰向太阳，修长的体形，裹着蓝与白的衣裤，我突然感觉，出现了一幅画面！瞬间，把这一画面定格在了手机上。

照片上，那大片白，犹如苍穹，绿草地像在地球之巅，人在苍穹之下显得弱小，似乎在向上苍呼唤，或者在向宇宙表达人间的欢愉。我一时兴起，把这张照片，冠以“自然之子”，发送到朋友圈，立刻引来了围观，有说哲理摄影的，有说不愿受赤橙蓝绿诱惑的。我有点小小的得意。

我回到舱房，见保洁女孩在打扫洗手间，便向同伴在走廊上“显摆”这张照片。“地球”“苍穹”“自然之子”的字句，在我嘴里不断蹦出。保洁女孩问妻子，叔叔是搞什么工作的？怎么讲得这么好啊？妻子给她看了这张照片，她说，拍得真漂亮！

后来，妻子告诉我，这孩子是青岛人，大专生，经过考试后到船上工作，有一次她蹲着擦地，见到我，抬头就是笑脸。两天后，我们从岸上回来，发现桌上一张船用便笺写着这样的留言：

我们说长生不老地久天长，我们说青山不老白雪为头，我不知道青山何时所始、何时所终，但并不耽误青山在我心目中的美。

小冯在瓦豪河谷的小随笔

这是一首小诗。此时，游船正航行在奥地利境内被列入世界文化遗产的瓦豪河谷。小冯是谁？我问妻子，妻子说，不会就是那个保洁女孩。我去总台一问，果然是她。

一个每天忙于收拾客房的女孩，还与游客有诗感交流的心思，是这美丽的瓦豪河谷引发了她的诗情？如此，她一定是个敏感而有文化向往的女孩。

我把女孩的留言，拿给旅伴们看，说，一张照片引出了一首小诗，给我们的旅行增添了文化气息。众说纷纭：这女孩看着也就二十来岁，活儿还做得真干净；那天让她送一块肥皂，几分钟就给送来了。

几天后，正好有半天时间在船上休息。女孩过来打扫房间，我便笑着问她：“小冯，你怎么想到要给我们写下这样的留言呢？”

她迟疑了一下，有点吞吐地说：“船开在多瑙河上，我天天看着两岸漂亮的景色，又想想我做的是这样的工作，有时，心里会有点难受，就写下了这么几句。”

这几句留言，哪里能看出她心里的难受？是曲意表达，还是意犹未尽？女孩的心思，总有不可名状的隐秘。

妻子赶紧说：“大家都夸你工作好，都喜欢你呢！”

她眉宇之间有了些舒展。

我立即接上：“每个人的成长路径都不一样的，你正年轻，又有文化，以后会有无数的机会。阿姨给你看过那张照片，其实，我们每个人都是大自然的孩子，只要我们不愧对上天、大地，就要开开心心过好每一天。”

她点点头，认真地说：“是的，叔叔，谢谢您！”

我们合个影吧，纪念我们相识，也感谢你给我们的留言。

房间外的阳台上洒满阳光。女孩穿着黑色工作服，手戴蓝色的橡皮手套，眼睛看着多瑙河对岸遥远的地方，在阳光下，显得明朗又有几分娇媚。妻子看着照片自言自语，一个挺端庄的山东姑娘。离开房间时，我对女孩说，你看多瑙河上的太阳，每天都是新的。她回眸一笑。

船至维也纳，停留了两天。我们去市中心听了一场音乐会后，整个旅程就结束了。两天里，我们上船下船，直至最后离船，再也没有见到过小冯，这位给我们留下了诗句的保洁女孩。

微精通胜过1万小时

□［英］罗伯特·特威格尔

1

每当看到有人秀出技能：一盘好菜、一个精致的木雕、一块完美的蛋糕，甚至一杯层次分明的酒，我都羡慕不已。我也曾想过学钢琴、吉他、书法或者绘画，有朝一日可以在朋友面前露一手，但一想到艰辛的练习过程，我便知难而退。

人们认为那些都是很了不起的技能，难以学会。但如果运用微精通理论，从细微处开始入门，然后逆流而上，或许能探究得更多。

我第一次体会到微精通的威力，缘于一位主厨。他说，做一道简单的菜才是对烹饪技艺的真正考验，比如做煎蛋卷。

果真如此？我决定改变以往的学习顺序，尝试一下。不是先用1万小时来学习基础烹饪知识，然后在煎蛋卷时运用，而是直接开始做煎蛋卷。做了许多次后，我在这件事上进入一种奇妙的境界。

其实，这类似小时候的学习方法。

那时，我们并不理解事物的基本原理，只觉得一件事情够酷，就去学了，然后就会了，之后再去学另一件事。

我的父亲是一名教师，在我小时候为了鼓励我学习，他说，如果我能解释晶体管的工作原理，他就给我买组装收音机的配件。本来兴致高昂的我，立刻没了动力。我知道怎么做收音机，且乐在其中，可解释工作原理对于我来说，困难而陌生。

这便涉及做一件事情的入门阶段。在微精通中，一个重要的概念就是“入门技巧”。它是一种方法，会增强任务完成的效果，使人得到即时回报，让我们的体内产生有益的化学物质，让我们感受到温暖和美好。

2

在某些微精通的实践中，入门技巧的占比很大，是整件事情的主要组成部分；而在另一些实践中，它只是给你足够的动力来推进任务。平衡垒石便属于前一种。

你可能在沙滩上见过一些石头雕塑家垒石头。他们将圆形石头和极小的石头，以一种看似不可能的方式叠在一起并保持平衡，非常神奇。我第一次看到时，以为石头是用胶水或金属杆连接起来的。一个小男孩把它们撞倒了，当我试图帮忙再垒起来时，一位雕塑家向我展示了其中的入门技巧。

任何石头都可以平稳地垒上去，不过得先在底层的支撑石的一面上找到三个相邻的凸起，它们可能很小，几乎看不到。实际上，凸起越小越好。这三个凸起在同一水平面上形成三角支撑，使另一曲面物体能嵌入其中，让接下来的垒石得以实现。

有人会寻找石头上的平面来堆叠，那并不可行，因为自然界中没有什么东西是真正平的。

平衡垒石不仅好玩，还是一种完美的微精通，是一项完整的实践活动。如果你愿意，它可以带你进入更广阔的雕塑和户外艺术世界。

3

匈牙利心理学家米哈里·契克森米哈赖提出了一个含义更广泛的概念——“心流”：当我们抱着极大的兴趣全身心地投入一件事情时，时间仿佛停止了。微精通可复验但不会重复，它包含了所有能使我们进入“心流”状态的要素，这种状态能带给我们极大的满足感。

你有没有这种感觉，学一样东西，总会在上了几堂入门课后便半途而废；几年后，在试图给别人讲述你当初所学时，你怎么都想不起来了？但实现微精通后，你就不会这样重蹈覆辙。

半途而废、无法实现目标的阻力多是失去动力、心烦意乱。若在学习过程中，特别是在完全自学的情况下，不能取得一系列微小的成功，便极易丧失信心甚至放弃。如果实现微精通，那么情况就大为不同了。它使你得以和很多事物产生关联，并能获取重要反馈。这样一来，在某种定义下的、有限范围内的实验将极大地增强你的学习效果。

4

各领域的专家是能帮助我们深入

精湛，是世上最铁的饭碗

□游骑兵

有位朋友，本科专业是古筝，成绩优秀，也上过钢琴大组课，大学毕业后当了高中音乐教师。她很喜欢钢琴，平时常去网上找些钢琴演奏视频或曲子照着练习，自我感觉不错。

区里组织音乐教师基本功比赛，分为主专业、声乐、钢琴三门。她前两项分数很好，可每次都在钢琴比赛中败北。她仔细观察了钢琴专业老师的弹奏，发现人家的弹奏技巧就是和她不一样。她特地去请教，对方说，专业和业余的区别就是对演奏的理解和处理方式不同。

举个最简单的例子，琴键的触键方式不同，音色就会不同，很多业余爱好者并不知道这一点，他们追求的是弹奏的流畅和完整，其实弹出来音色一盘散沙，没有能力赋予演奏生命和情感。而专业人士除了更加了解钢琴演奏的客观规律，还会不断去学习最新的演奏技巧。

朋友恍然大悟，后来去上了钢琴专业辅导课，演奏理解力和水平突飞猛进。

璞玉般的资质，未经雕琢也难以生辉；而资质平平的人，只要肯足够长久专注地练习，也可能脱颖而出。社会分工越来越细，几乎所有职业都有其专业技能和奥秘。看似简单的工作，都未必简单。

一位美食节目导演曾讲过一个他拍纪录片时遇到的故事。有家餐厅是当地餐饮界的翘楚，几位外地厨师慕名而来学习餐厅大师傅的手艺。学习结束，大师傅请学员们吃饭，带着大家找了个煎饼摊。大师傅在煎饼摊亲自上阵，结果连续3张煎饼都不是很完美，有的甚至破了洞。大师傅停下来，语重心长地对学员们说：在你们看来，我已经是非常好的厨师了，但你们看我连煎饼都摊不好。餐饮这一行，博大精深，只要你专注一门技艺，就能有自己的饭碗。最好的厨师，未经长久的练习，也不能熟练地摊出好煎饼。而能摊出好煎饼，就能有自己的饭碗。

你拥有好资质，当然很好，但还得细细打磨某个领域的专业素养。你能走多远，你的专业素养说了算。

学习的极好资源。杜莎夫人蜡像馆的一位雕塑家告诉我，用黏土甚至橡皮泥制作人体头骨就是一种微精通，它将带你走上雕塑之路，创作出栩栩如生的作品。他还讲解了如何透过皮肤“看到”模特头骨的技巧。

绘画就是一个很好的例子。很多人断言自己不会画画，但其实通常是说他们画得不像别人画得那么好。

英国儿童文学作家、插画家舒·雷纳，曾为数百本童书画过插图。他建了一个网站，致力于帮助人们学画画。他强调，任何物体都可以分解成简单的形状，比如立方体、球体、圆柱体，可以分解成直线和曲线。“如果你能画一条线，那你就能画画。”他说。绘画就是画直线，然后画曲线。而曲线，正是画复杂圆形图案的切入点。

因此，寻找入门技巧就显得至关重要。它可使你的最初尝试高于新手的平均水平，引导你走向微精通的道路。

以微精通的角度看世界，似乎一切皆有可能。精美的书籍装订、瑜伽、踢踏舞或者坦克驾驶，这些技能都有自己的微精通。改变一生只能做一件事的观念，从微精通开始，全面赢回自己的生活吧！

无毅力 不屹立

□刘诚龙

曾国藩是个烟筒，是个烟鬼，是个瘾君子。他年少轻狂，不太学好，见到别人耳朵上夹根烟，大呼酷毙；嘴巴里叼根烟，吞云吐雾，招摇过市，反认地狱是天堂，本来烟鬼，自认烟神。跟很多人一样，白天不懂夜的黑，曾国藩少年时节也学过很多坏。

学坏容易学好难，学坏如流水，越坏越降底线，水流流得越快；学好如登山，越好越升高度，登山登得越慢。自然，大多数人是不爱爬陡坡，也不爱攀峭壁，平生只爱走平路，便为平常人。

学坏容易学好难，学坏了再来学好，难上加难。曾国藩少年学坏，学着抽烟，到了十七八岁，已是老烟民，俨然老烟枪，书不离手烟不离口。曾国藩抽的烟，或非旱烟，更难是香烟，可能性蛮大的是鸦片烟。鸦片烟若是上了瘾，比蚂蝗上了脚，麻烦多了；蚂蝗，抓起这头，那头又吸你血了，两头齐抓，蚂蝗也可以抓起；戒烟比捉蚂蝗困难，烟瘾在喉咙里闹，在肺腑间吵，哕又哕不出，捉又捉不着。曾国藩谈戒烟滋味：“初戒吃烟，如失乳彷徨。”好比小孩子肚子饿了想吃母奶，就是不让吃，嗷嗷叫，哇哇哭，叫也不得，哭也不给，气急败坏，心如猫抓。

“课续后，念每日昏顾，由于多吃烟。”烟提神不？烟昏魂。曾国藩烟与魂，不是魂牵着烟，而是烟牵了他的魂。曾国藩中进士，进了翰林院，他突然发现，他已被烟牵着了，人是支使烟的，烟却已支使人，这情形不行，“因立毁折烟袋”，啪，啪啪，啪啪啪，把烟杆折为两半，再折两半，还折两半，又啪啪啪，脚踢脚踏，把烟杆踩碎，踢出几丈远。曾国藩下决心：“誓永不再吃烟，如再食言，明神殛之。”天啊，雷公啊，地母啊，我如戒不了烟，打死我吧。

戒烟如同戒命，戒到痛苦难忍时节，眼泪鼻涕齐齐流：杀了我吧，给我根烟。“自戒潮烟以来，心神彷徨，几若无主，遏欲之难，类如此矣。”还戒不戒？戒。不戒不是人，不戒是畜生，“立志今年自新，重起炉治，痛与血战一番，暴弃一至于此，何以为人？何以为子？”若戒不了烟，我就不算人，“真禽兽矣。”

曾国藩立志戒烟，戒得甚彻底，余生再没吸过一根烟，人家递过来：新烟呢，最新产品——曾国藩一手将其扒开；人家递过来：洋烟呢，抽不到的——曾国藩脸别了过去；人家递过来：内部烟呢，指标相当难弄——曾国藩鼓起眼睛，你再递过来，我敲你脑壳。再大的诱惑，曾国藩都不再被惑。

这是与谁过不去？没与谁，与他自己。“截断根源，誓与血战一番”，曾国藩不是与人血战，不是与烟死磕，而是一辈子与自己进行伟大斗争。与人斗，其乐无穷，与天斗，其乐无穷；与自斗，其苦无穷，与己斗，其苦无穷。

人，或容易战胜别人，却很难战胜自己。钟馗打鬼，钟馗把鬼打跑了，你没能把自己打跑；愚公移山，愚公把山移走了，你没能把自己移走；黄河改道，黄河把道改变了，你没能把自己改变；你说你不再赖床，次日天亮，你在被窝里，公鸡没唤醒你，公公没唤醒你，太阳没唤醒你，你没唤醒你自己。

人，都有两个自己。两个自己是好友？多半是死敌。谁向谁输诚，谁向谁投降？往往是，吃苦输与享乐，学坏降与学好；精神败给物质，理想溃给现实；骨气赢不了骨头汤，怅寥廓，问苍茫大地，谁主沉浮？先前你立志主其席的，最后没战胜席梦思床。

“吾与吾纠缠久”，我与我交战久——我与我是一辈子都纠缠的，都交战的，你是你的战士，你也是你的敌人，你的战士一辈子都与你的敌人同在，你的敌人一辈子都与你的战士同存，你战胜了那个拖你腿的你没？你战胜了那个坏你事的你没？你战胜了那个丧你志的你没？

我们不缺智力，我们智力是越发高了，比曾国藩肯定要高，曾国藩说，他是资质驽钝的，先前吃的是什么啊，腌菜稀饭，我们吃的是什么呢，山珍海味，缺什么可以补什么，缺智力可以补智力；我们不缺物力，出有车食有鱼，要什么有什么，想干一件事，你不缺财力。你有干这事的智力，你有干

找回自信的方法

□［日］松浦弥太郎

进入高中前的最后一个假期，我每天都坚持奔跑。我决定在入学后加入学校的橄榄球部。那所学校经常代表日本关东地区参加全国大赛，是所名校。邻居家一个我非常崇拜的比我大两岁的哥哥在那里打橄榄球，于是，没有任何经验的我决定加入球队。

学校的橄榄球部以训练严苛闻名。我对自己没有信心，非常担心自己能不能在那里好好待下去，因为我知道橄榄球部里最不缺的就是集运动神经和体能于一身的“猛者”。

为了燃起信心，我努力想了许多办法，最终决定先开始练习跑步，因为橄榄球是一项需要不停奔跑的运动。

我想至少在开学前通过大量的运动提升自己的体能。我的体格并不出色，如果连长期奔跑的耐力都不具备的话，在“猛者”如云的世界里如何能够生存下去？来吧，跑起来。

我开始了每天长达10千米的跑步练习，并且在跑步中加入长短加速冲刺训练，同时加强腹肌锻炼，坚持做伏地挺身等伸展运动。日复一日，十分辛苦。但奇迹般地，我的不安越来越少，勇气和自信渐渐涌现出来。我想，入学前每天这样进行魔鬼训练的人应该只有我一个吧。

我感受到了自己体格、耐力上的变化。虽然只是我个人的感受，但那时，我几乎已经可以用冲刺的速度跑完10千米了。曾经那么害怕、不安的我突然变得充满力量。

进入橄榄球部后的初步练习就是跑步。果不其然，周围都是身强力壮的“猛者”，也不乏从中学时期就开始橄榄球运动的前辈。然而，即使再严酷的跑步训练，我也总能跑在最前端。看起来瘦削又弱不禁风的我，因为异常持久的耐力和速度，在当时高手如云的运动部里有了一席之地。我由衷地感谢自己开学前那段疯狂练习的日子。

沉浸在某件事情里，把它当成每日必做的功课，自信慢慢就会回来。

这事的财力，你把这事干成了没？你若没干成，那是你没毅力。

曾国藩拼死戒烟，他或没其他意思，他只是以戒烟的自己作战抽烟的自己，以此来检验自己的意志力。智力是力量，财力是力量，胆力是力量，魄力是力量，魅力是力量，诸力都在，独缺毅力，力量则无力。你走得多远，不是你起步跑得多快，而是你走路走得多长；你登得多高，不是你登山登得多猛，而是你登山登得多久；珠穆朗玛峰一直在长高，不是一天长的，百年才长几厘米呢。

曾国藩没太多天赋，却站得天高。他得力于智力？不，他得力于物力？不，他得力于毅力，得力于意志力：“凡人做一事，便须全副精神，注在此一事。首尾不懈，不可见异思迁，做这样想那样，坐这山望那山，人而无恒，终身一无所成。”这话平常，你很非常。然则，你耐不住你的平常，你就辜负了你的非常。

毅力的长度，便是屹立的高度。

无趣

□詹腾宇

当代生活很容易陷入无趣。

“太忙了”“没时间”成为生活无趣的托词，但即便时间充裕，很多人也学不会如何寻找快乐。

我们时代日常的无趣，包括但不限于：活动地点只有公司和家，话题中心总是车、房、育儿，用音乐软件只听日推，刷微博只盯热门，锻炼只选在健身房留影，舞姿来去都是那三两个，耳机里尽是烂大街的歌。

如你所见，单一，固定，被动，重复，却似乎不能不这么做。

翻译家朱生豪曾描述类似的状态：“是一种无事可做，即有事而不想做，一切都懒，然而又不能懒到忘怀一切，心里什么都不想，而总在想着些不知道什么的什么，那样的感觉。”

当你的生活呈现如上状况，就得警惕了：你是不是已经陷入差序格局的限制之中？是不是被原生家庭和年少时培养的生活习性和思维观念定型了？是不是觉得自己没有什么兴趣，且培养兴趣全然是多余的事情？是不是一闲下来就完全不知做什么好，以至于用无聊对抗无聊，成为劣质短视频、粗糙网游、爽文和床的俘虏？

无趣的人倒是振振有词：生活这么忙，节奏这么乱，忙而无趣，不正是不可避免的当代生活常态吗？

这其实并不是借口。

趣味是为人生定锚的重要元素

余光中在《朋友四型》里把人分为四型：第一型是高级而有趣，第二型是高级而无趣，第三型是低级而有趣，第四型是低级而无趣。大体来说，人应是得体在先、有趣在后，最起码也得给他人带来一些切实的快乐——至于那些处处不得体、无趣又不自知的人，离他们远点吧。

无趣的人与事总是无处不在。王小波在《思维的乐趣》中说，自己虽然活到不惑之年，但仍不知道“为什么有很多人总是这样地仇恨新奇，仇恨有趣”。人被管控和引导多了，认同的“正确活法”少了，生活在作茧自缚的狭小空间里，生命自然也就无趣了——问题是，王小波这篇文章写于1994年，20多年之后的今天，我们依然面临着许多人拒绝有趣、甘愿无聊的僵局。

明明可以比王小波身处的年代更容易追求“诗意的世界”，最后却只能车轱辘一般过完此世此生，这是巨大的遗憾。

有人总结了当下无趣之人的十种类型。

其一，好奇心与知识储备贫乏，只喜欢说自己喜欢的东西，一旦话题稍微展开，便会因肚里没货而陷入无话可说的窘境。

其二，习惯性地阻断好奇心，口头禅是“知道那么多有什么用”。这类人对“无用之术”的憎恶程度，堪比咒骂迟发工资的老板。

其三，不看书，也不喜欢了解新知提升自己，除非最近有什么跟切身利益密切相关又避不开的考试，或者是工作任务所需。

其四，对“人”缺乏兴致，也不热衷与人交流，觉得人是静态的、与自己同样无趣的，不想再联络老朋友或结交新朋友。

其五，口味单一，拒绝接受新菜式，也很少做各种生活习惯上的积极改变。

其六，拒绝旅行，对异地与不同文化习俗缺乏探究欲，安于在某个狭窄的生活圈子打转。

其七，不接触甚至抵触外国人与外国文化，固执于偏见且不接受更多元的观念。

其八，毫无脑洞可言，无法理解为什么会有一题多解，为什么有人可以天马行空地发散思维。

其九，过于钝感，无法感知甚至拒绝了解时尚与流行文化的走向，生命体验趋向于静止，经常在别人聊天玩梗时目瞪口呆。

最后，盲从权威。畏惧犯错、

不敢质疑，当他们身居高位时同样拒绝挑战与质疑，死要面子、尊严，活成传说中花刺子模国君的模样——给自己送来坏消息的人，通通拖去喂老虎。

新的时代本来就为所有人的活法提供了更多的可能性，互联网同时打开好与坏两道门，铺好通往美好生活和美好陷阱的不同路径。于是世人便有了“我们正走向天堂，我们都在奔向与其相反的地方”的两极分化。

通过这些路径，人们得以了解、接触和连结的有趣事物数不胜数，遵循其中某一条路径细细摸过去，总能窥见从未想过的辽阔天地。

很多人因为互联网时代提供的便利变得更为有趣，活成了自己意想不到的样子；但也因为互联网的过分便利，很多人习惯以爱之名对你过分体贴——犹如乐于帮你寻找人生道路的父辈。帮人定制这个那个服务，让人从一种狭隘走入另一种狭隘，变得钝感、不会选择，看山是山、照单全收，活成了被各路商家收割的目标用户的样子。接受这些服务的人可能并不愚笨，有些还是行业的佼佼者，他们只是缺少更多元、更丰富的趣味。

活着明明就是为了体验尽可能多的美好，而一样东西被设计出来并不只有说明书上的用法，时代给了如此多的便利，正是鼓励我们成为不一样的人，不是吗？

活得更开阔的老前辈

“世间再无王小波”，王小波的有趣、敞亮和卓尔不群，是我们至今不断念起他的原因。他在反思艰难过往时并不直抒苦情，在追求“人生有意思”的路上从未停歇，用语言诠释生命应该如何有趣和勇敢，并揶揄那些荒诞可笑的无趣行为。“假如这世上没有有趣的事，我情愿不活。有趣是一个开放的空间，一直伸往未知的领域，无趣是个封闭的空间，其中的一切我们全都耳熟能详。”

作家刘心武如是评价王小波：“他不谦卑，也不谦虚，当然，他也不狂傲，他是一个内向的，平和的，对自己平等、对他人也平等的，灵魂丰富多彩的，特立独行的写作者。”无论作为写作者还是人，在追求有趣、避免无趣时，都应如此。

作家汪曾祺同样以有趣著称：“活着，就还得做一点事。我们有过各种创伤，但我们今天应该快活。口味单调一点、耳音差一点，也还不要紧，最要紧的是对生活的兴趣要广一点。人不管走到哪一步，总得找点乐子，想一点办法，老是愁眉苦脸的，干吗呢？”

汪老的趣味，暖、细致入微、活灵活现。他虽然不是美食家，但他写高邮咸鸭蛋、萝卜、苦瓜这样的食物，做一道自创的“汪氏煮干丝”，把看似平凡的事物勾出让人垂涎的味道。若不是对地方文化的脉络、食物形状及搭配充满好奇，对生活有一种无关财富又宽厚无边的热忱，是写不出这样丰润、带着甜蜜滋味的文字的。所谓“世间最为普通的事物，平中显奇，淡中有味”，趣味全在生活看似不起眼的琐屑之中，有心人物尽其用，一件东西能把玩出多种味道，自然活得快乐活泛许多。

汪老有一句话很值得咀嚼：“世界先爱了我，我不能不爱他。”世界如何爱我呢？在当下，我们大可以理解为：世界已经提供了如此多有意思的事物，提供了这么齐备的探究工具，生产了那么多有趣的生活方式，正是我们平凡人生的极佳参考——此所谓“世界先爱了我”。既然世界如此慷慨且生命只有一次，我们应该尽可能去寻找更丰富、美好的经历，才得以不枉此生，不陷入无趣、无聊、无为之境——此所谓“不能不爱他”。

既然我们力拒无趣，那有趣到底是什么？

《如何成为一个有趣的人》一文的作者王小圈认为，本质上“有趣”是对精神世界深远的探求；我是主体，也是客体；我在观察，也被围观；我认识这个世界，世界也在认识我。我以有趣的灵魂展示给世界，世界也以有趣的面貌展示给我。有趣是interesting，也是interested，是让人觉得我有趣，也是让我对人生产生兴趣。

有趣有着许许多多具体的样式：

有趣是“无所求”。有人问，有趣到底有多重要？作家马伯庸回答：“当你以重要不重要来衡量有趣的话，那有趣也就无趣了。”

有趣是“全然的乐观”。马克·吐温笔下的少年哈克贝利·费恩，在颠沛流离中、暴风雨的夜晚，依然津津有味地看被闪电点亮的孤岛和随风摆动的树木，然后才沉沉睡去。

有趣是“没什么不可能”。药师寺宽邦不愿做和尚，跑去组乐队，却并不顺利。后来他静心回寺庙闭关两年，在重新审视自己的过程中，发现皈依佛教和音乐创作并无冲突，后来，他将之融汇成一种既救赎自己也救赎他人的新音乐形式。

有趣是“无聊出花来”。古龙笔下的无聊三侠燕七、郭大路、王动数窗下有多少根冰柱子：郭大路数过17次，知道一共有63根冰柱子，其中26根较长，37根较短；燕七数过40次；王动只数了3次，理由是“我要留着慢慢数”。

有趣是“怕来不及”。有些人总是焦虑时间太短，而想做、未做的事却太多太多，比如林夕为陈奕迅写的《阿怪》：“他常说日子过得太快/还没攀过乌拉山脉”“他常说日子过得太快/还没试过住在寒带”“他常说日子过得太快/还没亲眼见过鬼怪”，以及“还没试过亲身种小麦，来不及到北极看苔原带，来不及看一朵花怎么盛开。”

有趣是“没有终点”。50岁一样可以刷最新资讯、用最酷的电子产品、保持广泛的阅读，可以考驾照并大胆上路、熟悉微信新功能、活用淘宝甚至闲鱼、定期出国旅游……没人可以阻止你为更好更开阔的生活而努力，除了你自己。

美好的人生要跨越崇山峻岭，而有趣是通向山顶的一条景色最好的小径。

那一年，他们一起考进士

□张 勇

说曾巩是神童一点也不为过，史称他“十二岁能文，语已惊人”。其弟曾肇在《亡兄行状》中称其“生而警敏，不类童子”，而且记忆力超群，“读书数万言，脱口辄诵”。18岁时，赴京赶考，与随父在京的王安石相识，并结成挚友。20岁入太学，上书欧阳修并献《时务策》。欧阳修见其文笔独特，非常赏识。欧阳修说：“过吾门者百千人，独于得生为喜。”

有这样的才华，在“高考”的道路上应该一帆风顺，早中金榜吧？非也，这位曾大人直到39岁才考中进士，老复读生了。这真算得上是大器晚成了，要知道，唐宋八大家里面，苏洵不是进士，但培养了两个进士儿子，韩愈、柳宗元、欧阳修、王安石、苏轼五位大家全是20来岁中进士，苏辙中进士时才18岁。

那么，曾巩为什么屡试不第，奔四了才中进士呢？史书说因其擅长策论，轻于应举时文，故屡试不第。庆历七年（公元1047年），其父去世，他身为长子，只好辍学回归故里，尽心侍奉继母。说白了就是答题路数不对，没中。后来，家里又出了事儿，耽误了学业。

曾巩不到10岁，生母去世。不到20岁，父亲遭人攻击，没了官位，赋闲在家直到去世。曾巩的大哥曾晔，科举不中，也不得志；此外还有四个弟弟、九个妹妹，都还年少。家道中落，养家糊口的重担，都落到曾巩肩头，这帮弟弟妹妹的求学、嫁人，全靠他一个人。曾巩长年累月要为一家人的生计操心，就算再怎么有天赋，能有那么多的精力学习吗？白天挣钱养家，晚上挑灯夜读。终身大事也一直耽搁着，成了大龄剩男，到了而立之年才得以成婚。

不过，曾巩没有中断与“精神+学业”导师、文化界领军人物欧阳修的书信沟通，交流感情，接受指导。然而并没有什么直接用处，曾巩30多岁，跟着大哥一起再考，还是没中。

快到不惑之年时，曾巩才中进士。这在中国科举史上是最具传奇意义的一年，即嘉祐二年（公元1057年），这一回的进士录取堪称中国科举史上知名文化大家最多的一届：名家苏轼、苏辙，理学代表人士程颢、程颐、张载……那一年科举，曾巩不是一个人在战斗，他与他们家的一帮人并肩作战，结果是“一门六进士”：弟弟曾牟、曾布，堂弟曾阜，妹夫王无咎、王彦深，都与他同届进士。

要是范围再扩大点，这科的主考官是欧阳修，还有苏氏兄弟的老爸苏洵也跟着来了，一次考试就会集了唐宋八大家的五位，除了王安石，大宋朝最会写文章的都齐了。

这场考试还有个小意外。就发生在后来的大文豪苏轼身上。苏先生进入考场，考卷下来了，一看题目是《刑赏忠厚之至论》，就是“赏罚要厚道”。题目出自《尚书·大禹谟》里孔安国的注文：“刑疑付轻，赏疑从众，忠厚之至。”刑罚上有疑问，就从轻处理；奖赏上有疑问，就根据大多数人的意见来决定，这是最忠厚的做法。

苏轼读书，也是为了应试，他自己后来说过：“读书作文，专为应举而已。”对于应试经典，他已经相当精熟，知道这是儒家的观点，对于刑罚和赏赐，前者从轻，后者优厚，以显我大宋仁厚治天下之风。苏轼知道，主考官欧阳修老师最痛恨华丽花哨的文风，他主张写文章要浅显明白，用平实的文字表达深远的思想，所以，今天的作文绝对不能写得华丽丽。

结果，欧阳老师一看考卷，觉得自己在文化上后继有人，欢天喜地说了句：“这后生有出息。”不仅让主考官欢喜，而且还让主考官觉得是他的衣钵继承人，苏轼这一着险棋，算是赌对了。这时，副改卷官梅尧臣在旁边加了一句：“这考生的文字好像孟子。”须知，孟子是欧阳修的偶像，更得加分了。不过，欧阳考官又是个清廉怕嫌疑的人，担心这个考生是他的学生曾巩，犹豫了一下，就给了二等，排在了后面。后来才知道，这份卷子不是曾巩的，而是苏轼的。这欧阳先生举贤避亲，结果误伤了东坡先生啊。

这一科的举子们共有9人官至宰相，像大名鼎鼎的吕惠卿、章惇、林希。尤其是吕惠卿，王安石变法的第二号人物，协助王安石推行了很多政策，是一位极其出色的实干家，王安石盛赞他说：“惠卿之贤岂特今人，虽前世儒者未易比也。”

这些名人在这科的名次都不是很高，前三名是状元章衡，榜眼是窦卞，探花是罗恺。在浩如烟海的历史中，这些状元分数虽高，却都寂寂无名。

才华的来处

□张 炜

我们常常在阅读李白和杜甫的时候生出声声叹息，认为他们是不可企及的天生之才。也就是说，我们并不认为他们这种神奇的想象力，他们构筑诗章的能力能够从后天学来。无论那些研究李杜的学术文章从现实中找出多少根据和原因，说他们如何努力、环境如何帮助和影响了他们等等，也还是不能完全将我们说服。

什么是“才华”？这大概不能等同于“能力”。“才”是才情，“华”是光华，是放射出来的耀眼光芒。任何事物一到了放光的地步，就不再那么现实感和物质化了，而往往成为很神秘的让人惶惑的东西了。所以我们总是相信“才华”和“能力”有所不同。

李白和杜甫放射出天才的光芒，这样说有什么过分吗？一点都没有。

到底什么是“才华”，“才华”意味着什么，也许真的需要好好讨论一下了。我们之所以将李杜作为标本，是因为这样更方便，更能够切合问题的实际，能够讲个明白。“才华”是生命本身天生具备了的一种属性和能力。这种能力，它的总量，当然因人而异，有高有低，但无一不有。它由什么决定？为什么会有诸多的不同和差别？因为任何生命形成过程都要由无数神秘的、不同的缘由和因素规定着。比如说同样是两个人，都出生在同一天，他们的才能甚至性格却大为不同，这都是完全可能的。即便是孪生兄弟，父母遗传相同并占有相似的天时地利，他们从性格到能力也会有明显的差异。古今中外有很多人认为占星术并不完全是虚妄的，操弄者也并非是昏聩无知的人，还不能简单斥一句“迷信”和“唯心主义”就可以了结的。

生命从无到有产生了，这个生命拥有的才能，被赋予的能量和性质，在起始之初就已经固定下来。这是人的全部能力构成的一部分，另一部分将来自学习，来自生活经验阅历，等等。人上了大学，读到博士，会增加知识，促进能力，却不会过多地改变其他一些不可学习的东西，如审美力。

后天得来的帮助和先天具有的才能是有区别的。这就像我们在说李白特有的“顽皮”和“自由”，那一切显而易见是天生就有的，无论后天怎样制约，也不能从根本上改变它的性质。因为这是生命的属性。后天所学到的东西，往往要受人类行为的规范、文化的制约，那是在一种规范和系统里掌握的知识——这一切既是有用的，同时又可能伤害人的先天才能，伤害其良知良能。后天增加的能力和因素不完全是良性的，有一部分跟生命原初所具有的良知良能并不能兼容——跟创造生命那一刻的给予不能衔接，也就造成了伤害。

比如说人的辨别力、直觉力、感性把握力、向善力、通感等，大都是先天给予的，那么后天的学习当中，增加的某一部分却恰恰会遮蔽原初的东西。人的知识增多的过程当中，先天的才能时常要被限制和约束。从这个意义上讲，最有意义、最大最不可取代的才能，正是生命一开始就被赋予的那些元素——这些元素常常是无测的，自由流畅的，最富有创造力的。

从这个意义上我们会发现，李白和杜甫的不一样之处就在于，李白所表现的诸种才能之中，先天的成分似乎更大一些。李白许多超绝的诗篇、一些句子和意象，如“但见悲鸟号古木，雄飞雌从绕林间”“抽刀断水水更流，举杯消愁愁更愁”“月既不解饮，影徒随我身”……仿佛是随手抛撒的千古绝唱，却有十分奇异的思维，得来全不费工夫，不事雕琢之功。这给人的强烈感受就是“天成”，而不是青灯黄卷所得。这种敏感力、表达力和幻想力必是天生具备的，学是学不来的。凡是大才华真的让人有一种天生如此的感觉，这样说并非虚妄和夸张。这作为才能的一部分，恰恰是最重要的部分，也最珍贵。就艺术表现来讲，如果不任由这部分才华得到淋漓尽致的表达，那么不仅可惜，而且还一定会别扭局促令人不快。

从这个意义上进一步追认，会觉得所有的过分炫耀和看重个人才华者，都是极其浅薄的。因为说到底，这才华是创造生命时的原来赋予，它并不属于个人。如果一个人连这点自觉都没有，总是无限炫耀并时不时地骄傲起来，那将是浅薄的，而且他自己也会受到伤害。因为看起来一个人只是自傲一点，其实却反映出他对生命本身的觉悟水平。

我是个普通人，只不过得了两次诺奖

□圆的方块

弗雷德里克·桑格坚持认为自己是个普通人：智商一般，成绩普通，学生时期没拿过奖学金；靠不拿工资才找到了一份科研工作，实验台就紧挨着养小白鼠的笼子；一辈子只做了两三个课题，几乎没怎么发论文；更没有任何行政职务，甚至连个教授都不是。

但就是“如此普通”的一个人，却得了诺贝尔奖，而且是两次。

1

1939年，21岁的桑格本科毕业，走到了人生的岔路口，问出了那个年纪很多人都困惑的问题：“我将来应该干什么工作？”

打量一下自己，觉得做研究还蛮有意思，于是桑格写信给一些学校，看能否争取到相关的工作。

以桑格如此普通的简历，是难以打动各大教授的。他想了想，于是在求职信后面加了一句——“我不缺钱，可以不拿工资”。

嗯，桑格家有钱。如果不做科研，他就只能去继承万贯家产。

不出意料，教授们很欢迎这种自带工资的劳动力，纷纷给他递来橄榄枝。最后他选择了剑桥的一个实验室。

就这样，桑格开始了他的研究生涯。

2

桑格确实不是聪明人，起初他所能做的，只是跟着研究员一起做实验。

当时，桑格的实验室在地下室，终日不见阳光。而且因为跟人合用的关系，他的工作台紧挨着养小白鼠的笼子。然而，除了觉得“邻居们”味道不好，桑格对自己的实验室十分满意。

逐步适应了之后，桑格渐渐独立开展起了工作，而他的目标是给蛋白质测序。

受技术条件所限，当时人们对蛋白质的结构了解不多，甚至一度认为蛋白质是一种无序的高分子结构。

为了明晰蛋白质究竟长什么样，桑格选择了胰岛素作为研究对象。这一选择有两方面的考虑：一是因为胰岛素作为生物体内常见的蛋白质激素，具有极大的研究价值；另一个原因则是易于获得，胰岛素是当时市面上少数几种可以买到的纯净蛋白质。

桑格研究发现，胰岛素并不是一种无序结构，而是由两条长肽链组成，分别含有21和30个氨基酸。为了测定这些氨基酸的序列，桑格自己发明了一种试剂，可以把这些长肽链分解成只含有两到三个氨基酸的短肽链。随后，再通过一定方法确定每个短肽链的头尾次序。

这还没完，桑格还要将测序好后的短肽链重新拼凑回原来的长链，以最终确定整个胰岛素的氨基酸序列。

大体相当于把完整的拼图拆碎，之后蒙着眼睛再把它们恢复原状。

就这么拆解、测试、拼合氨基酸，如此反复，很难谈得上有多大的成就感。这个看不到尽头的拼图游戏，即使天真的孩童，也不见得能坚持很久。

但这项工作，桑格一做，就是10年。

“我很喜欢这项研究，不用跟别人攀比进度，只要做好分内之事就可以了。”桑格如是说。

结局当然是个励志故事，他成功了。桑格推翻了原本蛋白质是无序高分子的推论，证明了它其实是氨基酸的特定序列。这项研究极大推进了生命科学的发展，并给桑格带来了1958年的诺贝尔化学奖。

正如诺奖委员会对他的评价：“有些时候，重要的科学发现是突然出现的——如果时机恰当，而前期研究也足够成熟的话。但桑格的发现不属于这一种，测定蛋白质的结构是多年努力和辛勤工作的结果。”

3

一般来说，科学家的一生，从辛苦努力开始，到荣获诺奖结束，起承转合，接近圆满。

给蛋白质测序后的漫长10年，桑格在科研上几乎毫无建树。他没发表任何一篇文章，成果几乎空白。人们更加坚信了这样的猜测。

然而，桑格对外界的这些质疑满不在乎，还是老样子，默默做着实

有多少重头戏留给自己

□郭韶明

我见过会和自己玩的人。做形象设计的朋友，一个人的时候喜欢调动柜子里的衣服配饰，并发布每日装扮搭配心得。还有那个业余画家，如果开始画一定是一整天。我也见过不会和自己玩的人。那些刹不住车的人，总有一肚子苦水要倒。

最初，我们需要的是一群人的世界。生活里总有几个同伴儿，大家根本不在意玩什么，关键是和谁一起玩。我们大概不记得十年前的那个发小都陪你干了些什么，只记得你们恨不得每天都腻在一起。可最终，谁都要回到一个人的世界。

我发现和自己玩是一种习惯，这种习惯需要长线保持。身边有人说，我的书房有一半是给退休后准备的。也有人说，我就等哪天不工作了做点儿想做的。他们都没意识到，这些事未必要在未来的某一天正式开始，它可以在你生活着的周一到周末悄然登场，关键是你愿意给自己留出多少时间。

陪伴自己是个小话题。表面上它说的是你有多少技艺、多少闲情把时间填满，无论什么时候无论在哪儿，都能把生活过得风生水起。书面化一些，就是能在自我这个小环境里实现自运转。

陪伴自己也是个大话题。这个话题下深藏的是一个人有没有独立完整的自己，你不用眼观别人忙的那些事，也不用费心融入一些看似热闹的群体狂欢，只需保持独有的内心世界。

我相信那些年轻时代就擅长并乐于和自己玩的人，到了什么时候生活都不会无趣。而那些跟着外界走的人，到头来可能会发现走了这么多年，重头戏居然都不是留给自己的。

验，哪怕家中的抽屉里躺着一枚金色奖章。他现在的研究对象是DNA（基因）。

20世纪中叶，随着科学技术的发展，人们开始一点点地揭开DNA的神秘面纱。在这一浪潮中，最著名的无疑是克里克和沃森，他们如有神助般证明了DNA的双螺旋结构。

在此基础上，人们想更进一步确定DNA的组成。当时的学界已经探明了DNA由四种核苷酸排列组合而成。如果能解析这些核苷酸的顺序，势必能更为深入地解读人类这一本天书。

桑格现在的工作，就是给DNA测序。这项任务要比蛋白质测序难很多。主要因为在序列的数量上，一条DNA上的核苷酸数量要比胰岛素中氨基酸数量多几个量级。

面对如此艰巨的挑战，桑格的应对策略只有一个——埋头实验。

用他自己的话说，“科学家主要有三个能力：思考、交流和行动。我比较擅长最后一个，思考也还行，但是不太会交流”。

为了这个课题，他推掉了几乎所有的行政职务，包括研究所的主席、课题组的负责人，或是项目的评审专家，等等。

那个时期，桑格的实验记录本上，出现最多的结论是“这个方案就是浪费时间……得从头再来”，心酸程度如同一个为毕业挣扎的研究生。

命运倒是不亏待勤勉者。从测序蛋白质后，经过近20年隐修般的工作，这位自认并不聪明的科学家，终于开发出了一套高效的DNA测序方法，名为“双脱氧链终止法”，后来被称为“桑格法”。

通过这种方法，桑格带领他的团队成功完成了一种噬菌体的基因测序，其间共测定了5386个核苷酸。而之前，人们所能测定的核苷酸数量，最多只有80个。

随后，这套方法逐渐演变成了世界通用的DNA测序手段，并为浩荡的“人类基因组计划”拉开了帷幕。

1980年10月，一通来自瑞典的电话，再次在桑格的案头响起。

因为“打开了分子生物学、遗传学和基因组学研究领域的大门”，弗雷德里克·桑格获得了当年的诺贝尔化学奖。

4

同你想的一样，双份诺奖加持的桑格，仍然活跃在实验室中。

只不过他意识到自己的极限，“DNA测序是我科研的高峰，随后的工作只是在走下坡路了”。

1983年的某一天，桑格突然感到自己已经够老了，于是停下了实验并宣布自己退休。

他放下了移液枪，从此离开了实验室，离开了科学。

桑格拒绝了女王的封爵，搬到乡下小屋，一心打理起了花园。

2013年，95岁的弗雷德里克·桑格在睡梦中离世。一个“普通人”，安然结束了一生。

幸福也是自酿的

□毕淑敏

第一次认得“酿”这个字，它和“酝”肩并肩，相依为命。不过跟在它们俩身后的，是“会议”和“人选”这样正襟危坐的词。所以，我觉得“酝酿”是很严肃的行为。

后来才知道，酝酿本是家常事情。“酝”的繁体字，偏旁还是“酉”，只是右边为“温暖”的“温”字之一半，意思就是温热和暖。“酿”的繁体字，左边也还是“酉”，右边是个“襄”字，指的是包裹容纳之意。这两个字连在一起，描述的是在谷物中放置酵曲，让谷物慢慢发酵的过程。只要静候的时间足够长，原本的粮食就会因曲种不同，变成酒、酱油、醋、干酱等不同成品。“酝酿”如同一根金手指，探入谷物之后，让原粮成了脱胎换骨的妙品。

比如，红葡萄酒和葡萄是大不同的，虽然它们还羞涩地保留着一脉相承的殷红。黄豆和豆瓣酱也分道扬镳了，虽然它们都还保存着某些破损的豆瓣。醋和它的前身就更南辕北辙了。洁净的透明米醋有得道成仙的飘逸，它粗糙的前身像池塘中的泥。

酝酿就是如此惊艳，时间与曲种合谋，平凡的谷物开始升华，自此酿泉为酒，积微成著，点石成金。

现代人，很少会酝酿之法。葡萄酒是在酒厂制造的，酱油是在酱油厂生产的，醋是在醋厂完成的。我们荒疏了很多本领，以为万物都是从超市的货架上诞生的。

某年夏天，我的一位朋友送来了一大篓优质葡萄，晶莹欲滴，紫霜盖顶。在送无可送的危急情况下，为了挽救葡萄，只有学习酿酒。按照一位品酒师朋友的指示，我把葡萄洗净晾干（保留了葡萄上的白霜，并对它们寄予厚望），然后戴上一次性手套，将葡萄一一捏碎。看着猩红的汁液鲜血般淌入干净的玻璃容器中，心中像农妇般祈祷——葡萄啊葡萄，请你快快变成酒！之后的每一天，我几乎每个小时都去张望酝酿中的葡萄，看它们在粉身碎骨之后如何踏上涅槃之路。

葡萄们开始发泡膨胀，紫色的皮和灰白的籽向上浮动，在表面形成痂皮，臃肿而纷杂，简直和腐朽的垃圾差不多。我向品酒师朋友悲哀地报告，他毫不惊诧地说，这是发酵的正常过程，酒酵母正在把葡萄中的糖分化为酒精，少安毋躁，慢慢等待。

在大约十几天的煎熬之后，我终于发现盛放葡萄的容器中，不再向上翻涌气泡，渐渐安静下来，汁液趋向澄清。

“您可以过滤它们了”，品酒师朋友遥控。过滤之后，葡萄汁女大十八变，居然有了葡萄酒的模样。我小口喝着自酿的葡萄酒，不知怎的联想到了幸福。幸福并不是与生俱来的，就像如果不经过酿造，葡萄和酒并不等同。对于幸福的把握，需要学习，需要等待，需要时间和努力。很多人以为幸福和外部介入有关系，就像我以为酿酒一定要有酒曲，要有外力的促发。这个外来的介入物，要么是一笔偶然财富，要么是一个天降奇迹，要么是巧遇了一位贵人或是追求到一个爱人，要么是误打误撞莫名其妙的好运……

毋庸讳言，外界当然是有一些益于幸福发酵的颗粒存在，就像需要购买的酒曲。但请注意，好运气并不直接等同于幸福。每天做白日梦般期待外在的福祉，是年轻时很容易陷入的盲区。

请向一颗葡萄学习，它本身就携带着野生的酵母菌，一旦时机成熟，就会发酵成新的生命。人世间的俗常生活，也蕴藏着天然的幸福因子，白霜般黏结在生活的缝隙中。那就是我们对人世间的善良期望，是我们坚守勤劳的信念，是我们的真诚和友爱，是我们的努力和慈悲。只要有了这些，即使没有外来的助力，一样能创造出属于自己的幸福。需要的只是时间和持之以恒。这就是酝酿幸福的过程。

由于自己的不慎，导致了不幸时，我们常常会说——谁谁自己酿出了一杯苦酒。是不是可以反过来说，幸福也是自己酿的呢？有葡萄在，就有野生的酵母菌在；有生活在，就有天然的幸福因子在。只要努力，葡萄和我们都有希望走向升华。

神奇的左手

□冯骥才

谈到雨果，我想起当年读雨果的《悲惨世界》第二卷《滑铁卢》时，有几句写景的文字给我的印象十分深刻：“门前草地上，倒着三把钉耙，五月的野花在耙齿间随意地开着。”

我当时就想，这不是作家而是一种画家的思维。这种例子在雨果的作品里还有一些。雨果哪儿来的这种绘画思维？这次我明白了，他本人也是个画家，一个真正的画家。

在巴黎沃日广场的雨果故居的二层，几乎是雨果个人的绘画展。此前，我不曾知道雨果善画，所以起初我以为这是跟雨果同时代的一位画家的作品，大概由于内容上与雨果有什么特殊关系而挂在这里。当陪同的法国朋友说这是雨果本人的画作，我非常震惊，因为这些作品看上去非常强烈，有个性，技术上也完全称得上是出自一个职业画家之手。

雨果的画篇幅不大，大多为十六开到八开纸。他用铅笔、钢笔、水彩画笔（毛笔）和一种墨水似的黑颜色作画，此外他不再用其他颜色。这使他的画看上去有点像中国的水墨画。他喜欢在棕色的纸上作画，这样一来还有点像中国的古画呢。他喜欢画古堡废墟、樯倾楫摧、荒村野岭、狂风恶浪，以及妖怪与神灵。这些画大都是他文学想象的延续。他的漫画人物几乎全像是小说的插图。他的技术非常纯熟，好像他天天都在作画，运笔的速度很快，水墨挥洒得自由又放纵，画面上有很强烈的氛围。

他的画阴郁、浓重、迷惘、荒凉、古怪，而且有一种神秘感。神秘感是更难画出来的。像八大山人、徐渭、米罗、蒙克、马蒂斯的画都有一种神秘感。雨果的神秘感大概来自一个作家的心灵。因为作家所关注的事物总是具有神秘感的——无论是一种生活还是一个人的个性。还有一些主题，比如爱情、命运、生命、死亡以及地域文化等。

如果没有神秘感，作家就失去了写作的欲望。这也是许多作家人老之后，大彻大悟，而写不出东西来的真正缘故。故此，就本质而言，文学的魅力便是一种神秘感。由于作家的这种天性，雨果对遥远的东方兴趣极浓。他的三楼有一间茶室，他自称为“中国茶室”。

这间用来款待朋友的小客厅，完全是他自己设计的。他用很多从中国舶来的物品装饰这间茶室，有家具、壁毯、神像、瓷器、琉璃、木雕、竹帘画和卷轴画。我认出，轴画为《三星高照图》，竹帘画上画的是《白蛇传》的故事片段，神像为浙江东阳一带的朱金木雕，瓶子应是乾隆民窑，素白釉的观音是定窑。房子中间摆着一座朱砂大漆瓶式古玩架，一看便知是清代早期的物品。

整个茶室为了强化东方情调，使用古老中国喜爱的颜色，如石青石绿、朱砂赤金，显得庄重又沉静；他还请人制造一些中国式图案的浮雕挂在四壁，如神怪奇兽、珍禽异卉、杂技人物、博古器物，其形象都是神奇飘逸、雍容典雅的，这便是那个时代（一八四〇年以前）西方人对中国人的“社会集体想象”了。这种温文尔雅的想象与遥远的马可·波罗对东方的描述一脉相承。但是到了一八四〇年以后，西方人对中国的“集体想象”就变了，变成了亚瑟·史密斯《中国人之气质》那个样子了。

话说回来，雨果的“中国茶室”同样体现了他绘画中那种对神秘事物的兴趣与关注。他绘画的意义在于，不是表现在表面的视觉兴趣，而是叫我们逼真地看到他心灵里边的内容。只有好的画家才这样做，因为真正的画家都是为了呈现自己的内心才画画。

一个有多种才能的人，他动用他所具备的第二种才能时，一定源自内心的渴望。因为，文字只能描述心灵，却不能可视地呈现心灵。唯此，雨果才用左手拿起画笔。任何一种艺术都只能表现某一部分内容。文字写不出钢琴发出的瞬间万变的声音，也描绘不出调色板上那成百上千种色彩。

所以，只有当我们看到了雨果、歌德、普希金、萨克雷、布洛克等人的绘画时，我们才更整体和深刻地了解他们。我所说的了解，不是指他们的才能，而是他们的心灵。

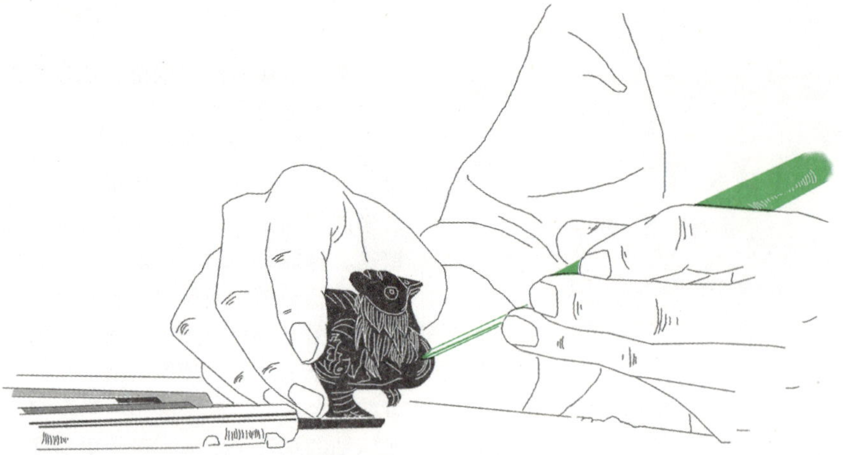

敬业者可敬

□朱钦芦

出了大阪关西机场，到我们订的酒店所在地新大阪还有一段四五十分钟的公交路程。依靠导航，我们找到了这趟车的候车站。一个五六十岁、穿着一身有些发灰发旧的蓝工装的交通协理人正在那里指挥乘车。我们向他确认了这就是我们要乘坐的公交后，就站在旁边等候。

没想到他却嫌我们的箱子摆放得太随意，把我们的四个箱子一一拉到靠近公路的一侧，整整齐齐地排在一条线上。一会儿工夫，又有二十来人陆续地来到了车站，排起了长长的队伍。这人见状，就像小学老师集合学生队伍一样，指挥我们站成两人一排候车。车来了。司机的本事了得，把车停得离马路牙子的距离只在毫厘之间。行李箱门打开后，我们七手八脚地拎着箱子想往上放。指挥人却叫住了我们，示意我们只管上车，而他自己把几十件行李一件件地往里装。

坐在车上，还在想着这个踏上日本土地后第一个给我留下印象的日本人。这是个普通得不大有存在感的岗位，但看他严肃的神情，可不像是对自己的工作岗位有鄙薄心，也许还有份神圣感？也许，人家什么感觉都没有，不过就是劳动大军中普通的一员，按照工作规范在做自己的分内事而已。

在酒店的餐厅里，我喜欢坐在靠窗的大玻璃前。这是观察当地人的最好位置，窗外是通向轨道交通枢纽站的人行道，每天无数的人从这里急匆匆地走过。虽然已经是五月中旬，我都已经穿上了短袖衫，但是灼热的阳光下的男性上班族们，仍然是一身深灰色的西装和黑色的皮鞋。我能看到他们油亮的额头上渗出的汗珠。他们肩上挎的那个大包里装着什么呢？我儿子猜想可能有笔记本电脑。我同意，但认为可能还有他们的太太精心准备的便当。日本的上班族们并不轻松，大多数人的上班方式都是步行加轨道交通。我们也在上班高峰期乘了一次列车，从楼梯往站台一望：我的妈呀，地铁拥挤哪是北京的专利啊！

我们挤到车厢里的一个角落，旁边是一个一身典型的上班装、脸上竟然已经有了老人斑的老先生。在沙丁鱼罐头似的环境里，他费劲地从背着的包里掏出了一本薄薄的小书，并塞上了耳机。我瞟了一眼，是本英日会话的书。在这样的空间里，他看着小书，听着录音，嘴里一张一合地、低声地练习着英语句子。这令我想起了自己20多岁时学外语的状态。我先是有些可怜他，这样的年龄，早就应该去逛公园、跳广场舞了呀！继而又生出一丝敬重心。前一天晚上在酒店提供的报纸里看到，日本明年要讨论将65岁的退休年龄延迟到70岁了，如果真是那样，没点不服老的劲头哪行啊。

接下来的一天晚上，逛街累了，我儿子说带我们去一家网红店吃拉面。走到那里一看我就泄气了。通往位于地下拉面馆的石梯上已经排了十来个人！等了二十来分钟好不容易被招呼进去了，没想到里面还排有五六个人。

百无聊赖中观察了一下店堂。中间是操作间，左右两边各有一间狭长的小屋，朝着操作间那一面各有客人用餐的十来个单人隔断。也就是说只能同时有二十来个人就餐。墙壁上有一排小灯，显示哪个座位有客，哪个座位空了出来。服务员递来一张餐单和笔，要我们填写。这个类似调查表似的餐单上印着若干项目：口味浓淡、油浓郁度、蒜泥、葱、叉烧肉、秘制酱汁、面的软硬度。每个项目后面都有若干条选项，例如在“面的软硬度”这项上面的选项是：超硬、硬、普通、软、超软，就是在“葱”这项后面也要选：要不要、葱白、葱绿……我一看就想笑，都说日本人做事认真，还真是不假。这不就是一碗面嘛，还一点不苟且。

好不容易轮到了我们，坐到了刚可以把两个肩膀塞进去的小隔断里。面向操作间的小竹帘被拉开了，只看到一个服务生的腰身，问候了一句，收走了餐单，帘子又放下了。我问儿子为什么他们脸都不露，儿子猜想这可能是他们要给人一种服务标准化的感觉：不管是谁，品质都一样。有道理。一碗面从小窗递出来了。我们早饿坏了，几口就吃完，汤也喝尽。

走出店门，儿子连问怎么样。怎么样？觉得还是不错的，面条筋道，面汤浓郁，有些特点。儿子说他们的汤料制作如何如何费工夫，面条的筋道又是因为什么什么，这些我都完全相信。不过我是“美食之都”长大的，要让我说有多好多好，呵呵……

虽然他们的餐食口味并不能真正地吸引我，但是其精细化服务和敬业精神还是让我不得不心生敬意。有一个案例，讲的是东京地铁通道里的一家米其林三星寿司店。90多岁的小野次郎50多年前就开了这家只能坐10位客人的小餐馆。几十年间，他没有借着名声把这店扩大或者是做成连锁，而是一辈子始终如一地守着这家小店，做着他的20道寿司，琢磨着如何改进餐食的品质。他发现章鱼肉要揉捏45分钟肉质才柔软，便每天亲自

为何「富不过三代」

□赵路云

说到美国铁路大亨范德比尔特先生，在19世纪末20世纪初的“镀金时代”，他无疑是亿万富翁的代表之一。他是著名的航运、铁路、金融巨头，美国历史上第二大富豪，身家远超今天的比尔·盖茨。他也是电脑游戏《铁路大亨》的原型人物。

有一次我有缘前往美国，参访范德比尔特家族的古宅，发现这座奢华的古宅因为后代无法支付巨额的维护费用，已经易主给政府。范德比尔特先生逝世100多年，家族聚会上已经没有一个后代的财产超过百万美元。范德比尔特先生创造的财富没有传过三代，家风也只传承了一代。财富没有为他的儿子带来幸福，兴建豪宅、炫耀性消费和不思进取很快就毁了这个家族。这正应了中国的那句老话：“富不过三代。”

这个故事引发我很多思考：我们到底该让后代传承些什么？怎样才能实现财富的顺利传承和事业的持续发展？后来，我找到两句话来回答这个问题，那就是思想传承先于财富传承，制度安排可以永续经营。

先说第一句话：思想传承先于财富传承。古人云：“道德传家，十代以上；耕读传家次之，诗书传家又次之；富贵传家，不过三代。”意思是，家族传承了良好风气才能富过三代，只传承财富而不传承道德，是不能令家族兴旺的。

财富传承需要精神的力量，只有家族成员之间拥有统一的价值观，才能够有效整合家族利益并解决成员之间的冲突。

我们以法师旅馆为例。这是全世界最古老的酒店，位于日本石川县粟津温泉。它从创立到现在已经有1300多年的历史，旅馆的主人以世袭制代代相传，由长子继承家业，到今天法师善五郎已是第46代传人了。因此，它被吉尼斯世界纪录收录为世界历史最久的旅馆。

法师旅馆“长寿”的秘密就是该旅馆的店规：积德不积钱。从创建者的角度来看，经营旅馆就像一条河流的旅程，要克服障碍才能向前奔流。而法师旅馆的主要目的就是为世世代代的客人提供服务，给予他们一个既能放松又能享受温泉的环境，所以历代管理者与他们的家人平日都在努力地消除这些障碍，以改善旅馆的服务。

我们再来说说第二句话：制度安排可以永续经营。这里的制度安排涉及的内容可以很广，我想重点来给大家讲讲家族宪法。大家都听过迪卡侬、欧尚超市，它们都属于法国米利耶家族。该家族拥有50多万名员工，是一个大型家族集团企业，其股权分属600多位家族成员所有。其中250多位成员直接参与各子公司的运营，分布于全球30多个国家；家族第六代的400多位家族成员，还将依序继承这一传统。

米利耶家族的家族宪法根据无形的家族精神制定，这里记录着家族愿景、使命、价值观以及管理家族事业和决策家族事务的文件，用来规范家族成员的行为，并形成家族事务决策机制和家族利益分配机制，使得整个家族和家族企业健康发展。米利耶家族目前已有780多名继承人，但家族管理仍井井有条，家族企业价值也持续增长，米利耶家族的兴旺与家族事业的发展，显然得益于家族宪法。

最后我想说的是，要让家族财富得以传承并持续，在家族发展的每个阶段，我们还需要设置不同的目标。在家族创业阶段，专注于财富创造，为子女和后代打下经济基础；到家族发展阶段，需要投入对子女的教育，获得人力资本的增长和发展；在家族的壮大过程中，还需要建立适合整个家族的价值观，以团结整个家族，保证家业和财富的延续。

为章鱼做“按摩”；他的大儿子每天要到鱼市去挑最好的（没有之一）金枪鱼，如果没有挑到最好的，这天就没有金枪鱼寿司提供给顾客；在店里工作了10年的徒弟被师傅“提拔”到炸蛋卷的岗位之前，师傅让他先炸了200个蛋卷，合格了才上岗。我觉得这老人不是在做餐食，而是在做艺术。他不是在做生意，而是在修炼自己的人生。

也许，有一天我会走到小野次郎老先生的餐馆里去品尝一下他一辈子的菜式：20道寿司。也许吃了后我仍然不会觉得比家乡的饭菜更可口。但我会向他致意。敬业者可敬。

学徒精神

□万维钢

美国国家橄榄球联盟新英格兰爱国者队主教练比尔·贝利奇克，曾经拿过四次“超级碗”，也给人当过不计功劳的学徒。贝利奇克高中时就是橄榄球队队员，他对橄榄球懂得比教练还多，他在场上就相当于半个教练。但父亲给贝利奇克最重要的一条忠告，不是关于技战术的，而是关于球队政治的：“如果你要给教练提反对意见，一定要找个私下的场合，用最谦逊的方式告诉他，这样才不会冒犯他。”贝利奇克做到了。他在不得罪任何人的情况下成了一个明星。可是最值得说的，还是贝利奇克退役以后转型当教练的事。

他在职业球队的第一份工作是录像分析师，纯实习，没有工资。这是一份费时费力的工作，是教练没有时间亲自做的工作。贝利奇克会用几个小时的时间分析对手的比赛录像，得到结果和数据，提出自己的看法和战术建议，交给助理教练。等到助理教练和主教练讨论战术的时候，助理教练会把想法都说成是自己的，连贝利奇克的名字都不会提。贝利奇克对此是怎么反应的呢？一个教练是这么评价贝利奇克的：“你给他一个任务，他消失几个小时，等你再次看到他的时候，他已经做完了，然后向你要更多的任务。”

媒体策略师莱恩·霍利得说，贝利奇克掌握了“画布策略”。所谓“画布策略”，就是发现别人要画油画，你给他找块画布让他画。画里也许有你的功劳，但你就是给人提供画布的。这就是学徒要做的事情。

古罗马有一种职业叫“清道夫”。政客或者有钱人会雇用一些有才华的年轻人给自己做事，但不是当工作助理，而有点像现在影视明星的“助理”。清道夫的一项任务，就是在这些大亨出行之前，把路上的事情安排好——所以叫清道夫。他们也做些送信之类跑腿的事情。

古罗马有个叫马提亚尔的文学家，早年生活贫寒，就给人当清道夫，而且他同时服务于两位大亨。他每天的工作就是在这两位大亨家之间跑来跑去，很辛苦。马提亚尔非常不喜欢清道夫这份工作。他在后来的作品中对自己早年的这个职业有很多怨言：“我一个文学青年，才华盖世，你们居然让我做这个！”

霍利得对此的评论是“马提亚尔怎么不想想，如果没有这份工作，以他当时的条件，怎么可能有机会接触到罗马上层社会的生活，他又怎么可能有这么好的视角、这么好的素材，去写出那些作品来呢”。

清道夫这个职业有点像中国过去的学徒，为了学点手艺，什么杂活都得干。其实西方的学徒也是这样的。达·芬奇、米开朗琪罗，都是从学徒起步的。霍利得说，学徒这份工作的逻辑是什么呢？第一，你根本没有你想象的那么厉害，也没有那么重要；第二，你这种不谦虚的态度就不对，你的性格需要磨炼；第三，你从学校和书本上学到的那些知识，要么过时了，要么根本就是错的，你需要第一线高手的真知灼见。给人当学徒，就给你提供了这个机会。你现在把自己和一个高手连接在一起，便可以从内部了解第一手的经验。这就是学徒工作的协议：用礼敬和服务换取机会——不是立功露脸的机会，而是学习实践的机会。

本杰明·富兰克林做过类似的事情。他哥哥办了份报纸，富兰克林匿名写稿，把稿子放进信封，从哥哥办公室的门缝塞进去。他哥哥一看，文章不错，就发表出来。一来二去，富兰克林的匿名文章越来越受欢迎，甚至每期都上报纸头版。富兰克林从来没有从中拿到过一分钱稿费，而且很久都没人知道那些文章是他写的。

富兰克林收获的是写作的经验和真实的读者反馈。那么，富兰克林为什么不直接把文章交给哥哥发表？原因让人难以置信——因为哥哥嫉妒他。事实上，等到哥哥知道是富兰克林写了那些文章之后，不但没有感谢他，还把他打了一顿。

注意，霍利得一再强调，学徒的服务，可不是阿谀奉承。这不是让你给老板送礼，也不是让你卑躬屈膝。“画布策略”的关键是在工作上给别人帮助，给别人铺路，让别人把事做得更漂亮，然后你把功劳也给对方。从功利角度讲，你可以把这件事当成一个投资，与其你欠大人物一个人情，不如让他欠你一个人情。

用一句话总结“画布策略”的心法，就是，把自己放在更次要的位置，为别人做更多的事。多跟不同的人认识，介绍不同的人互相认识；别人都不愿意做的事，你去做；发现团队有什么缺点和漏洞，你去补救……更进一步，不但对前辈要这样，最好对所有人都这样——有什么好想法能帮助别人，免费把想法告诉他。这就是学徒精神。

有时，勇气比实力更重要

□唐宝民

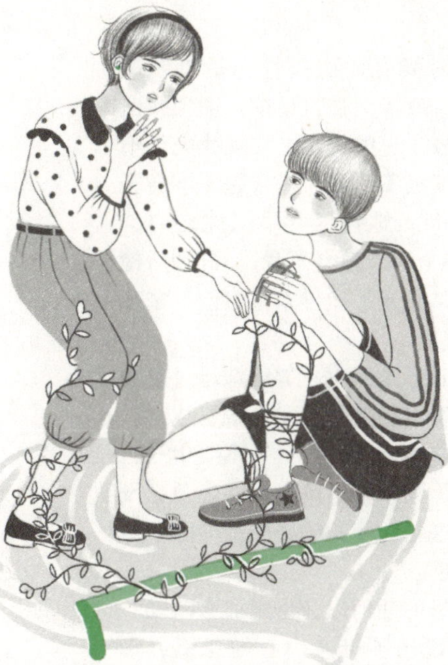

沈括在《梦溪笔谈》中讲了这样一个故事：宝元元年（公元1038年），党项人发兵进攻北宋，将延安围困。延安城当时的主官是范雍，范雍一面派人向朝廷告急求救兵，一面组织城中的将士们坚守城池，一次又一次地打退了党项人的进攻。然而，党项人特别勇猛，不顾伤亡拼死攻城，有好几次，城池险些被他们攻破，形势非常危急。

城池被围困到第七天的时候，党项人又倾全力组织了大规模的进攻，范雍看到敌人的虎狼之师猛攻猛打势在必得，料定这次是守不住了，心中充满了忧虑，脸上露出忧愁的神色，准备城破之后以死报国。有一个老年军校看出了范雍的心思，就对范雍说：“我是边境上的人，曾经多次遭遇过围城，形势有时比现在还危险。别看党项人如狼似虎，其实他们根本没有攻城的经验，只要我们坚守下去，他们根本攻不下来。所以，现在我们没有什么可以忧虑的，我们只要按正常打法去反击，就一定能够把他们打退。这一点我可以担保，如果城池真的被他们攻破了，我甘愿献上我的人头！”听老军校这么一说，范雍立时来了勇气，于是再次信心百倍地组织将士们顽强抵抗，结果又一次打退了党项人的进攻。几天以后，党项人见城池攻不下来、没有便宜可占，就退兵了，延安之围因此解除了。

事后，范雍重奖了老军校，以表彰他鼓舞士气的行为。另一个军校便对老军校说：“你胆子也太大了！拿脑袋担保，这可不是闹着玩儿的！一旦城池被攻破了，你是要被杀头的！”老军校笑着说：“如果城池真的被攻破了，哪里还顾得上杀我呢？其实，我当时说的那些话，也就是随便说说，当时我也认为这座城十有八九保不住了，所以，我对主官说的那些话，不过是想安定军心、鼓舞大家的士气罢了。”

沈括在讲完这段故事后，没做什么评价，但显然是很佩服这位老军校的。在我看来，这个故事还能给我们带来这样的启示：许多时候，成功不取决于实力，而取决于勇气。老军校的一番话鼓舞了士气，北宋军队因此转败为胜，这就是勇气的作用！

言语当如明月光

□石　兵

人之言语，出口入耳，貌似简单明了，实则暗藏玄妙。坏的言语，阴暗寒冷，出口成脏，入耳聒噪，让人听得心烦意乱；好的言语，静谧洁净，如一抹流苏月光，令人闭上眼睛亦可感受纯洁，细细聆听足以洗涤污秽。

窃以为，言语当如明月光。试想一下，明月当空，人心宁静，明月皎洁，人心清朗，当一个人耳畔尽是澄莹的月光，他的内心必然也会闪闪发亮。

如何让话语沾染月光的味道呢？不难，也不容易。容易在于事在人为，难则在于需有一颗渴求接近月亮的心。接近月亮，并非沐浴在月光下这么简单，自古以来，人与月之间总是遥遥相望却难以触及。曹操对月空叹——“明明如月，何时可掇”，张若虚对月发问——“江畔何人初见月，江月何年初照人”，古人接近月亮之心与今人无异，远离月亮的事实却也一般无二。

其实，月亮也并非如此遥不可及。月亮挂在天上，也倒映在清澈的水面，人心亦是如此，若是有着一颗如湖水一般澄澈透明不盈一物的心，必也能收获一个明晃晃静幽幽的月亮，心中有月亮，说出的话语也便有了月光的味道。话语濡染了月光，抒情便有了脉脉情深，叙事便有了客观公正，入得他人之耳，听得明明白白清清楚楚，说话之人与听话之人俱得了一份心安理得。

这个世界上，人人都会说话，懂得如何说话的却少之又少，由此，每个人都应当有一颗接近月亮的心，夜深人静，与一袭月光为伴，照亮内心，也照亮每一句心中的话语。

你若许久没有听过一句暖心的话语，你若终日机械般说着一些毫无营养的语言，那么，就试着让月光进入你的心吧，因为，一句如月光般皎洁的话语，足以让你的人生渐渐有了月光的品质。宁静，干净，坚定，睿智，这便是月光的品质吧，也希望会是一个人内心的品质。

母亲的信心

□陈思呈

小时候有一次挨打，是母亲加班回来，疲倦又强打精神，辅导我白天在学校学过的拼音，发现我完全不会，态度极不认真，一拿起课本身子直往下溜。她费尽九牛二虎之力，终于把3个拼音教会了我。5分钟后检查，我又忘光了。母亲很绝望，拿来衣架就打。

那时已是深夜，邻居婶母过来劝架——看似劝架，其实是激发战火。婶母是这么劝我妈的："不要生气，有些孩子天生不是读书料，你急也没用。"这句话使我的屁股旋即陷于更大的灾难。

婶母的话何以让母亲那么激动？因为她说出了母亲内心的恐惧，母亲害怕我真的就是一个天生不会读书的人。婶母指出之后，母亲出于自尊和恐惧对我更加严厉，她需要争一口气，需要扼住命运的咽喉——她知道，会不会读书是决定命运的重要节点。

母亲当时大概想象不出，我不但是块读书的料，而且是一个很有天赋和能量的读书料。但当时的我，完全没有迹象证明这点。我听不懂老师讲的内容，不能理解学校的各种规律，考试一塌糊涂，有时候得了个十几分我都不知道自己是怎么做到的，作业不做是常态，上着课常趁老师不注意就走到教室外去了。总之，我的所有表现都显得智商很成问题。

后来我艰难地上了大学，找到工作。母亲一直认为，这对我来说已经是最好的结果。她真诚地相信我是笨而无能的，这个判断终其一生。直到她去世，她心里的我仍是一个几乎没有生存能力的、有一份工作就得感谢老天的人。

再后来我生了儿子。儿子跟我小时候相比，简直是有过之而无不及。他小学二年级的时候，老师对别的同学要求是学习怎么样，甚至是竞赛怎么样，对我儿子的要求是"老师希望你能认识班上10个以上的小朋友"，这种起码的认知能力对他也是困难重重的。

整整一学期，他的音乐课美术课都是在找座位、找课本、找教室中度过。他的作业经常被老师批为"无法批改"，考试成绩更是无法恭维。

他入学前，许多小朋友都能把《三字经》读得熟溜，他连背诵一两句都难以实现。我难以接受他没有这个能力，有一段时间，我每天强迫他坐在我对面，我读一句，他背一句，这个简单得几乎不用思考的过程，对他来说，像要了命一样痛苦，每次都是在哭泣中结束。能想象背一句诗会有这么痛苦吗？我真的急。我担心他有点儿问题，是高功能自闭症或者多动症或者感统失调，去医院查过，还真的说过是有点问题。

如果我没有一个同样懵懂、糊涂的童年，我大概就会像当年我妈担心我那样担心着我的儿子。幸好我有自己作为前车之鉴，自己的晚熟给了我底气。更重要的一点，从根本上说，我对儿子有信心。

感谢更多的朝夕相处，我能从其他方面感到他独特的纯真、专注和深刻，这些品质，也许因为没有用在社会性事务里，没有用在人群活动中，没有用在学校要求的规则里。只有用足够的心思去观察他，才会发现，他到底是把他最有天赋的力量和专注，放在哪一个方面。

而我母亲，没有我这样的信心。她真诚地、发自内心地相信，我就是笨的。她认为我在社会事务中表现出来的，就是我的全部能力。她在对我的绝望中，用了更大的力气，把我这堆烂泥扶上墙。她内心的不快乐，可以想象。

一个对自己的孩子没信心的母亲，带来的伤害是双方的，伤害了自己，也伤害孩子。我是在母亲去世后几年，才慢慢地意识到母亲有多傻。她完全没有了解我的力量，也就无法享受我的力量能带给她的快乐和幸福。她焦虑于我的无能，并把这种无能反馈给我，让我相信自己确实是无能。然而她白白地焦虑了，当她对我的束缚和忧虑解除之后，我的能力瞬间迸发，我惊喜地看到自己完全可以创造我想要的生活。

真正的幸福是有力量创造自己的生活，而不是得到庇护，因为没有任何人能庇护你一生。作为母亲，要看到孩子的力量，要相信孩子确实拥有力量。更准确地说，母亲对孩子的信心，来源于母亲自己的信心。

斫一个轮子

□陆春祥

做一个木轮子，或者，制造一个木车轮，当今没有多少人会干这个，即便会做，手艺也绝对比不上轮扁。

两千六百多年前的一天，阳光晴好，齐桓公正坐在堂上读书，而轮扁师傅呢，就在堂下埋头做车轮。君民无间，这是一幅多么和谐的画面啊，就如小时候，我们家请一个箍桶匠箍桶，而我正坐在边上的小方桌上做作业。不过，那时候，我并不知道轮扁和齐桓公。

许是工作久了，这轮扁要抽袋烟休息一下，不过，他没抽烟，他见桓公看书那么认真，就很好奇上堂去问了：敢问大王，您这读的是什么书呢？桓公抬起头，看了轮扁一眼：圣人的书。轮扁明知故问：圣人还活着吗？这回，桓公头也不抬了：早死了！轮扁自顾自很肯定地判断道：那么，大王您所读的书，不过是古人的糟粕罢了。桓公一听，火一下冒上来：我读书，你一个做轮子的怎么可以随便议论！刚才的话，你给我说清楚，说得出理由就算了，要是说不出理由，我就判你死罪！

气氛一下子紧张起来，我都有点替轮扁捏一把汗。

轮扁却不慌不忙，显然，他是有准备的，这个话，他已经在心里藏很久了，今天终于可以说出：我没有更多的理由，我只是从我自身的经验出发。我做这轮子，下手慢了，做出来的轮子就会松动而不牢固；下手快了，做出来的轮子就会紧涩而镶嵌不进。要不慢不快，得之于手而应之于心。我是有口也说不出，但我知道，个中一定是有奥妙技术的。我不能传授给我儿子，我儿子也不能从我这里继承下去，所以，我七十岁了，还在做轮子。古人与他们不可传授的心得都已经消失了，那么，大王您所读的，不过是古人的糟粕罢了。

这应该是个寓言，庄子在《庄子·天道》中讲这个寓言的时候，讲到轮扁说完理由后就结束了，并没有记叙齐桓公接下来的反应，不过，从效果看，桓公是听进去了，不仅听进去，还将这一段故事讲给别人听，所以，轮扁斫轮就成了千年经典。

庄子是个寓言高手，但他不会随便讲一下供我等茶余饭后插科打诨，他的寓言，都有理论根据，都有契合的场景，他是要人们能更通俗地理解他的意思。

庄子认为，道是靠语言记载，人们才得以知晓的。

世人认为道可贵，是因为书本的记载，书本不过是语言而已，所以语言是可贵的。语言的可贵之处在于意义，意义有它的根据。但意义的根据不能靠谈论来传递，世人却因为重视言论而传述成书。形状和颜色，凭眼睛可以看见，名称和声音，靠耳朵可以听见，世人以为，靠这些就可以掌握意义的真实根据了，其实，远远还不够。所以，懂的人是不说的，说的人好多不懂，那么，世人要从何处去认清这一点呢？

于是，庄子就给我们讲了轮扁斫轮的故事。理论有点深奥，寓言却是浅显的，梳理一下，庄子讲轮扁斫轮，其实是在讲读书和悟道，有两点极其重要：

其一，阅读一定要去其糟粕而得其精华。那些形状和颜色，名称和声音，都是表面的，犹如肤浅的语言，只有透过表面，才有可能领悟原始的意义根据。在轮扁看来，圣人已死，他可以传授的经验也就消失了，而靠文字记载的圣人之言，靠不住，即便是圣人所说，也可能是垃圾。

其二，人生的经验和心得，连父子也无法继承，只有靠自身去摸索和体验。轮扁的叹息和担忧，也许来自轮扁的父亲，或者父亲的父亲，他们知道，即便用精准的度量衡，也难以斫出一个心目中的好轮子。只有经历一次次失败，一点点积累，才有可能达到比较完美的境地。

庄子是在贬低读书吗？没有，他是在告诫我们，千万不可迷信书本。

斫一个轮子，要用心斫一个轮子，就如轮扁。

读一本书，要听得进别人的意见，就如桓公。

好的轮子，才可以滚向远方，很远的远方。

巴尔扎克的自况

□陈占敏

1842年7月，《人间喜剧》的创作已经十三个年头了，巴尔扎克为这套大书写了一个前言，他情深意长地回顾了这套书写作念头的产生：“写一套《人间喜剧》的最早念头，于我原像是一场好梦，又像是一再憧憬过却又无法实现的一种设想，只好任它烟消云散；更像一位笑容可掬但却虚无缥缈的仙女，一展她那处子的娇容，就振翅扑回了神奇的天国。不过这场幻梦也像许多别的幻梦一样，正在演变成为现实。它颐指气使，人们对它只好尊奉唯谨。”像巴尔扎克的小说一样，他为自己的书写一个前言，也带着他独有的气势和诗情，把人征服和吸引。

巴尔扎克的写作构想是史无前例的宏伟，那是大海一样壮阔的胸怀才能够产生的，也需要巨大的劳动才能够实现。巴尔扎克把他的整个生命全部押到这套大书上了。独一无二的创作，巴尔扎克用他独特的写作方式去完成。谁也难以适应巴尔扎克的劳动和生活方式，没有一个秘书能跟得上他的节奏，不得不一一告退了。他半夜起来写作。巴黎的午夜，人正酣睡时，巴尔扎克进入他创造的世界。那也是一个巴黎，是巴尔扎克创造的艺术的巴黎，由巴黎而外省、由城市到乡村的文学世界。为了方便半夜起来写作，巴尔扎克特地缝制了一件宽大的袍子，一伸胳膊穿上，腰间的带子一揽一系，就可以坐下来工作了。

半个世纪过后，大雕塑家罗丹应约为法国“作家协会”创作巴尔扎克的雕像，他再现了巴尔扎克披着那宽大袍子的形象。但是，协会举行一系列会议，激烈地、激愤地闹嚷以后，通过了决议：拒绝接受罗丹的《巴尔扎克》。巴黎市议会宣布，《巴尔扎克》雕像是个怪物，不允许把他竖立在皇家广场或是巴黎的其他任何地方。岂不知罗丹再现的不仅仅是巴尔扎克创作《人间喜剧》时的独特形象，他还再现了巴尔扎克带几分疲倦却如巨岩一样不可动摇的神态。“一个人不能同时是两个范围中的通才；命运不希望他在一个转瞬即逝、被那些男女们很快地将他忘掉的世界里高视阔步，而希望他的笔的创造力，用这世界的高度与深度，来使这世界不朽！”巴尔扎克深知自己的使命。

如果当年在黎毕德寄宿学校的那些同学，还有人会对文学有一些兴趣，留意巴黎人、法国人乃至世界上更多国家的人，几十年后在读什么书，他们看到了人们手上捧的是他们的同学巴尔扎克写的书，他们也许会大吃一惊吧。在那所学校，而后又转到另一所学校，巴尔扎克的学习成绩一直不佳。班里大约有三十五个孩子，他的拉丁文考第三十二名。巴尔扎克像好多有创造性的天才一样，他们在刻板的学习环境、学习方式中，不能够展现他们的天赋，倒显出了某种意义上的“笨拙”。另外，好多在学校学习中考得很好的学生，却没有天才的创造。近年来旅游开发，有的地区发掘出历史上本地考中的状元，修起魁星楼纪念，刻下历代状元榜。从唐代以至清代看下来，密密排列的名录中，很少有人闪露出光华。状元们在舞台上一再头插宫花，光宗耀祖，离开了舞台，却顿失光彩，在时间的长河中湮灭无闻了。倒是那些没考中状元的人，在人类文明史的进步中，贡献出他们的天才创造，光焰不灭。

当然，在某种意义上，天才是并不可靠的，恃才自傲的结果总是不妙的，可靠的是劳动，再劳动。鲁迅不承认自己是天才，说他是把别人喝咖啡的时间都用在劳动上了。鲁迅这里说的喝咖啡，是有闲人的消遣。巴尔扎克也喝咖啡，他是用咖啡刺激自己的神经，使他的精神处于昂奋状态，激情饱满地写作。巴尔扎克谈到过他的一本书，说只是由于“成了河的咖啡”帮助，才得以完成。一位统计学家估计他所饮下的咖啡数目：五万杯。假如“那五万杯咖啡使《人间喜剧》庞大体系的写作加快，它们对那本来强健得像口钟似的心脏的早衰，也得同样负责。拿克加尔大夫，他终身的朋友与医生，声明道：‘一种由于夜晚工作，由于服用——或毋宁说是滥用咖啡（为了与正常人类睡眠来竞争借助于它的）所积成的老心脏病，是他死的真正原因。’”

巴尔扎克是真正拼命写作的，他实在是作家中的“拼命三郎”。在他的长篇小说《幻灭》第二部初版序言中，他曾这样说明他的写作意图：“至少人们可以从这部书里理解到：为了获得高尚而纯洁的荣名，恒心与正直可能比才能更为重要。”恒心连着劳动，正直则是创作一套大书，也包括不大的书必需的重要基石。离开了正直，再大的书，再多的书，都没有什么价值。“作家的信条，作家之所以成为作家，之所以不亚于甚至还优胜于（恕我不揣冒昧地指出）政治家，就在于他对人间百事的决断，对某些原则的忠贞不贰。”作家有他自己的信条，他的信条不会被一时的风潮所动摇，非如此，便不会成为一个好的作家，不会成为有价值有意义的作家。在某些时候，作家往往是逆着潮流而动的。他说出来的话往往是不中听的，是触动一些话语忌讳的；但是，为了守住作家的良知，人类的良知，他还是一意孤行，说出他自己的话来。比如关于人类社会的看法，巴尔扎克就不同意那些盲目乐观的观点：

关于人类社会，我不同意笼统地说它一直在进步；我相信人类在自我改善之中得以前进。所以，要想从我身上看出把人类当成尽善尽美的造物的意图，简直是太荒乎其唐了。

巴尔扎克是把他的切身体会，投入到他的小说之中了。他要做法国社会的书记员，他却不是冷漠旁观的记录者，他是把自己的血肉灵魂投进艺术创造的熔炉，熔铸成器了。巴尔扎克是“才力型”作家，他是依仗着巨大的才力，像登山一样，一步一步扎扎实实写作的。单靠激情是完成不了社会百科全书式巨著的，它还需要思想，“艺术作品就是用最小的面积惊人地集中了最大量的思想”。作家的思想追求什么时候都不能放松，更不能舍弃。伟大的作品总是与深刻有力的思想相伴，那是作品的灵魂。

进入了《人间喜剧》创作的巴尔扎克，自信而又坚定，他是准备为这套巨著献身了。他不管文学界、评论界会说什么，他只是目不旁骛，朝着他既定的目标一往无前地走去。他昭示世人，也好像在鼓励自己：“一位艺术家就是一种宗教。正如教士一样，如果他没有信仰，他将是人类的耻辱。如果他不相信自己，他就不是天才。”

十九世纪的法国乃至全世界所上演的历史活剧，今天看来并不遥远，也不陌生，出版界、读书界的状况好像跟今天大致相似。那个时代的图书市场，居然跟今天的图书市场声气相投，也是媒体极大地牵动着图书市场的神经。巴尔扎克在《幻灭》中说，不论哪种商品（包括文学作品）的销路都要取决于报纸的宣传，他还通过小说中的人物费诺的口预言了这种趋势：“报纸的影响和势力现在才不过刚刚开始，新闻还没有脱离童年时代，慢慢会长大的，十年之内样样要受广告统治。”巴尔扎克的预言业已成为现实，“媒体时代”影响着图书市场的，不光是报纸，还有网络。这未免会令一些人失望了。不过，巴尔扎克的另一番话当能鼓舞我们，令我们的信念坚定起来：“从前，第一版售出，对于一部文学作品来说，是说明问题而又光彩的事情。而今天，却丝毫不能说明这部作品的价值，卖不出去甚至正是由于作品好。”

巴尔扎克好像是真的在劝勉他自己，鼓舞他自己。生前，他并没有得到他应得的评价和重视。法兰西学院一直拒绝接受他为院士。他的朋友，早已进了法兰西学院的雨果帮他做过努力，依然没能如愿。在法兰西，在读书界，一直有巴尔扎克的作品沉闷的看法。沉闷是一部严肃的文学作品的缺点吗？拉法格曾为此强调：“凡是觉得巴尔扎克沉闷的读者——这种人在读书的公众之间形成大多数——绝不会欣赏一部深刻的作品。”一个时期以来，评论界对于“可读性”的不恰当提倡，出版界对于市场利益的片面追求，不啻于助纣为虐。

带着没能完成的遗愿，带着没能全部写出的《人间喜剧》构想，巴尔扎克于1860年8月7日夜里10点半逝世。那是他往常将要开始写作的时间。此时，只有他母亲在场，凄凉孤单。

法兰西学院终于没有接受巴尔扎克为院士。同样，法兰西学院也没有接受伟大的戏剧家莫里哀为院士。不过，莫里哀逝后，法兰西学院在院子里为莫里哀塑起了一座胸像，胸像下镌刻着：“他的荣誉不缺少任何东西，我们的崇高却缺少了他。”

这是巴尔扎克在他的文章中写下的典故。这是他的自况吧。

『像』就够了

□徐贲

德国18世纪著名剧作家莱辛在诗剧《智者纳旦》中讲了这样一个故事。一个老人很爱自己的三个儿子，希望他们能够相亲相爱，但是这三个儿子老是互相争吵。老人有一件传家宝，那是一枚有魔力的戒指，谁戴上它，谁就可以讨得神的欢心和恩赐。这枚戒指是某种最高权力的信物，祖祖辈辈都由父亲传给自己最喜爱的那个儿子，得到这枚戒指的人便是一家之主，所有人都必须听他的。

儿子有三个，戒指只有一枚，怎么办呢？老人于是去找一位开首饰店的老朋友，请他打造两枚一模一样的戒指，并请他保守秘密。戒指很快就打造好了，真的是一模一样，就连老人自己也分不清哪个是真哪个是假了。临死前，他把三个儿子分别单独叫到跟前，把戒指给他，叮嘱他要爱自己的兄弟。

老人刚进棺材，三个儿子就闹了起来，都说自己手上有魔戒，是一家之主，但谁也没法证明手上的戒指是真的，于是找法官来评理。法官也无法辨别，但他有一个建议：每个兄弟都戴上自己的戒指，就像那是真的，就像自己已经是一位贤德之人，过一种“谦和、仁爱、克制”的生活，“诚心诚意地听神来安排”。倘若能如此，那么魔戒是真是假也就不重要了。

我在哈佛和耶鲁的日子

□丹 萍

我和在加拿大生活的两位娃他妈一起攒了一次美国东部的自驾游。第一站布朗大学，然后一路南下，参观耶鲁、哈佛和普林斯顿，顺便在这些大学所在的城市玩一玩。我开玩笑说，如果是旅行团安排的线路，肯定会给这个线路起个名字叫“赢在起跑线，沉浸式体验常春藤名校之旅”。

“名校”这个点是很重要的。据说花钱有一个心理账户，我们这个行程因参观大学居多，而且都带着自己的娃，所以费用是从“教育”这个心理账户出的。从教育账户花钱，妈妈们都不会心疼，一路上兴致很高，好像参观了这些有名的大学，会对孩子升学有什么帮助似的。

大学访校，一般都会有志愿者带领，通常都是本校的学生。记得有个志愿者是一个小伙子，他说他来自佛罗里达，学习生物。我看他跳到台阶上讲解，一跳老高，很阳光的样子，就一直在心里感叹，名校的学生真好啊。

我们在各个校园中四处乱走，偶尔看到华人模样的学生，穿着朴素，戴着眼镜，夹着书本匆匆走过。我们就猜测，你看看人家这孩子，也是中国学生，肯定是放假不回家，还在这里学习，多知道给爸妈省钱啊。

在车上，其中一位妈妈就和娃说，你看当年姥姥也没带我来过，妈妈考大学的时候也不知道世界上有这么多好的大学啊。知道也没用，家里也没钱啊。我和另一位妈妈就一起说，是啊，咱们那个时候上个大学已经很不容易，现在的娃娃太幸福了。

本来我们是三对母子自驾的行程，开始是母子一对一坐着，方便和孩子沟通，慢慢地，孩子们都缩到七座车的尾部，嘀嘀咕咕地小声聊天。我们三个妈妈则坐在前面，畅想着如果重新考大学，我们报藤校的哪一个，好像能考上似的。

每一站都有点状况。布朗大学是第一站，再加上布朗大学差不多是它所在城市最大的“景点”，所以我们花时间最多。等第二天到了下一站哈佛，我们已经又热又累，因为在哈佛会停留两天，于是决定当天不暴走校园了，吃个雪糕休息一下。一边吃一边远远看见一群群的参观者在摸一尊雕像的脚——知道肯定是一个重要“景点”，但我已累得没有力气走过去摸了。

我对娃说：“你去摸一下算了。明天我们参观博物馆，就不再过来了。”娃坚决不去。我在自己挣扎着走过去摸一下和坐在这里吃雪糕不摸那一下之间犹豫了好一会儿，还是决定不去摸了。什么驮钱的神龟啊，华尔街的牛啊，我向来都不摸的，世界观要稳定。

接下来有一天的行程是耶鲁和普林斯顿两个学校，要很早就起床，大家都有点累。我问孩子们，是想好好吃个美式早餐，还是赶去学校，保证参观时间？孩子们都选好好吃早餐。我也想选好好吃早餐，但我可不敢做这个决定，万一娃没考上耶鲁不是因为成绩不够好，而是因为我吃早餐耽误了访校，我岂不是犯了大错？他自己选，我就没压力了。

在耶鲁，实际上只够时间在地图上打卡了。然后飞车赶去普林斯顿，终于把孩子们塞进了预约的访校队伍。我没参加集体访校，而是在校园中找了一个长椅处理积累了几天的工作邮件。除了访校的学生和家长，校园中人不多，到处都很安静，黑色和红色的金属长椅散落在建筑物之间的草地上，都带小桌子，很方便。校园中的网络也飞快。带娃旅行太累心了，这两个小时从行程中抽离出来的工作，让我非常愉快，我都恨自己需要处理的邮件不够多。我还想到，如果是非常重要的邮件，我就可以在末尾写上“发自普林斯顿”，好高级的样子。我被自己这个想法逗得哈哈大笑起来。

美国东部的这些城市，我们都有一些同学在这里定居，通常是这几所名校的研究生或者博士毕业，毕业后留在当地工作的。我们也把这些朋友介绍给孩子们认识，作为访校和激励他们的一部分。比如有个同学是哈佛医学院毕业的，她刚刚结束一个新药开发的工作，这个新药会帮助一些患者延长生命。虽然同学很谦虚，但我知道，这是一个非常巨大的成就。

我把关于这个药的新闻发给娃，而且我还设想了一下。见了好几个同学，他们都是很有成就的。如果娃问：为什么你同学这么厉害，而你没有那么厉害呢？我有两个答案看心情随机抽选：一个答案是，因为妈妈不好好学习，所以不厉害，如果你不好好学习，将来就会这样；一个答案是，妈妈也很厉害，大家在不同领域厉害，如果你不好好学习，将来就不会这么厉害。

不过，娃看到我发的新闻，并没有按我的思路走。他问的是这个新药能不能给他国内的一个生病的朋友用。这样，我准备好的厉害不厉害的答案就浪费了。

每所大学的景色都特别美。但我

海明威十几岁的时候，就显现出了他的文学天分。16岁，他读古罗马政治家、演说家西塞罗的书后这样吹牛：西塞罗就是个传声筒，我双手捆在背后都能比他写得好。

然而，即便是天才，写作也不是那么简单的事，必须脑手脚并用才行。我在美国作家布鲁姆《整个巴黎属于我》海明威的传记中，看到只是他的苦恼、努力和挫折。他苦恼，那些题材那些语言，并不听他的话，遂他的愿，排列成好看的队伍迎接他。他在给一位编辑的信里这样写：我死都想发表一篇作品。而他第一本书《在我们的时代》出版后的影响力，好比河畔的两条狗打了一架造成的震动。他努力的时候，似乎疯狂，1922年冬天到次年春天，他夜以继日地码字，写了很多的故事梗概和短篇小说。他的第一位妻子哈德莉说，有时候和他拥抱，会听到背后有书页翻动的声音，他是一边拥抱一边看书。挫折自然接连不断，他在巴黎的赤贫时期，向每一个人借钱，去讨每一枚没被攥紧的铜子，饥肠辘辘，整天不吃饭，不是节食，是没得吃，甚至去公园偷袭鸽子，拿回家炖了吃。

庞德式告诫

□陆春祥

1931年的一天，已经三十多岁的海明威去见了大作家埃兹拉·庞德，他想从这位“文学助产士”那里得到帮助。1948年的诺奖得主艾略特，著名长诗《荒原》的副标题就是，献给埃兹拉·庞德，最卓越的匠人。艾略特的这首长诗，就是庞德编辑的，他删掉了三分之一，并力争帮他发表。庞德还帮助乔伊斯出版《尤里西斯》，也帮助过年轻作家如劳伦斯、福斯特等，帮他们找出版，写书评，甚至付房租。

这一回，庞德和海明威聊了好久，哈德莉也在场，她估计，那一天，海明威至少喝了十七杯茶，因为，庞德有很多话叮嘱这位年轻的作家：创造惜字如金的语言，形容词不可信赖，作家无论如何都不能使用多余的词语，也不能纯粹耽于描写，“别搞那么多场景”。另外，庞德还向海明威开放他的海量藏书，提供了一份必读书单，古代名家作品必须读，尤其是荷马和孔子，必须“通读”，但丁和伏尔泰也要研究。

人们把庞德对海明威的这个指导通常称为“庞德式告诫”。

海明威把作品交给庞德看，庞老师非常严厉，拿回稿件时，作品上满是蓝色铅笔修改的痕迹，大片的形容词被删掉。这种告诫显然起了作用。在海明威的作品中，相比形容词、场景和描写手法，他的叙事与动词元素处于更加核心的地位。查尔斯·斯克里布纳父子出版社的资深编辑柏金斯，这样评价《太阳照常升起》：海明威想把一个震撼人心的现代世界蓦然摆在大众面前，不加任何抚慰人心的风格修饰，用野蛮、褪尽了浮华的文体，写出赤裸、血腥的内容，他的文字中没有阴凉，没有一个形容词能为读者遮挡炽烈的太阳。

庞德的告诫中，核心要点是语言的运用，他自己也是实践者，这位意象派大师，他的名诗《在地铁站内》只有两行十四个单词：这几张脸在人群中幻景般闪现，湿漉漉的黑树枝上花瓣数点。外界事物映射主观大脑瞬间成像，人面和花瓣对应叠加，在他面前一一闪过。这种意象，得益于庞德平时的努力阅读，汲取日本俳句、法国象征派及中国古典文论等诸多营养而集大成。

海明威的成功，自然不仅仅是庞德的告诫。1952年，他强势回归，只用八周时间就写出了《老人与海》，《生活》杂志当年9月刊发完整作品，杂志发行后的四十八小时内，就卖出了五百万册。1954年，海明威被授予诺奖，不过，他没有出席颁奖典礼，只是寄去了简短的演讲词：一位真正的作家，应该不断尝试做别人从未做过的事，或者别人一次又一次失败的事。有时候，天遂人愿，他会成功。

别人未做过的事，就是现今所谓的突破禁区，冒犯已有的规则，也包括他当记者时训练成的电报式语言，精简、集约、有节奏感，努力找到自己的语气，每一个单词都经过了呕心沥血的筛选与编排。

一路上都在想，为什么在参观大学的时候，总有若有若无的失落感呢？是因为自己青春逝去，远离了大学生活吗？还是因为我把名校和成功联系在了一起，对自己人生的意义产生了怀疑？我知道每个人都应该学习接纳自己，可对于自己这么平凡，我还是偶尔会无比懊恼。

这才是最让人懊恼的事吧。

“凡·高奶奶”的画与人生

□周世玲　陈丽金

常秀峰是一位目不识丁的农村老人，晚年偶然作画，受人喜爱，被称为“凡·高奶奶”，作品被名人收藏。2019年8月1日，“凡·高奶奶”去世，享年83岁。

常秀峰的画作均和生活了一辈子的河南农村有关。儿子江华曾说，妈妈用笔描绘了这个消失的村庄的碎片，“她的画，是她的私人生活史”，寄托了她的乡思。

“凡·高奶奶”葬礼特别，下葬那天，江华将老人的画挂出，供前来吊唁的亲友观看，“伤感而美好”。江华说，生命虽逝，作品却延续和传承了生命。

早年艰苦

1936年，常秀峰生于河南方城县农村，自幼吃苦。1942年河南大饥荒，家里曾为让妹妹活下去而把她卖掉，家里人也曾让孩子去地主家要饭后，把破衣服翻过来穿，假装另一个人再去要一次。

生活虽苦，但常秀峰生的六个孩子（最小的孩子由母亲妹妹抚养），没有一个夭折，而且坚决供孩子上学：“我一辈子不识字，吃了不少苦头。我就是再苦再累，也要让孩子们上学读书。”为此，她还曾遭村里人排斥。她靠着养牛卖钱供孩子读书，孩子懂事争气，两个考上大学，三个高中毕业。

年轻人离开了农村，留下两位老人独居。20世纪90年代常秀峰得过脑血栓，2001年丈夫去世后，她“老得很快”，生活失去极大的动力，这让儿子心绪不宁。但在家里，她几乎没有闲下来，经营着家里的果园，然后卖掉果实，一分一分地攒着，她要把钱留给孙辈。

2003年，在江华极力劝说下，常秀峰离开村子，第一次来到城市，到广州生活。老人习惯了苦日子，在广州生病也不舍得看病。以前冬天咳嗽得气都喘不过来，都是这样挺过来。她不愿意吃中药，觉得苦，江华黑着脸劝：“苦？你过的日子有这个苦？”

与画结缘

在广州，她把大部分的时间都用于照顾小孙女。因为要告诉小孙女山楂树长什么样，她拿起了小孙女的蜡笔，从此，与画结缘。

常秀峰画画的方法是“长得啥样，就画啥样”。笔法毫不讲究、什么材料都敢用，蜡笔、彩色铅笔、油画棒等，一画就画一周甚至数月。

画中多是对住了一辈子的农村的回忆，包括村里的风景、村民的起居劳作。她画家里的老屋，画秋天麦田的收割，画自己以前带知青学插秧，画法拙朴。

她的笔触浓烈，很少出现黑色笔触。秋天的树叶黄澄澄、树上的花红彤彤、叶子绿油油，南瓜是饱满的黄色，草莓是鲜艳的红色……

2006年，江华将画传到博客上，迅速红遍网络，常秀峰被称“凡·高奶奶”。多家媒体相继进行报道，还在香港举办个人画展并义卖，她的作品被马英九、世界著名摄影师斯鲁本等人收藏。

画家陈丹青曾评，画中有“质朴的震撼和心灵纯净的体现”。斯鲁本说：“‘凡·高奶奶’和我一样，不是用机器和笔展示艺术，是用心”。画展展出时有人评价，“看到的是孤独、乡愁”。

那些出生于乡村、在钢筋水泥铸造的高楼之间穿梭打拼的异乡人，都能从“凡·高奶奶”的画作中生出共鸣。

江华在博客里称，那些山水、花草、小动物都是母亲一生中见过并且时刻相伴的山区朋友。她画了家里的老屋，东倒西歪的，旁边的老树伸展着无数的枝丫，却没有叶子，这是媒体报道上提到的、为人印象深刻的一幅，有人分析，画出了凡·高的风格。

她画了向日葵，金灿灿的一枝枝竖在田地里，蓝天、绿叶和泥地，她曾在接受媒体采访时说，喜欢自己画的向日葵，它长在土地里，向着阳光，凡·高的向日葵，花脑袋耷拉着，凡·高生活一定很苦。

广州美术学院教授谭天曾用“偶合”来解释凡·高和常秀峰画作的相似，“这完全是自然贴近的偶合，他们都是对着自然对象画下来的”。两个人使用的绘画材料接近是造成类似的一个重要原因。不过所谓凡·高式的短旋笔，谭天认为是因为蜡笔的材质使常妈妈自然形成的手势。“这与凡·高用油画笔有意识地控制是有区别的”。

思乡归乡

出名后常秀峰的生活没什么变化，仍围着家人打转。她的日程精确如原子钟，早晨5点30分左右悄悄起床，在窗口看看外面的树和天气，以及下面的行人。后开始洗衣服、擦地板、做饭，等家里其他人起床。她想念村里，在广州市中心的住所阳台上种上蒜苗、豆角和西红柿。

空闲时，常秀峰都在桌旁作画。因为得过偏瘫，画一会儿手就会不由自主地抖动，画画时，老人完全沉浸其中，“有时候叫她是听不见的，总是聚精会神”。

“她坐在阳台上连外面都不看，在盘子里的蜡笔头中寻找颜色，把1000多千米外家乡山沟里某棵树的样子搬过来。”江华看着老人作画的身影，总想，她今天保不准，心绪又回家了。

江华在博客里称，在母亲的手里，可能画的就是哪条田埂上的树。她甚至对人说，这个树，是村子哪个地方的树，旁边有什么等。但凡有人来问，她很爱为人解释，画里画的是家乡哪里。

2009年凡·高奶奶的画册出版，画册里都是关于家乡的画，拿到书时，常秀峰说眼睛有点酸。

2012年，年近八十的常秀峰坚持要回家，江华和其他兄弟姐妹商量，迁就着老人，让老人在南阳的子女家住。

2015年之前，央视纪录片频道跟拍了一年的常秀峰乡村生活。纪录片里，常秀峰思乡心切，想回去，“房子水泥瓦裂个缝，漏水了就找个人补补”。丈夫忌日那天回去了，她拉着村里人瘪着嘴，心里太想念了，“儿女们再孝顺，我心里总是想着这个家。人老了，七八十的人，这树老叶子还落根呢，何况人呢是不是”。

安详离开

晚年常秀峰患上眼疾，医生检查完后，叮嘱以后画画“每天不要超过一个小时”，但画搁那儿，“心里特想着它”。2015年纪录片拍完后，常秀峰就患脑血管疾病了，但在与病魔缠斗期间，清醒能坐起来时，她仍要拿笔练手。

进入2019年，老人的状态变差，7月底基本是弥留昏迷状态，经医生诊治评估，子女们把常秀峰送回了家。村里人拾掇院子，将一米多高的荒草拔掉，接水管进院子，迎接老人回去。8月1日凌晨，老人去世。

生命消失的过程很“神奇”，江华描述，突然就没有了，因为母亲处于昏迷状态，应该是比较安详、没有痛苦的，“就像生命的油灯，风轻轻把它吹灭了”。对家人来说，这是难以割舍且伤感的，但对于长期与疾病纠缠的老人，未尝不是一种解脱。

常秀峰去世的消息在社交平台引发关注。江华称，这大概来自一种共鸣，共鸣来自纯粹的情感表达的稀缺。这种纯粹，得到周围的呵护，是不分阶层的传递。还有一个点评称，这种纯粹，就好比，孩子们“看山是山”，老人“看山还是山”，我们这些中间的人呢？心里装的东西太多了——“看山不是山”。

家人为常秀峰举办了一场区别于传统的葬礼，现场挂出老人生前画作。前来吊唁的亲友，看着老人绘出来的大自然还安然在眼前，“伤感又美好”。

江华说，老人留下一笔抹不掉的财富，这不只是子女的遗产。他觉得自己很幸福，有这样一个老妈。看到她的作品，再将自己的惊喜传递给周边人。生命离去了，但作品没有离去。

灵魂的高度

□冯　欢

米歇尔·派卓西安尼，法国爵士乐钢琴大师，世界钢琴史上著名的“小巨人”。因为罹患成骨不全症，终其一生，他的身高不及1米。他的整个童年都在家中度过，陪伴他的除了父母和两个哥哥，还有和吉他手父亲每天在一起排练的爵士乐队。7岁那年，他看了一场钢琴音乐会，着迷到神魂颠倒。当父亲把一架钢琴抬进家时，他爬上钢琴凳，完整地演奏了一首父亲常听的爵士曲。从音准到节奏，没有丝毫差错。此后，他每天练琴十几个小时，从古典到爵士，坚持了7年。

第一次登台很有戏剧性。1979年，爵士小号大师克拉克·泰瑞和他的乐队在欧洲巡演。在法国克里乌斯克拉的音乐节上，台下人山人海的观众等待着，乐队的键盘手却迟迟未到场。泰瑞在独奏了几首单曲后向台下问道：“有没有人可以替代我们的键盘手？”17岁的他由父亲抱着上了台，他坐在钢琴凳上就像个五六岁的孩子。泰瑞无奈地笑道：“那我们就来一首儿童歌曲吧。”泰瑞吹了几个简单的音符，没想到米歇尔却即兴演奏起来。他不仅熟知泰瑞的每首曲子，更会在原有版本的基础上发挥，台上台下沸腾了。

不计其数的经纪人和爵士乐大师向这颗新星发出邀请。然而，父亲以健康问题为由拒绝他外出。那时，他的病情正逐渐恶化，双腿僵直，无法自由行走，但是如果不走上舞台，他将永远只是一个被锁在屋子里的矮人。红极全球的爵士鼓手洛马诺成了他的伯乐，每隔几天，洛马诺就来他家一次，劝说米歇尔的父亲给予这个小天才最大的自由。从巴黎到纽约，他在十几年的时间里红遍了全球。

仔细看他现场演出的视频，不难发现，他的左手已经变形，甚至爬上钢琴凳都那么不易。他说：“观众第一次来听我演奏，常常是基于好奇。但大部分人会再来，那就纯粹是为了听我的音乐了。如果我真的高大，那也是矮小成全的。”

无数的邀约，一年220场音乐会，打破爵士唱片纪录的数十万张的销售量……他创造了奇迹，也是20世纪最后20年间爵士乐王国最珍贵的记忆。声誉如日中天之际，他仍每天坚持练琴，直到在钢琴上折断指骨，乃至死神降临。1999年1月6日，他因肺炎病逝于纽约曼哈顿，享年37岁。

去做人生的学徒

□铁 凝

三十年前，听朋友讲起他的农民老父亲。这位老父亲一生赶牛车、赶马车，没有坐过汽车、火车。后来，在城市读完大学又找到工作的儿子决意请父亲坐一次火车，并告诉父亲要坐快车。父亲这才知道，原来火车还分快慢，就问儿子快车票便宜还是慢车票便宜。儿子答，当然是慢车票便宜。父亲惊奇地说，坐慢车的时间长，怎么反倒便宜？那时我们一边听朋友讲，一边笑，笑那老父亲的天真。

三年前在新加坡，读到一则关于跑步的故事。一个青年和一个老人清晨在公园跑步。青年矫健活泼，老人瘦弱迟缓。本来跑在老人后面的青年，很快就冲到了老人的前边。他优越感十足地回头叹道：“咳，你们这些老人啊，到底是跑不快了啊。”老人并不生气，边跑边对超过他的青年说：“年轻人，你的前边是什么呀？”青年说：“是路啊。”老人又问：“路的前边呢？”青年说：“还有一座桥。”老人说：“桥的前边呢？”青年说：“是一片树林。”老人问：“树林的前边呢？”青年说：“也许是山吧。”老人问：“山的前边呢？”青年说：“我看不见，恐怕就是生命的尽头了吧？”老人说：“那你跑那么快做什么呢？”我心里一惊，感受到一种苍凉的智慧。

三个多月前我走进江南山中的一片竹海，请山民教我认新竹老竹。要知道，世间植物唯有竹子长得最快。据说，一个小学生放学回家，将书包挂在一棵竹子上，坐在竹林里写作业，写完作业就够不着书包了。真是俏皮！我仿佛看见一棵挎着书包的新竹正蹿入云霄去天堂上学。

今天，我们生活在一个世故的快时代。我忽然想起朋友的农民老父亲。当年轻的我们笑他天真时，怎知他早就洞悉了慢的昂贵，就像公园里那位慢跑的老人。但当我想到那个跑步的故事，却也不打算责怪那位心怀优越感的青年。如果青春是用来挥霍的，他的确拥有快跑的资本。

连快跑都不敢的青年，岂不是枉费了青春？于是我的眼前不断闪现出那棵挎着书包的翠绿新竹。它的速度令我恐惧，可它挎着书包的样子又让我开怀大笑：挎着书包的竹子毕竟不那么老谋深算，它是去上学吧，是去做人生的学徒吧。

去做人生的学徒，这又让我想起很早以前看过的卓别林主演的一部电影——《舞台生涯》，卓别林扮演一位名叫卡维罗的喜剧演员。我记住了这部电影里的一句话：当卡维罗历尽艰辛终于以他精湛的技艺博得观众狂热的喝彩时，女友激动地对他说，他的表演使同台的那些演员都成了票友。对此，卡维罗严肃地答道：“不，也许我们都还是票友，要在艺术上真正有点造诣，人生是太短暂了。”

卡维罗的谦逊和“上学”的竹子让我感到艺术的艰辛和生命的局促。我写作，与其说是为了要告诉读者什么，不如说是在向文学讨生命。艺术和写作恰可以盈满我们的精神，放慢我们生命的脚步。在浩瀚的宇宙之中，假如人生似一棵绿竹，以我这并不年轻的生命，仍愿做背着书包的那一棵，急切努力，去做人生的学徒。

善良的三大特征

□石亚明

哈佛大学的斯美尔瑟教授在对入学的新生调查时发现，在新生的心中，社会很叵测，存在“我将如何待你，方显我人性的美好”的困惑。于是，他针对这一情况进行专题研究。

斯美尔瑟教授按“人的本质在于社会性”的原则，利用教授们爱攀比的心理，巧妙地给参加各学科课题攻关的教授，制订了让他们蹦一蹦就能够实现的小目标。果然，大家的积极性都被调动起来。

很快就有翔实的资料源源不断地摆在斯美尔瑟的案头。斯美尔瑟根据这些资料得出结论，善良的人一般具有以下特征：1.引领他人，激发他人的自觉；2.不求回报；3.呵护他人的自尊。斯美尔瑟教授列举完这三个特征后，真诚地告诉大家：真正的善良其实是一种大智慧，它是能走进他人内心的一种真正的帮助。

做个幸福的人，内心有力量更要很柔软

幸福的感受往往来自内心的丰盈，尤其是感情方面发自灵魂深处的安慰。因此，幸福不能仅仅从外探求，更要从自己的内心探求。这就意味着，我们在积极寻求物质方面的保障时，也不能忽视情感上的联系和精神上的富足。

击剑者

□沈轶伦

开追悼会时，我才第一次知道，小姑父少年时代是一名击剑运动员。

他是零陵中学第一代击剑俱乐部的中坚力量，曾在训练时几次负伤，但为了不耽误比赛和稳定军心，坚持带伤比赛，为学校夺得过奖项和荣誉。这所中学至今在沪上以击剑运动为特色，我偶然也听闻盛名。但直到小姑父去世，在追悼会的致辞环节，我才第一次知道他的少年时代和这项运动的交集。不知为什么，在追悼会上我想着这件事。小姑父颀长英俊，话并不多。击剑这项运动讲求风度，又讲究灵活，多么适合他。

有时看上去至亲的家人，也是世界上最互不了解的对象。在追悼会开始前，我听到赶来参加的其他客人的聊天。有人描绘小姑父慢悠悠打牌的样子，有人描述他工作时的场景，有人说，他讲话的样子现在就在我眼前。我听着他们说话，想到，这些侧面，是小姑父在我面前从未展露的部分，尽管我们认识三十几年。

他于我而言是怎样的形象呢？我们家的其他男性长辈都不高，小姑父最高。其他男性长辈都不爱动，小姑父爱动。小姑父和姑妈有了表妹后，他们常带我和表妹一起去周边公园玩。有时时间紧凑，去不了远处的公园，他也喜欢带我们在近处的街心花园或者小区绿化带里玩。如今想来，这一切都对得上。他是当过运动员的人，比起待在室内看书读报，他更喜欢空气和风，他是适合户外的。

我还记得他抽烟。这并非什么特殊的嗜好，但问题是在我家，没人抽烟。我也一直想当然地以为小姑父不抽烟。但他带我们姐妹俩出去玩时，有一次我爬到游乐设施的高处，我想叫他看我们爬得多高啊，这时远远看到他在抽烟。我当下大惊，像窥见了什么秘密。我伏在栏杆上看见小姑妈在一边，对此安之若素，看见表妹也一脸习惯，这才意识到小姑父其实一直以来都是抽烟的。

祖母是个极严格的人，最喜鞭策人求学致仕上进。小姑父与姑妈成婚时都是工厂普通工人，后来很长时间内也一直如此，没有丰功伟业，也没有成为名流伟人，想来在我祖父母家里，也倍感压力，导致连香烟也不敢公然抽。所以也不知为什么，在追悼会上，我也想着这件事。看到小姑父在公园里抽烟的场景，也大约是我作为一个孩子第一次感受到成年人需应对的拘束。但抽烟这件事，其实也并非全未露马脚。比如每年春节，固定的家族聚会后，小姑父带我们小孩去放烟花，总能随时掏出打火机。我们围着看烟花，欢呼欲近，近了又怕，如此渐渐长大，而小姑父慢慢添了白头发。

此后几十年中，每年见面的机会，渐渐就只剩过年。到了固定这天，我父亲和姑妈们的几个三口之家，围坐在祖父母家的沙发上。面前一张圆台面和一只八仙桌拼在一起。上面放上固定的木板，铺上一次性餐布，放上冷碟碗盏，成为节日里能招待十余人的餐桌。节日的一天总是从午饭开始，午饭后是嗑瓜子喝茶、吃水果、打瞌睡，大家都等着晚饭。而天迟迟不暗。终于到了五点，人人松一口气，等晚饭后，分别打扫厨房，清理瓜果骨渣，互送红包，随之一散，再聚时就是第二年。

这些聚会和大部分家庭的聚会一样，以食物为主。起初几年是祖母神采奕奕地忙着烧菜，后来是姑妈们和我爸爸轮流掌勺，再然后是谁也不烧菜了。大家提前电话预约饭店吃一顿。节假日的饭店特别闹哄哄，服务员上菜也格外慌张，举止间总带着催促之意。在这些商业机构吃饭，真的也只剩下了吃饭。

可这一年一度的聚会还保留着。大家也就想当然地觉得会永远保留下去。直到某一把椅子空下来，原来的坐者不会再出现。可这空下来的椅子上，终究也会添上新人。我们这一代开始结婚成家，从人数上说，圆台面上的热闹未减反增。这其中蕴含着一种残酷也真切的代际更迭，这大约就是生命或者说家族的意义。

追悼会进程过半。家属还在里间扯下花圈上的花瓣撒入棺木。外间的来宾擦干了眼泪，擤了鼻涕，已经开始聊天。小姑父走时刚过六十。他的老同事们和朋友们也大多数是这个岁数，正是开始做祖父母的年纪。我坐在外间，看到他们眼眶还是红的，睫毛还是湿的，但已经开始掏出手机，开始给朋友看自己小孙女小孙子的视频。孩子在镜头前做出种种可爱至极的动作，牙牙学语，哇哇歌唱。围着的人看了，也就笑了。

而里间开始合盖敲钉子了。

因为葬礼，很多长远未见的人因此相聚。送别的悲哀，和相见的欢乐

待物的心态

□张宗子

逛跳蚤市场多年，容易激动的习惯始终改不掉。遇到喜欢之物，不仅喜形于色，还像和店主争辩似的，拼命夸赞，又引经据典，娓娓道其来历。

成了老朋友的邮币店老板，以前经常告诫我，要永远摆出一副扑克脸，看中一样东西，不要径直拿起，先拿别的，挨个问价，看中的夹在中间。做不到这两点，只好当冤大头。

有一次在北京潘家园，一枚北宋大铁母，市场价几千块，我买了一枚，只花六百元。递出六张花纸头，顺口问两位憨厚的摊主："品相这么好的铁母，我以为至少三四千元，你们才要六百元。"一位摊主从容答道："货卖识者，师傅一看样子就是读书人，是真懂行的，我们就愿意卖给你这种人——少赚点不是事，哪儿都能补回来。"我想，是这个理儿。

在德胜门小店，看见一枚直隶局的咸丰钱，个头超大。超大的，书上说是样钱。问价，才百把块钱。心里不踏实，问老板，一个热情的小伙子。老板说，什么样钱不样钱，乡下收来的，喜欢就拿去，反正我也不懂。我想，乡下收的，肯定不假，他不懂，难怪卖这么便宜——捡漏喽。赶紧交钱走人。

人有了经验就变"坏"，这是一定的。二十年过去，扑克脸大概学会了，故意先挑不买也学会了。但最后我发现，眼力、经验、技巧，都是小节，人改变不了的，是性格和习惯。

收藏者看别人的东西眼光苛刻，因而锐利，看自己的东西宽容，因而迟钝。看别人的东西，专心找差错，看自己的东西，专心找优点。做鉴定，最好交换着看。

我的毛病是，看谁的东西都是专心找优点。在市场上，发现了疑点，不是立刻罢手，而是千方百计找理由说服自己：东西没问题，是好东西。艺术品与人一样，身材、容貌、气质、修养、性情，各不相同，各有特点，你若喜欢，就只看到喜欢的部分，而且越看越喜欢。

伪造的古董亦然，有仿造得好的地方，也有露馅的地方。古人说，一件器物，方方面面，一伪皆伪，处处过关尚且未必是真的，何况一处或多处露了马脚？然而在我眼里，看到斑驳华美的麒麟皮，优雅的麒麟角，纤秾合度的躯干，哪里想得起来看脚？即使看到了马脚，也会想，是穿了一双马皮的靴子吧！

我买东西纯为好玩，买的都是不值钱的民俗物件。一个麒麟送子的残缺小瓷罐，朋友说是清末民窑的，才花了八块钱，但我很爱惜。在书架上找书的时候，拿起来看一看，觉得如鲁迅先生所说，可以窥见一百多年前普通民众生活的场景。

一件东西没到手的时候，隔江听雨，仰之弥高，想着怎么好，看上去就是那么好。一旦归为己有，以平常心视之，眼中本色毕现。粗是粗，精是精，艳俗的，艳不能掩其俗，朴素的，朴素中有华丽，绮靡的，要么绮靡到一塌糊涂，要么细看之下，绮靡中透着高逸。天性随和的人，对世上一切事物，因无提防之心，不可能永远睁大眼睛，自然免不了吃亏上当。但尘埃落定后的澄澈，另有一番妙味。在一种诱惑面前的失败，就成了这种诱惑的最好防疫针。

交叉在一起。

小时候，我不肯吃青菜，正在耍赖，小姑父进来看见了。他抱着我转圈。他多么高呀。因为被他抱着，我觉得我能触摸到天花板。他说，你看跳芭蕾舞的人都吃青菜的。吃青菜腿会长很长。我说真的吗？他一脸认真地说真的啊。

我到现在吃青菜时还会想到他说的这句话。因为想到这句话而笑，因为笑起来而想念他。我与小姑父最后一次见面时，他刚做了大手术，躺在床上，刀口太长，他说不出话。他看到我，摆摆手，转头睡过去，再也说不出风趣的字句。

我采访过许许多多的人。我听过许多程式化的访谈，也有幸挖掘过独家的访谈，但在过去的三十多年里，有许多个围坐在祖父母沙发上的时刻，我从未想到去倾听我的家人经历的岁月。比如我的小姑父为什么会学击剑，他为什么又不再练习？他身处的工厂受到改革大潮的冲击。像那个时代许许多多无奈一样，他是否也有过自己的遗憾？像那个时代许许多多的危机一样，他也见证了社会巨大的变革。

而我不再有机会倾听他的故事。但若再有机会坐在一起，我们午饭后等待瞌睡的劲头过去，我们有一搭没一搭说着毫无信息含量的话，我大约也不太会开口问他的故事。我们默默坐在一起，手握茶杯，吐着瓜子壳，因为知道对方存在而安心。我们等待着夜晚的来临，等待着下楼放烟花的时刻到来。

你可以让时间慢下来

□村上龙

为什么越长大，觉得时间过得越快？心理学家哈蒙德对此展开了研究，她发现——我们对时间的感知，跟我们吸收、处理、储存的信息量紧密相关。如果一件事情对于我们来说，是未知的、新奇的，是激动人心的，是刻骨铭心的，大脑就会高频运转，吸收、处理和储存很多信息。因为大脑吸收、处理和储存的信息多，所以这段时间事后回忆起来就会“变长”。如果一件事情对于我们来说，是熟悉的、常见的、趋同的，大脑就会低频运转或待机，进行无意识的自动化处理。因为大脑吸收、处理和储存的信息少，甚至没有储存信息——信息高度趋同，会被大脑整合删并，所以这段时间事后回忆起来就会“变短”。

相信很多人都有一种旅行感受——回程总比去程快。“因为大脑是会偷懒的，它判定相同的场景和事物，是不需要一遍一遍储存的。”这跟硬盘储存是一样的理，硬盘储存的时候，遇到相同的文件就会询问是否覆盖，因为它认为相同文件不需要重复储存。“回程总比去程快”佐证了一件事情：人的主观“时间”和我们接收了多少信息有关——信息能够延长时间。为什么越长大觉得时间过得越快？因为小时候是在发现发掘，而长大后是在不断重复。“有的人30岁就死了，80岁才埋葬。”这句话说的就是这个理。

心理学家詹姆斯做过一个“线段实验”。他各用了三秒钟，在纸上画了A、B两条线段，B线段比A线段长很多。画完后，他问一帮朋友：“你觉得我画哪条线段用的时间比较长？”朋友们都说：B线段。为什么呢？因为大脑倾向于认为：“内容”越多，“时间”越长。这个实验也证明了哈蒙德的判断：“时间”和我们接收了多少信息有关，相同的时间内，大脑吸收和储存的信息越多，这段时间事后回忆起来就会“越长”。大脑吸收和储存的信息越少，这段时间事后回忆起来就会“越短”。

作家许渊冲有句话说得好：“生命并不是你活了多少日子，而是你记住了多少日子，你要使你过的每一天，都值得记忆。”一个人生命的长度，其实并不取决于你活了多长时间，而是取决于你记住了多少日子。留住时间的唯一方式，就是把它变成珍贵的事物。

所以要想让时间慢下来，我们就必须跳出既定的生活轨道，去尝试去发掘一些新领域新事物，从而创造一些新的记忆。要想“减慢”时间，方式之一，就是多去经历各种各样的事情，让人生体验更加丰富。第一次跳伞，第一次蹦极，第一次演讲，第一次出国，一年之中，多尝试几个“第一次”，让这些“第一次”在你大脑中留下刻度，你就不会觉得时间过得飞快了。这也是我们常说的——拓展生命的宽度。

在2016年“10人看10年”演讲上，马云动情地说：“说实话，我每一天就像过了一年，每一年就像过了十五年。”为什么马云的每一年过得这么慢呢？因为他做了很多极富挑战性的事情，取得了很多标志性的成就。哈蒙德有一个结论说得好：“有共性的回忆趋向于合并删减，而标志性的回忆倾向于鹤立鸡群。”所以，要想“减慢”时间，第二种方式，就是努力学习和奋斗，去追逐和建立更多更高的职业成就。让这些“成就”在你大脑中留下刻度，你就不会觉得时间过得飞快了。这也是我们常说的——提升生命的高度。

童话《小王子》里有段对话触动人心。小王子驯养狐狸后，第二天又去看它。“你每天最好相同时间来。”狐狸说。小王子问：“为什么？”“比如，你下午四点来，那么从三点起，我就开始感到幸福。时间越临近，我就越感到幸福。我就发现了幸福的价值……所以应当有一定仪式。”“仪式是什么？”小王子问。“它就是使某一天与其他日子不同，使某一时刻与其他时刻不同。”狐狸说。

一对夫妻，结婚二十年了，依然恩爱如初。因为每逢重要节日，丈夫都很会制造仪式感。今年，妻子过生日那天，丈夫变出个玩具老鼠，送给属鼠的妻子。妻子愣在那里，一脸惊讶。丈夫说：“你掀开左耳朵看看。”妻子：“哇，一百块钱。”丈夫说：“你再掀开右耳朵看看。”妻子：“哇，一百块钱。”这份礼，钱不多，仪式感却让妻子热泪盈眶。

关于时间的感知，哈蒙德还有一个结论：“越是有非凡意义的事情，我们对它的记忆就越深刻。”所以，要想“减慢”时间，第三种方式，就是为父母、爱人、子女、朋友，去创造更多具有非凡意义的仪式感。让这些“仪式”在你大脑中留下刻度，你就不会觉得时间过得飞快了。这也是我们常说的——触摸生命的温度。

郭靖被人忽视的一处小善良

□烟 雨

郭靖是个善良的人，善良到让人一度以为他智商欠了费，被杨康捅了一刀都不带记仇的，善良到被打得皮开肉绽都不愿说出哲别藏在草堆里。

这种善良义气很让人佩服，但佩服容易做起来难，其实生活中的普通人远远用不到这么大力气的善良，一些小小的善良都足以让人温暖很久。

今天聊聊郭靖的一个很细微的善良，也是日常生活中容易被人忽视的小善良。

事情是这个样子的，郭靖、黄蓉、老顽童、洪七公一行海难脱困到了牛家村，第一次见到傻姑。对于这个陌生的、脏兮兮的、有些疯癫的姑娘，几个人的表现是不同的。

先是“周伯通大声‘喂’了几下……‘你这里酒也没有，饭也没有，开甚么店子？’……‘唉，你真是个傻姑娘。’”注意，是“喂”，分贝还贼大，还问人家开的什么破酒店，是不是很不友好，很没礼貌？姑且不说人家真傻还是假傻，你老顽童此时是来投宿求饭的，《西游记》里神气惯了的猴子化斋都没有这么颐指气使喂来喂去，嫌弃蓬荜无光、素斋难吃的。老顽童倒好，嫌弃这嫌弃那的。

当然，有的人说了，老顽童心智淳朴，注意不到这么多，那我们看看黄蓉是怎么样的。

“她脸上手上都是污垢，长长的指甲中塞满了黑泥，也不知有几个月没洗脸洗手了，黄蓉心道：‘就算她做了饭，也不能吃。’……‘这莫非是家黑店？那傻姑只怕是装痴乔癫。’”

黄蓉第一次见到傻姑，心里的戒备、怀疑和嫌弃大抵如此。接着还因发现密室而怀疑傻姑心怀不轨动起手来。当然，你要是在荒村野店发现一个傻乎乎的姑娘，尤其是它还存在暗门密室，里面居然还有尸体，活生生的鬼片既视感，黄蓉防备和疑心是可以理解的。聪明人嘛，脑子转得快，心思多也是常有的事。

但是，无论是黄蓉的戒备还是周伯通的嫌弃，对于一个陌生的留守小姑娘来说总是不那么友善。我们看看和他们一起的伙伴郭靖是怎么样的。

前面说到的周伯通和黄蓉在跟傻姑的盘问和动手过程中，首先，郭靖是没怎么发声的，这其实很难得。设想如果我们和朋友出去遇到点古怪事，难免都会有同仇敌忾之气，比如一起对骂甚至动手都会有。

而在黄蓉和周伯通跟傻姑的三招两式中，郭靖只是一直护在洪七公左右，整个过程中最大的动作就是外出查看了一下周围情况，一没有像周伯通一样吆五喝六，二没有像黄蓉一样顿生敌意。对这个陌生的姑娘，一开始他都没有表现出太大的敌意，无论是言语还是行动上。

接下来郭黄进入密室见到尸体后，疑惑傻姑的身世，黄蓉道：“这傻姑使的明明是我桃花岛的碧波掌法，虽然只会六七招，也没到家，但招术路子完全不错。这两人为甚么死在这里？跟傻姑又有甚么关连？”而郭靖道：“咱们再问那位姑娘去。”

注意，这里是郭靖第一次称呼傻姑，用的是“姑娘”而不是“傻姑”，差了一个字，但是不是很有礼貌的意思在里面了？这可不是我说的，而是金庸自己说出的：他（郭靖）自己常被人叫“傻孩子”，是以不肯叫那姑娘作“傻姑”。

大师下笔是很有分寸和味道的，在这里金庸表达了两层意思，第一，郭靖其实不傻，在他心里是不喜欢傻孩子这个称呼的，郭靖不想把这种不好放在别人身上，哪怕她真的是个傻孩子。

第二，这里是郭靖当着黄蓉的面称呼傻姑为姑娘的，也就是说是在傻姑不在场不知情的情况下。我们在人前夸奖和赞美很容易，难能可贵的是在背后依然不说别人的不是，郭靖的善良，大抵如此。

接着，当郭靖正式第一次跟傻姑发生对话的时候说的是：“姑娘，您尊姓？”他或许木讷不善言辞，不知道什么是己所不欲勿施于人，但被人叫傻孩子、傻小子，终究有一丝不太舒服，哪怕只是一丝，他也不愿意让这个陌生的略带残疾的小姑娘不舒服。

有人说，这种细节上的小善良根本不足道哉，何况傻姑是真的傻，根本意识不到这些。那么《雪山飞狐》里有个不起眼的仆人平阿四就会告诉我们，这种被尊重的感觉究竟有多么温暖人心。平阿四告诉苗若兰，自己当年被胡一刀尊重时的感受，是这么说的：“苗姑娘，当年胡大爷给我银子，救了我一家三口性命，我自是感激万分。可是有一件事我是同样的感激。你道是什么事？人人叫我癞痢头阿四，轻我贱我，胡大爷却叫我‘小兄弟’，一定要我叫他大哥。

“我平阿四一生受人呼来喝去，胡大爷却跟我说，世人并无高低，在老天爷眼中看来，人人都是一般。我听了这番话，就似一个盲了几十年眼的瞎子，忽然间见到了光明。”

这，就是被尊重的意义。

居酒屋的故事

□毛丹青

这是我30多年前刚到日本留学时亲身经历的一件事情。当时去的是三重大学，离名古屋不算远，乘电车的车程不到50分钟。日本同学跟我说："名古屋是大都市，如果要打工的话，工种不仅多，而且工钱也高，花上往返交通费也是值得的，况且车费都是雇主支付。"

这么跟我说的日本男学生不止一位，日本女同学也跟我说去名古屋打工好，尤其是居酒屋，跟客人聊天还能够提高日语水平。后来，我听大家说得多了，经由同学的介绍，直接去了居酒屋打工，而且还有一种强烈的期待感，因为这是我有生以来所打的第一份工。

居酒屋在名古屋的繁华街道荣町，夜晚灯火通明。居酒屋的主人是一位中年男子，话很多，活像一个话篓子。可惜，我的日语不够好，很多话只能猜猜而已，完全达不到心领神会的地步。

居酒屋不大，加上单人台座，也就18个座位。屋顶不高，进厨房时必定要从暖帘下钻过去，店主人忙起来时，进进出出，活像上演了一场皮影戏。

过了几天，我开始了解了居酒屋的节奏，晚上一般都是从8点左右开始热闹，人声鼎沸，有的貌似公司职员一样的日本人甚至声嘶力竭，尽显"上班族"的苦痛。不过，在这家居酒屋里，一直坐在单人台座最里面的是一位日本大叔，每回坐下来几乎都不说话，只是点一壶清酒，一碟小菜，独饮慢食。据说，他是常客，除了周六周日以外，几乎每天晚上都过来，就跟上班族打卡一样。

其实，我也是因为日语说不太清楚，所以才下意识地喜欢往不爱说话的日本人身边靠，偶尔说几句，他也回答，然后接下来就是很长一段时间的沉默。不过，尽管如此，我们相互之间还是逐渐形成了一种很浅的交流。有一回，他告诉我海鳗和河鳗的区别，说起来如数家珍，表情也夸张，活灵活现，声音十分洪亮，有时居然能把我不懂日语的焦虑彻底打掉。

自从有了这位老主顾，我对日语的感知能力居然突飞猛进，有时甚至不听他的讲解，也能知道个大概。尤其是当他讲起大海和海里的鱼的时候，一件一件好玩儿的事才让我开始知道他原来曾经是一位渔民。难怪夏天看见他穿拖鞋进店时，脚指头之间的缝隙那么大，想必是天天站在渔船上站出来的。

我在居酒屋打工期间几乎跟这位日本大叔是每晚相遇的，他见到我有时会笑眯眯的，但具体为什么笑，我弄不清楚，当然也不是天天如此。有时，他甚至一言不发，干巴巴坐在单人台座上，目光僵直。

大约过了1年，也不知从哪天起，日本大叔就再也不来了。我问店主知道不知道他的情况，店主说他也不知道，同时也觉得很奇怪，是不是从名古屋搬家搬出去了呢，我们都无从可知。

后来，我因为要正式受雇于日本的渔业公司了，就辞掉了居酒屋的工作，留学的学业也半途而废了。店主依然很能说，他说像我这样的人本来就不应该关在屋子里做学问，应该到社会的海洋里去扑腾，哪怕像一只鸭子或者一只鹅都行，只要能沾水就有收获。

听他如此感言，又让我想起了常来居酒屋的日本大叔，我给店主留下了电话号码，跟他说："如果大叔有消息的话，请你务必告诉我。"

再后来，大约又过了半年。有一天，店主突然打电话给我，他说："这里有一位老奶奶到居酒屋来找你了，她说她是大叔的姐姐，有话要跟你说。"

听罢，因为知道了日本大叔的行踪，我马上约了时间，专程又去了一趟居酒屋。店主说的老奶奶已经等了我一段时间，她一见我就问："你是毛君吗？"

我回答："没错，我姓毛。"

老奶奶略微打量了我一下，然后说："我是他的大姐。他在半年多前，突然病倒了，紧急住进了医院，被诊断是癌症后期，没过两星期就去世了。我们家人都觉得这太突然了，但也没办法。后来，我开始整理他的遗物，发现有一本手账，在他临走前写了很多毛君的事情。"

"会有这样的事吗？"说实话，我很难相信，因为实在没觉得跟大叔有过什么深度的交流，不过，我还是继续问下去，"他写了什么呢？"

老奶奶稍微停顿了一下说："他说：'自从居酒屋有了这个中国人之后，我开始觉得天下有人听我说话了，天下没有人能像毛君这么认真听我说话，也没有人能像毛君一样每天晚上听我说，不厌其烦，他在居酒

死于网络谣言

□王嘉兴

在墨西哥中部小镇阿卡特兰，一对倒霉的叔侄，只是在2018年8月底的一天被镇里的警官从当地一家商店带走，就此掉入了谣言的黑洞。

在这个多数人以农业种植为生的小镇，类似情况发生的不多，因此引起了周边居民的围观。突然有人大喊，“他们是人贩子”“他们来这里是为了绑架儿童”，人群一下子就骚动起来。警察赶紧澄清情况，称只是带两人回警局问话，他们不是人贩子，就回到了警察局。

几乎同一时间，另一条消息在居民手机里的社交软件上传开：“警惕！已有人贩入侵本镇！过去几天，已有多名不满14岁的儿童失踪，其中一些孩子的尸体在荒郊野外被发现。”

愤怒的居民很快包围了警局。有人用手机摄像直播，呼吁人们前来施压，避免绑架者被轻易放走。有人爬上了警局隔壁市政厅大楼的屋顶，敲响大钟，唤起全镇人的注意。警局门口聚集了越来越多的人，有人开始拿着扬声器在人群中游走，现场募捐，表示将用这笔钱买来汽油，烧死“犯人”。没等警察反应过来，一名男子强行闯进了看守室，将两名嫌疑人拖了出来。他们被一路拽到警局门口的四级石阶下，成为人群拳打脚踢的目标。一阵野蛮的殴打后，人们将之前募捐来的汽油淋到奄奄一息的两人身上，然后扔去一只点燃的打火机。

现场一片欢呼声，直播评论里也多是正义得以彰显的感慨，除了几条闪过的评论——“请不要伤害他们！”“不要杀他们！他们没有绑架儿童！”其中一条信息的发布者，是一名死者的奶奶，她只能惊恐地在手机屏幕中看着自己的孙子被活活烧死。

事后人们才得知，两名死者与人贩子毫无关系。他们是临近村子的农民，为了给自家的农田里打一口水井，在这天来阿卡特兰镇采购水泥。因为对生面孔感到害怕，有人报了警。警察到场后，循例将他们带回警局登记调查。整个过程再寻常不过了。然而，一声莫名其妙的呼喊，和社交软件里被疯狂转发的谣言，把事情推到了无法扭转的局面。小镇里热血上头的居民，把对人贩子的嫌恶与恐惧全部加在了两条无辜的生命上。

死者家属试图了解当天的情况，然而，被添油加醋的谣言弄得沸沸扬扬的网络突然沉默了——没有人愿意谈及那场悲剧，所有人都说自己不在场。根据当局说法，最终有5人被控煽动犯罪，4人被控故意谋杀罪。国会议员表示，这起事件让通信隐私和言论自由面临巨大的考验。

许多时候，网络谣言不会造成那么大的危害，它可能是“转给你的家人，这些食物不能一起吃”，或是“这些小技巧让你更健康”。但互联网的水土总是能把谣言养成意想不到的模样。在发达国家，网络谣言可能影响着大选、公司市值和名人声誉。在民风淳朴、接入互联网时间不长的地方，人们更容易被耸人听闻的内容捕获，成为它的传播者。

与谣言的对抗将是漫长的。有的社交媒体从2016年起，就与美、法等国的几大新闻机构达成合作，推出了反谣言系统。一些专业机构也参与进来，“国际事实审核网络”与一些社交媒体进行深度合作，他们标记真实性存疑的消息，所有用户在浏览这条消息时，都会收到提示。不少手机软件加强了相关内容的审核，限制其转发次数，并已经与学术界开展合作，用算法识别恶意内容，分析谣言传播的模式。但时至今日，用户仍然饱受谣言的困扰。

那对叔侄的葬礼安排在事发后第二天举行，在那个风和日丽的日子失去孙子的老妇人颤颤巍巍来到现场。面对地方和国家电视台的摄像机，她对着镇上居民怒吼道：“看看你们是怎么杀死了他们！你们每个人都有孩子！”泪水沿着她的脸颊滚落。

神父在那块曾经燃烧的石阶上放置了一个十字架。它会永远钉在那里，提醒阿卡特兰小镇的人们，他们曾犯下怎样的暴行。

屋一直忙，但只要一有时间就会站到台子里面，跟坐在台座上的我保持一个平行的视线，让人觉得充实，我应该好好地谢谢他，让我在居酒屋每晚的日子都很舒心，乃至忘了世间的烦恼。’”

听了他大姐转述的这些话，我知道当时的我只是一心一意想练习日语，所以才那么认真地听他说，或者当他不说的时候，我还在回味他说过的话，跟他在居酒屋的日子也许是我日语最腾飞的时期，这一点是没毛病的。

老奶奶又停顿了一下后，跟我说：“谢谢毛君，能让我弟弟在最后的那些日子里这么满足，我也就彻底放心了。他是我唯一的弟弟，我的家族的最爱。真的谢谢你。”说完，她的眼圈红了。

这时，跟往常一样，夜幕降临了，居酒屋已经点起了一串串的红灯。

不要把别人的泪当盐

□刘江滨

读《毛姆传》，才知道这位以《月亮与六便士》名世的英国大作家是口吃患者。他从小父母双亡，寄居在叔叔家过活。可能是压抑和紧张所致吧，他患了口吃症，这让他在周围人里很是显眼，经常遭到其他孩子的嘲笑。这样就更加让他变得敏感、害羞、愤怒和恐惧，生活在无尽的痛苦和耻辱中。有一次，他和叔叔到伦敦，叔叔有事滞留，让他自己返回。他去火车站排队买票，终于轮到他时，却结结巴巴，怎么也说不出他要去的地方，后边的人等得不耐烦了，两个男人一把推开他，说："我们不可能等你一个晚上！"毛姆只好重新排队。他永远记着这耻辱的一刻，所有的人都盯着他看。

我由此突然想起小时候的事。我们村有一个男孩就是一个口吃患者，他几岁的时候，母亲由于难产死了，家里穷，父亲也没有再娶，日子很恓惶。他穿得破破烂烂，又结巴，也就不再上学，天天下地放羊。我们都瞧不起他，见了他，就学他结巴着说话，他气得涨红了脸，就越发结巴，惹得我们哈哈大笑，开心极了。

几十年后想起这事，跨越时空，那嘲笑毛姆的孩子中不是也有我吗？

如此对别人的生理缺陷加以嘲笑戏耍的行为史不绝书。

《世说新语》载，三国时期魏将邓艾口吃，语称"艾艾"，晋文王司马昭戏之曰："卿云'艾艾'，定是几艾？"邓艾巧妙应对："凤兮凤兮，故是一凤。"这个"艾艾"和另一个口吃患者汉代大臣周昌说的"期期知其不可"，一并组成了一个成语"期期艾艾"。

《古今笑》讲述了一个故事：一名画家是个跛子，一天出门见一个跛足妇人在前面走，旁边一小孩模仿。妇人大怒，正要发作，恰好画家也拐着腿走来，妇人便把怒火泄向画家，大骂道："那短命的小孩作恶也就罢了，你一个衣冠楚楚的大人怎么也这么无聊？"画家知其误会，百般解释，那妇人就是不听，兀自骂个不休。

这个世界上总会有一些生理有缺陷或残疾的人，这些缺陷或残疾使得他们在行为上异于常人，或引人发笑。生理上的缺陷或残疾，如同阳光下的阴翳，天然地让他们产生一种自卑心理，即使异样的眼神对他们来讲也是一根根刺，何况不加掩饰的恶意的嘲讽，简直就是刀割剑捅了。自卑激起强烈的自尊，一颗敏感的心容不得丝毫亵慢，面对戏弄、嘲笑，他们经常像前面所讲的妇人那样表现出暴怒，也就可以理解了。

这些人的自尊除了用愤怒来捍卫，有的更是以硬本事真功夫来出人头地，洗刷耻辱，赢得世人尊重。《史记》记载，韩非"为人口吃，不能道说，而善著书"。又载，司马相如"口吃，而善着书"。汉赋大家扬雄，《汉书》称其"口吃，不能剧谈"。宋代的王世则小时候上山砍柴，不小心摔断了一条腿，成为瘸子，后来发奋读书，考中状元！

所谓蚌病成珠，这样载入史册的成功者毕竟是少数，更多的人或许终其一生都在默默忍受着嘲笑和耻辱，活在灰暗的天空下，匍匐在尘埃里。有的人甚至可能觉得生无可恋，早早放弃了生存的权利。

叔本华说："每个人的内心都确实有着某种野蛮的兽性——有机会它就张牙舞爪、肆意咆哮，就会伤害他人。"我们对此可能浑然不觉。小时候的恶作剧，似乎印证了荀子人性本恶的观点，那时或是无意的伤害，而成年的受到教育的健全人，即使在生理有缺陷或残疾者面前没有表现出野蛮的"兽性"，那么，同情和怜悯就不是另一种伤害吗？居高临下的优越感可能存在于潜意识中，把别人的泪水当成盐，似乎庸常的日子就有了滋味。

名垂青史的毛姆早已不需要人们同情，而需要仰望。我那老家的小伙伴，已老之将至，口吃依旧，生活早大有起色，也不需要我的同情，而需要我的歉意。苍天造人，生而平等，缺陷或残疾，有的人在生理上，有的人可能在心里。

我们还会哭吗

□唐宝民

少年时代，我是一个多愁善感的孩子。那时的我，经常会被书中的故事情节所感动，流下眼泪；流着泪读书，是我们那个时代司空见惯的事。这种现象并非我本人所特有，许多那个时代喜欢读书的少年，都有或多或少的流泪读书的经历。

时光一点点地老去，当年的小小少年，已经长大成人；许多事情都在改变，唯一没有改变的，就是对书的热爱。现在的我，仍在不断地读书，特别是专职写作以后，读书更是成了日常。这些年来，也读到过一些令人感动的书，但我发现：我不再像少年时代那样轻易流泪了；心中的感动仍在，眼泪却变得极其吝啬了。一次笔会上，和一个同龄的文友交流这个问题，他也有同样的感触。他说："少年时代为书中的人物和故事流了那么多的眼泪，可现在为什么就不再轻易流泪了呢？是现在的书不能再感动我们，还是我们的心灵变得冷漠了呢？"

其实，这也是我的疑问，我也常常反问自己：同样是阅读，现在的泪点为什么高了呢？是我自身的原因，还是别的原因？我想，各种因素都兼而有之吧。从个人的角度来分析，走入社会这些年，有了太多复杂的经历，心灵已经不再像少年时代那样敏感与单纯，迟钝之心便不会轻易感动；从社会的角度说，人与人之间的距离越来越远，感情也就不再那么冲动了。我们所处的时代，有很多伟大的成就，但也有物化的功利和拜金，很多人崇尚的是"不相信眼泪"。普罗米修斯被锁在高加索寒冷的岩石上，兀鹰会不停吃他不断长大的肝脏，循环不止，这是一个悲痛的故事，卡夫卡却暗示："人们对这种变得枯燥无味的事会感到厌倦，神会变得不耐烦，鹰也会变得不耐烦。"

当我们读书的时候，不再为书中的故事和人物而哭泣；当别人不相信眼泪，当很多人被房贷、车贷、小升初压得喘不上气来的时候，眼泪只能为自己的穷困而流。这实际上凸现了人类的生存困境：当眼泪不为一种感动而流，我们就失去了温情和怜悯，所有殚精竭虑的追求都只余下功利的得失。

哭泣不完全是懦弱的表现，它还代表着善与同情。一个不再轻易哭泣的人，固然可以被称为是一个坚强者，但同时，他的内心也缺少了一份悲悯情怀。作家王开岭说："哭泣是因为灵魂的难度与真实，是精神严肃和强烈震动的结果。一个对生命特别忠诚与虔诚的人是无法抑制住哭泣的。"经历过大苦大悲的人，对哭泣的理解是深邃的。经济学家赵人伟先生曾借给顾准一本英文版的《茵梦湖》，顾准看完还给赵人伟时说："我已经哭过了。"

拥有艺术气质的心灵，是特别容易被感动的。有这样一个故事：一位年老的俄罗斯画家在林中散步，当一轮满月徐徐从树梢后升起的时候，他突然被那种壮丽博大的景象感动得哭了起来……终于，他深深地跪了下去。在所有从事艺术创作的人中，作家更是一种最容易感动的动物，因为他内心装着的是对生灵的同情与悲悯。叶芝在《失窃的孩子》中忧郁地写道："走吧，人间的孩子/与一个精灵手拉手，走向荒野和河流/这世界哭声太多，你不懂！"一个不会哭泣的作家，很难写出伟大的作品；那些透过自己的泪光打量这个世界的作家，才更可能创作出撼人心魄的文字。诚如作家摩罗所说："一个深陷地下室、只能以谛听和遐想拥有世界的诗人，最能感到灵魂的难度与真实。雪原上的金戈铁马、刀光剑影，每时每刻的杀伐、掠夺、血腥、不义，像百川归海一样全都汇聚到这地下室来，汇聚到诗人的内心世界来。面对这份真实，他无法抑制住哭泣，面对这份难度，他不得不认真寻找精神的出路。"

当我们打开一本书时，忽然泪流满面，那是因为我们又找回了少年时代的纯真；当我们心中柔软的一隅还能被书中的情节打动，说明我们的灵魂中还保有善良的精神向度。哭泣是一种真实的情感表述，它展现的是一种精神上的忧伤气质。当我们重新学会哭泣的时候，说明我们又重新学会了爱这个世界，学会了爱这个世界上的人，学会了爱我们自己。

不要总是强调现实的各种情形已经使我们心灵老化、使我们不再感动，那是因为我们自己失去了率真。帕斯卡尔告诉我们："我只赞许那些一面哭泣一面前行的人！"

以体贴之心，说温柔之话

□［日］枡野俊明

道元禅师在《正法眼藏》中提到了“爱语”这个词：“在与人接触时，若总是能让自己持有一颗体贴之心且用温柔的话语说话，那么你说的这些话便是爱语。”

道元禅师说的这一点，即使谁都懂，实践起来也绝非易事。很多时候，我们并不是想说一些话攻击对方，或故意要伤害对方，但结果就是伤了对方的心，或和对方发生了争吵。

以体贴之心，说温柔之话。这固然是不太容易达到的境界，但我们还是应该尽量向着这个方向前进。求其上，得其中；求其中，得其下。所以，我们要尽量保持最高的追求，以最大的善意和体贴去与人接触。即便最终我们没有达到至善的境界，至少，我们可以做到中善，即就算不知道如何说最好的话，但肯定不会说出伤害别人的话。要做到这一点很容易，在说话之前要多考虑一下，如果不知道怎么说才好，就尽量不说。

我们有必要记住这两点：多余的话应尽量不说，可以不说的话应留在心中。

谁擅长聊天，谁擅长交际，先暂且不论。在我看来，不怎么说话却总是能笑着听大家说话的人，替对方着想且往往随声附和的人，才是真正擅长交际的人。如果有人从不说多余的话，且每次说很少的话即能温暖大家的心，自然有很多人会聚集在这个人的周围。其实，凡是人，都在等着有人对自己说温柔的话，都在寻找能让自己感受到关心的场所。也正因为如此，我们总是能被说“爱语”的人吸引。

当你想说什么的时候，不应马上说出来，而应先将它咽回肚子中，再说出来。我觉得，犹豫是否该说的这个瞬间，是一剂可改善人际关系的良药。

同理心

□郭华悦

人与人之间的感情，有时挺奇妙。同学、同事、朋友，有时明明感情很好，最后却分道扬镳，而原因仅仅是鸡毛蒜皮的小事儿。没有感情吗？不见得。能在一起那么久，光靠伪装是做不到的。所以，感情是有的；但同时，矛盾也不少。

有个词，多数人都不陌生，就是同理心。易地而处，体会对方的情绪和想法，从而找到调和矛盾的办法。这也是很多人在面临冲突时，所做的第一反应。但结果，往往不尽如人意。对方的想法，并未因此而有所改变。因此，在自认为怀有同理心的一方看来，对方自然是没事找事，且缺乏解决问题的诚意。而一旦对方被扣上了这顶帽子，当下次两人再度面临冲突的时候，自然针尖对麦芒，谁也不肯退让。

但有没有想过，有时候不见得是对方太偏执？相反，自己是不是有足够的同理心？

对于很多人来说，同理心的作用，仅在于感受对方的感受。完成了第一步，同理心也就功成身退。接下来，则是在理解感受后，说服对方，改造对方。这么一来，这种同理心的潜台词再明显不过：能理解你，但对的一方还是我。很多时候，并非同理心无效，而是事情只做了一半。走近对方，感受对方，这是同理心的前半部分；后半部分，是理解的同时，不要企图说服对方，而是以陪伴代替说服。等对方情绪发泄得差不多了，自然也就容易沟通了。不指责，不说教，用同理心接住对方的情绪，这样，很多友情和爱情就不会轻易走向终点了。

富足而饱满的灵魂

□张 希

晚年退隐浙江老家的元代著名画家赵孟頫，某日迎来了一个不速之客。一个头发花白凌乱的老头，站在他面前。老者言明要拜在赵孟頫门下学习绘画。虽说这些年慕名来学画的人不少，但赵孟頫还是第一次见到这么老的。他问其年龄，来人答：五十岁。虽有外甥王蒙的引荐，赵孟頫仍有些疑虑：这人年纪是不是太大了，再者说，其人已经具备相当高的诗书画的技艺，五十岁再学艺，目的是不是那么单纯呢？他又能学进去多少呢？老者显然看出了赵孟頫的心思，他安心住了下来，从此悉心向赵孟頫学画，以自己的实际行动向老师表明态度，并以“松雪斋中小学生”自比。赵孟頫号松雪道人，松雪斋就是其书斋。赵孟頫最终还是收下了这个年过五十、只比自己小十五岁的学生。

在那些日子里，老者专心临摹师傅的画，完成师傅布置的作业。赵孟頫发现他静气凝神观察景物时，如木雕泥塑一般。但是观察之后，他总要认真构思一番，才下笔作画。

在此潜心十载，六十岁的老者，又一次做出了在当时人看来匪夷所思的决定——他开始云游天下，而且说走就走，一路结交江南各地同好诗、书、画之人，朋友遍及儒佛道。他一路走一路画，以这种独特的方式，寄情于天地山水。

转眼间，又过去了许多年，老者选择在富阳定居下来。面对滔滔的富春江水，他细品人生四季之美，用心绘制成了《富春山居图》《富春大岭图》等多幅画作。当然，他不知道自己用了四年时间绘制成的《富春山居图》，会成为流传千古的旷世奇作。是的，这位老者便是元代著名画家黄公望。

后来，曾与其同游的师弟无用禅师，几经周折找到了黄公望，手捧那幅举世无双的《富春山居图》，激动得老泪纵横。黄公望则开怀大笑，二话不说，将它赠予师弟。将这幅心血之作拱手相让，黄公望来得干脆利落，没有丝毫迟疑。这是何等洒脱！然而，值得玩味的却是，无用后人将此画变卖换钱，从而让《富春山居图》开始了近六百年传奇而曲折的经历。

现在的人们，总爱将“成功”二字挂在嘴边，我不禁想问什么才是成功？是豪宅名车、锦衣玉食？是名闻天下，财源广进？仅就人生这根时间轴，几十年有限的长度而言，以上这些恐怕都不算成功。黄公望的故事，让我明白：真正的成功是将自己最喜欢的事情做好，以自己最喜欢的方式去生活。

黄公望可谓少年得志，以“神童科”入仕，之后的仕途却相当不顺；书吏做了很多年，受上司牵连入狱。从年少入仕到中年入狱，世事无常，人生的跌宕起伏，让黄公望彻悟。所以，他出狱后，彻底远离名利场，用宝贵的后半生，找寻真正属于自己的人生。友人郑元佑曾描述晚年的黄公望：“头蓬、面皱、丝鬓垂。”不修边幅的黄老先生，泛舟于太湖，悠扬的笛声，吹得好不畅快；他独自攀山越岭，举瓦罐豪饮浊酒，笑声回荡于山谷之中。这又是何等逍遥！

常听人说，这辈子要活出个“样儿”来。黄公望并不追求什么“样儿”，他要的是活出“味儿”来。这正是自称“大痴”的黄老先生超然世外的大智慧。

其实，人生成功与否，主要是个人自己的内心感受，是一种自我评判。正确的自我评判，需要一个人充实而丰盈的内心世界作为支撑。有多少人，在追逐名利的过程中，丢掉了自己的灵魂，这样的人生即便再富足——他能做到的，不过是简单的欲望满足——其精神世界的空虚永远无法填充。

在世俗的目光中，黄公望的一生真的算不得成功——虽说创作了旷世之作，他生前却未从中获得任何好处，既无名又无利。但黄公望老先生本人肯定不这么看：他爱画，就是单纯地喜欢，他从中获得了生活的充实和内心的满足，这一切原本就与名利无关。我想，在即将告别这个世界的时候，黄老先生会认为自己清贫、奔波且曲折的一生是成功而幸福的——因为他有着真正富足而饱满的灵魂。

被带走

□余 华

我每一次阅读那些伟大的作品，都会被它们带走。我就像一个胆怯的孩子，小心翼翼地抓住它们的衣角，模仿着它们的步伐，在时间的长河里缓缓走去，那是温暖和百感交集的旅程。它们将我带走，然后又让我独自回来。当我回来之后，才知道它们已经永远和我在一起了。

翻开作家老爸们的『致女儿书』

□郭韶明

不久前有位娱乐圈老帅哥说，他每天的日常就是送女儿上幼儿园。有人感慨，每一位少年都会成为女儿奴。的确如此，大概每过一段时间，明星如何宠爱女儿的美照就会被重新翻出来。每次都忍不住点开，赞叹一下老帅哥带女儿出街是怎样美好的画面，心想如果我是那个老爸，有那样一个被老婆装扮得美翻了的女儿，一定也不舍得让她自己走一分钟的路，每天看着看着，就醉了。

实际上，就算一个你我身边的普通女孩，老爸们依然会醉。不信，翻开作家老爸们的“致女儿书”，就知道了。

2007年，王朔写过一本《致女儿书》。2013年女儿王咪结婚的时候，他没有出席，有人说《致女儿书》是王朔给女儿最好的嫁妆。在这本小书里，王朔写道：“很多心思对你说才说得清，比自言自语更流畅，几次停下来想把这本书变成给你的长信。坦白也需要一个对象，只有你可以使我掏心扒肝，如果我还希望一个读者读到我的心声，那也只有你。”

王朔坦言自己是很羞于让这些文字发表的，“人老了就没皮没脸了。我必须承认到岁数了。随时都有破罐子破摔的念头倏起忽落。这小书拿出来发也属于破摔一类”。

不过我倒是很喜欢看作家爸爸们是如何“致女儿”的。因为一位男士所能给出的最真挚建议，必然是给女儿的。而一般文学男青年，也是不敢随随便便就去写“致女儿”的，这是一种有门槛的文体，传达了一定的生活态度，以及对阅读、写作、品格，以及人生轨迹的思考，就算是唠叨些家长里短，他的见识、品位和才情也会不自觉地跳出来，显得格外动人。

比如菲茨杰拉德的“致女儿”就写得华丽丽的。

这位写下了《了不起的盖茨比》的男人，在1940年左右，给女儿弗朗西斯·司各特·菲茨杰拉德写了一批信。关于生活态度，他说，“我从不责怪失败——生活中有太多复杂情况——但是我对不努力绝对不怜悯”。关于读书，菲茨杰拉德说，“年纪轻轻就明白了这些事又有鉴赏力，极少有人能够以后依旧无法辨别自己阅读的是金子还是矿渣”。还有关于写作，“一切好的写作都是屏住呼吸在水下游泳”。

作家之外，我更喜欢作为父亲的菲茨杰拉德。这样的“致女儿”，让我看到他作为一个父亲最深厚的情感，就算是旁人读来也受益不浅。

那么为什么爸爸们喜欢“致女儿”？“致女儿”里他们都谈些什么？哪些节点他们会去“致女儿”？

通常而言，从女儿出生那一刻起，随着时光的流转，到女儿生日时，女儿各种阶段的毕业时，还有老爸们自己生日时，面临人生转折时，或者仅仅是他们38岁或42岁那年，当他们感到寂寞重新想要梳理自己的时候，都可能想要跟女儿谈谈，而且，每当他们打算去谈，他们的文字都一如既往地饱含热情。

显而易见的是，多数老爸谈到对女儿的爱时，常常不能自持。他们恨不得把对女儿的爱告诉全世界，又恨不得把全世界都装进自己口袋里，女儿想要什么就去掏什么。海明威在1948年给女儿的一封信里写道：“向你所有的朋友问好。我爱你，小猫咪。”“我爱你，最亲爱的基特纳，我非常非常非常非常非常非常想念你。”难以想见的啰唆啊。

除了表达爱，父亲们似乎很愿意和女儿们谈谈读书。菲茨杰拉德就列了一长串书单。他在信里说，我不知道你怎么可能会漏掉我的第一个问题，除非你跳过了《永别了，武器》的第160至170页……深觉这位菲茨杰拉德先生，真是恨不得把自己这么多年的全部积累，一股脑儿地全部倒给女儿啊。

老爸们还愿意和女儿谈谈爱情，尽管他们对这个话题充满敌意。他们担心的是自己不先谈，就被别人抢了先。他们可能也深以为，得抓紧时间谈，这个时候不谈将来可能就没机会了。

当然，老爸们还免不了谈谈自己的人生经历。比如王朔就毫无保留地把自己谈了个透，包括自己的父母。菲茨杰拉德也坦诚地说到，每隔几年都会在向上攀爬的过程中陷入破产，自己是怎么面对的。

以及，将来去做一个什么样的女人。冯唐在自己某本书的封面发的“致女儿书”是这么说的：煲汤比写诗重要，自己的手艺比男人重要，内心强大比什么都重要。菲茨杰拉德则告诉女儿，一种了不起的社交成功是，一个漂亮女孩出牌时就仿佛她相貌平平一样小心谨慎。

如果时间跨度够长写得足够多，老爸们还愿意谈谈金钱，谈谈道德，谈谈欲望，以及，和女儿谈谈未来。反正作家老爸们在这个问题上，一向容易滔滔不绝丢盔弃甲最后没了底线。不过，即便没了底线又何妨？这个世界上他们最骄傲的一种“没有底线”，就是为了女儿吧。

栽树

□南在南方

祖父一辈子喜欢栽树，清明上坟要栽几棵小柏树，苍松翠柏，坟园怎么看，都简静、宁谧。

至于门前屋后，他栽野梨树、野李树、柰树，长三两年，去别家剪了雪梨枝、甜李枝、苹果枝，回来嫁接，有些当年就能挂果，着实可喜。果木树里头，樱桃树的确难栽，祖父栽了许多年，总算是栽活了一棵。一树的花，他高兴；一树的樱桃，他也高兴。

至于平时要用的木材，山上也有，但总不如手植的用着顺手。此类木材中红椿树是首选，肯长，笔直，十来年就能当顶梁柱了。

我小时候每年都跟着祖父栽树。有一年，我忽然想着自己要栽一棵树，不要人帮忙，自己找树苗，自己选地方挖坑。

那是棵红椿，就栽在院坝边上，一年一年过去，长高长粗，仰着头看，树梢上有个喜鹊窝。两只鸟儿飞来飞去，有一只飞下来啄晒着的棉絮，用力啄下去，使劲摆脑袋，嘴里衔着一团白飞回窝里。不久，就有小喜鹊的喳喳叫声传来，小喜鹊嫩嫩的、茸茸的……

日子是一天一天过的，只是回过头，有点浮光掠影，好像我们吃化肥似的长大了，开始背井离乡，可老家的景物像是栽在脑子里，从来没有如此清晰。那些树和它们的枝叶，像是跟着我，经过一个城市，又一个城市。

总是要回老家，像是能在此间得到巨大的安慰，其实也有许多伤感，比如祖母离世。我们在新鲜的墓地上栽树，除了柏树、雪松和一架刺玫，我还从屋后移栽了一棵木瓜树，这棵木瓜树是几年前我从60里外的二姑家扛回来的。我后来跟二姑说了，二姑流着眼泪说："栽得好呀，就像是我陪着一样。"是啊，是一棵木瓜树，也是一份心意。

不几年，祖父离去，好像除了栽树，我们没有别的办法来面对那些洁白如新的石碑，好像那些小小的绿树能够装扮伤感。

许多路走着走着就没法走了，可是看着树，那些祖父栽的树，就好像他回来了。他去世时，那两棵栽在一起的白蜡树还只有茶杯口粗；10年之后，这两棵树神奇地长在一起，成了一棵树，四季常青，站在路口……

父亲花甲时，请木匠做了寿枋，这是个讲究——从此往后，若他某天不在了，就是寿终正寝，做寿枋像是致贺。

我们坐在院子里，一只鸟飞过去，我抬头看了看，看见了我小时候栽的那棵椿树高入云端，如今两个人合抱都抱不住了。

我问父亲："等我老了，这棵树做个棺材，够不够料？"父亲抬起头看，一截一截地看，他会木匠活儿。父亲肯定地说："满够！"说完这句，父亲笑了一下说，"你还小，不该问这个话嘛。"

有一天看余怀的《板桥杂记》，它写明末秦淮河的脂粉人物，其中有一位李十娘，有个侄女叫媚姐，当时与余怀相处甚洽。兵祸一来，物是人非，多年之后，余怀遇到媚姐。问十娘，曰："从良矣。"问其居，曰："在秦淮水阁。"问其家，曰："已废为菜圃。"问："老梅与梧、竹无恙乎？"曰："已摧为薪矣。"问："阿母尚存乎？"曰："死矣。"

"人非物非"，让人唏嘘不已。

后来，我不止一次想到这棵红椿，我不能确定它将来会做成什么，只是每次看到它，它便更粗了，苍黄的树皮开始裂开，时间的味道出来了，让人想起一些有关树的诗文，想起庾信的"昔年种柳，依依汉南。今看摇落，凄怆江潭。树犹如此，人何以堪"，想起曹操的"绕树三匝，无枝可依"，想起苏东坡的"明月夜，短松冈"……这松树是他手植的，父亲去世，他千里扶灵回到眉山，守孝三年，还"手植青松三万栽"……

时间深情，祖父母的墓地已经郁郁葱葱，雪松如盖，刺玫爬上树顶，看上去像是个小小的花园，这是我们想要看到的。

想起栽树，想着落叶归根，好像有点颓败，其实恰好有一点兴味，那些叶子黄了，然后落在地上，有点像送还，人也是这样。

过个属于自己的安息日

□张珠容

知名旅行作家皮科·耶尔有一次造访谷歌总部，不仅见到了所有外界传闻中的事物——蹦床、室内树屋、1/5的工作时间可以自由支配，还意外发现了许多有趣的事情。有位谷歌员工告诉皮科·耶尔，他正打算教许许多多的谷歌员工去练习瑜伽，将来让他们成为训练师。另外一个谷歌员工则向皮科·耶尔阐述了一本他正想写的书，一本关于内在寻索的书，以证明打坐、冥想等行为不仅能促进健康、明晰思维，还能增加情绪智慧。

皮科·耶尔感到很震惊。在他看来，很多谷歌员工自由活动的工作时间早已超过1/5，可公司从未想过下“禁止令”，而是任由他们“思绪乱飞”“胡作非为”。那之后，当皮科·耶尔又经历过不少类似的事情时，他渐渐理解了谷歌为什么不给员工下“禁止令”。

有一次，他在德国的法兰克福搭机，身旁坐着一名年轻的德国女子。在将近30分钟的时间里，皮科·耶尔与德国女子展开了非常友善的对谈。当对谈结束时皮科·耶尔发现，德国女子没有翻开此前打算阅读的书本，也没有打开预备用来工作的笔记本电脑。她只是静静地坐在那儿，并且时间长达12个小时之久。

在生活中皮科·耶尔也注意到，越来越多的人刻意地试图在他们的生活中打开另一片空间。有些人会一晚花上几百美元，只为了将自己的手机与电脑上缴给度假接待处；有些人不再在睡前刷屏看信息，或观看在线视频，而就只是关灯、听音乐，早早进入睡眠；有些和自己一样的作家，时不时会在页面中留下空白……皮科·耶尔分析了一下，得出这样的结论：花大价钱寄存手机和电脑的人是想要断绝与外界的联系，彻底放松身心，放空自己；睡前只做关灯、听音乐这样无聊事情的人，是希望有个良好的睡眠，隔天醒来更加神清气爽；在页面留白的作家，只是为了留给读者想象、呼吸的空间，让他们可以完整领会自己的思维与句法……

皮科·耶尔得到的总结论是，给生命留白是一种艺术。

对于“留白”和“艺术”这两个关键词，不得不提另一个词——“安息日”。

在以色列生活过的人，应该都对“安息日”印象深刻：从每周五的日落到每周六的日落，大部分店铺关门，街道上行驶的车辆稀少；很多家庭，屋里的灯要在“安息日”来临前打开，因为触碰带电的开关是信仰所不允许的，所以即便是晚上睡觉，灯光也必须长明；高层的建筑里，也有专门的“安息日”电梯，即电梯在每一层都停，以免有人违背教义，伸手去触摸电梯里的按钮。

在“安息日”那一天，大家的主要活动就是家庭聚餐、朋友聚会，纯粹聊天。因为注重面对面的交流，所以对于信徒们来讲，一切其他的交流渠道都要关闭，比如不能使用电话、电脑或其他任何电子设备。

美国知名科技类月刊《连线》杂志的创始人之一凯文·凯利有一次在家里撰写一本有关最新技术的书籍。有意思的是，他家里完全没有智能手机、笔记本电脑，或者电视，但他依然写得好好的。

和很多人类似，凯文·凯利也过“安息日”，不过他过的是“互联网安息日”。什么意思呢？就是在每个星期，他会抽出24小时或48小时彻底地下线，和互联网彻底隔绝。凯文·凯利说，那样他在重新上线时就能寻求到一些方向感。其实除了凯文·凯利以外，许多住在硅谷的人也过“互联网安息日”。他们说他们的目的很简单，就是想要忘记手中与世界联络的各类电子设备，给自己洗洗脑子，彻底静一静。

世界知名信息技术公司英特尔曾于2007年在300名工程师和管理人员中开展过一项试验：在每周二上午的四个小时时间里，参与试验的员工不能拨打或接听电话，不能上网，也不能使用电子邮件，他们要做的就是清理思路，聆听来自内心的声音。据说该试验结束之后，那300名员工提出的大多数建议被推广到了其他员工身上。

在这个快速转变的时代，不被互联网所累、只与自己交流的生活正在成为一种稀缺资源。我们每个人都在忙着与这个世界沟通，生怕自己被这个信息无限的时代抛下。但我们忘了，有时适当地与世界保持距离，反而能让我们更清楚、更透彻地认知这个世界。

去吧，是时候过个属于自己的“安息日”，停顿一下了。因有着这样的停顿，我们才有机会去阅读、去回味、去思考、去分享生命中的点滴感悟。

我记得那些带风的游戏

□禄永峰

夏天的风停下来，几天不吹，村庄到处都是翠绿色的，干净得像被雨水清洗过一样。我们童年喜欢玩的不少游戏，一个个都带着风。这些风，跟吹拂过村庄的一场场风不同，它是游戏自身发出来的一种特别的声音。一回想昔日的游戏，这种声音便在耳畔响起。

打土仗，几乎是北方孩子们一个随时随处都可以进行的游戏。游戏规则以一方用土疙瘩打退另一方为赢。每个土疙瘩鸡蛋般大小。太大了，扔不远，击不中目标，即便能够击中，杀伤力太强，容易将伙伴打伤。所以，土疙瘩宜小不宜大。打土仗，两人便可以开战，人多了，平分人力进行。黄土高原上的村庄，最不缺的就是遍地的土疙瘩了，土疙瘩成了投向伙伴们的武器。这些土武器若打在对方身上，自然很疼；打在头上，轻则起包，重则流血。双方一旦开打，土疙瘩便像子弹一样射向对方，大家边躲闪边迅速捡起土疙瘩扔向对方。我听见一个个土疙瘩从自己耳畔飞过，发出风一样的声音。有时候是“嗖”的一声，有时候是“嗖嗖嗖”的几声。我们想灵活躲避对方扔来的土疙瘩，不仅要靠眼睛，还要靠耳朵，可谓“眼疾耳快”。否则，又一个伙伴一定很快会在战事中“阵亡”。自然，这种游戏是危险的，搁在今天，大人们是绝对不允许的。我不知道，那个年代的孩子是结实呢，还是灵活度很大，一块块土疙瘩打不着？现在闭上眼睛想一想，“嗖嗖嗖”的土疙瘩像子弹一样射向自己，着实令人害怕呢！

那时候，我们打的一场场土仗，并没有因为危险而停下来。

本是风和日丽的天气，却硬是让我们打土仗打得乌烟瘴气。这时候，不是一方将捡拾的土疙瘩扔完了，就是一方实在招架不住举手告饶了。双方伙伴个个灰头土脸，头上流淌的汗水在脸上流出一道道泥痕。在阳光下，满脸满身的泥土，用力拍打几下子，整个人又被飞舞的黄土包围。我不知道，黄土高原上的孩子，他们的鼻子嘴巴头发要吸收多少黄土，从他们的衣服上又能掸出多少黄土，又有多少带风的游戏离不开黄土呢？

村庄里，那些一层一层的梯田，从上面一层走到下面一层，大人们都是绕到地头走下去。而孩子们硬是要跳下去，觉得跳下去是捷径。高度嘛，低则一米多，高则三米有余。几个孩子并排站着，弯腰朝下瞅瞅。一个孩子问谁敢和他一起跳。有孩子说，这有什么不敢的，我还跳过比这高的！说着，朝前一步，双脚腾空，“通”的一声，跳了下去。跳下去的孩子，地上踩踏出两个深深的脚印。跳下去的孩子跑到一旁，朝上面的孩子喊，跳呀，谁不跳是尿包。上面的孩子看到跳下去的孩子没事，“嘣嘣嘣”的一个接一个像弹出的石头一样，“通通通”地一个接一个落地。我跳出去的时候，我感觉自己像飞起来了，两个胳膊像小鸟的翅膀一样展开来，耳畔一股股风“呼呼呼”地吹着。

好些年，不知道是村庄太安静了，还是孩子们的玩具太单一了，从泥土里也能探索出发声的游戏。这些能够发声的游戏，自然也是带风的。比如，用黄土和泥巴做摔炮。做法极其简单，将黄土和成泥巴，不软不硬，太软太硬都摔不响。和好后，用手将泥巴捏成一个圆形的烟灰缸形状，倒扣着使劲摔下去，底部冲裂开的口子越大，泥巴炮的声音便越响亮。孩子们一个接一个地使劲摔下去，一声接一声酷似连环炮。一次，我摔下去的时候，却成了哑炮，遭到大伙嘲笑。我知道，我的泥巴炮之所以摔成了哑炮，不是泥没有和好就是摔歪了。于是我把泥巴揉了再揉，捏成又一个烟灰缸型的泥炮。这次摔下去，不但响了，而且几乎把整个底冲得全部裂开了。我感觉星星点点的泥巴有力地飞溅到我的脸上，像风吹着村庄的泥土打在脸上一样麻麻的。我想，这泥炮里一定钻着一股风，我把泥巴炮摔到地上的瞬间，是风把泥巴炮的底部冲裂开的。泥巴炮的声音，正是凭借着风发出来的。

在黄土高原上的村庄，风的神奇不只在一个个泥巴炮上。比如，风把雨点吹斜，风把树叶吹落，风把大树吹歪，风把大山吹绿，风把孩子吹跑，风把土墙吹残。风吹到哪儿，哪儿就不全是风的声音，所有的声音都是不一样的。比如风吹到泥炮里，风就变成了泥炮的声音；风吹到雨滴上，风就变成了噼里啪啦的声音；风吹到落叶上，风就变成了窸窸窣窣的声音；风吹到村庄，整个村庄的泥土都欢快地叫起来了。

那么，如果有一股风吹到纸上呢，风又会变成什么声音呢？取一根细绳子，一头系上一小块石头，将一块正方形的薄纸（最好是作业本纸）对折成三角形，轻轻地夹在靠近石块的位置。然后，手持着绳子的另一头，缓缓地抡起来，加快转速，抡得越快，纸发出的声音越大。这声音，正是风吹到纸上发出来的。这也是我记得的一种带风的游戏。

美好之物

□冯　唐

人是需要有点精神的。

我案头常放几件古器物，多数能用，喝茶、饮酒、焚香，多数是宋朝的。盘桓久了，看到窗前明月，知道今月曾经照古人，会问："明月几时有？把酒问青天。"

一盏。北宋建窑兔毫盏，撇口，直径约十厘米，盏色青黑，兔毫条达，盏底修足工整，盏外近底处有垂釉和釉珠。一罐。宋金钧窑双耳罐，内壁满釉，底足不施釉。一印。宋羊钮白玉印，微沁，两厘米乘一厘米见方。宋代喜欢用玉雕羊，雕工极细，羊神态自若，面部由多个棱面组成，体现出宋代动物玉雕的特色。

很难用语言形容这一盏、一罐、一印的美。我一直认为，文学首要的追求是求真，探索人性中的无尽光明与黑暗。真正的美，只可意会不可言传。

在真正的美面前，文字常常乏力。白居易说杨贵妃，"芙蓉如面柳如眉"。这么多年过去了，白居易这句诗流传下来了，我们还是不知道杨贵妃长得什么样子。

拿起青黑的建盏，喝一口当年春天摘的古树生普，冷涩而后甘，山林的春天就在唇齿之间，"一杯落手浮轻黄，杯中万里春风香"。插一枝莲花到钧窑罐，仿佛养一枝莲花在小小天青色的水塘，"雨过天青云破处，这般颜色作将来"。

明代嘉靖、万历年间的陈继儒，在《太平清话》中列举了一些东方文化中的通灵时间："凡焚香、试茶、洗砚、鼓琴、校书、候月、听雨、浇花、高卧、勘方、经行、负暄、钓鱼、对画、漱泉、支杖、礼佛、尝酒、晏坐、翻经、看山、临帖、刻竹、喂鹤，右皆一人独享之乐。"

多花点时间在这些通灵的事儿，人容易有精神；多用些美器做这些通灵的事儿，人更容易有精神。纯美泛黄的旧书、一杯热热的茉莉花茶、一块润而不腻的玉……

和这些所有美好的未知一起，真实地存在着，我就会心安一点。

年轻的时候喜欢透过现象看本质，读万卷书行万里路，常常将天地揣摩，希望终有一日妙理开，得大自在。

人慢慢长大，喜欢略过本质看现象，一日茶，一夜酒，一部毫不掩饰的小说，一次没有目的的见面，一群不谈正经事的朋友，用美好的器物消磨必定留不住的时间。

所谓本质一直就在那里，本一不二。

公布者

□张君燕

在美国佛罗里达州立大学的课堂上，史密斯教授正在为心理学系的学生们上课。史密斯教授说："我想用一个游戏开始课程。每个人说出一个数字，如果你说出的数字与从我这顶帽子里抽出来的数字相同的话，你就可以得到两美元的奖励。"两美元虽然不多，但是如果能够被抽到，也是一件幸运的事。史密斯教授从帽子里抽出一张纸条后，随机叫男生威廉负责读出纸条上的数字，并宣布幸运者。

这是新生入学后的第一节课，同学们相互都不认识。接下来，史密斯教授让大家做了自我介绍，并让大家为每个人打印象分。因为是初次接触，没有了解，每个学生得到的印象分都基本一样。但令人意外的是，威廉得到的印象分却非常低，除了之前在游戏中得奖的同学给了他较高的分数。

"很显然，威廉与游戏中奖的结果无关。但是没有赢得两美元的人对威廉的喜爱度会很低，而获胜者则会认为威廉非常可爱。对吗？"史密斯教授问。学生们点了点头，不得不承认，刚才在打分的时候，他们确实是这样衡量的。

史密斯教授说，好消息就像光环一样围绕着公布者，坏消息则会给公布者带去恶臭。这样很不合理，也很不公平。但是，虽然人们知道这一点，却还是下意识地这样去做了。"我希望大家能够记住这个测试，以便在日后的生活中学会用更客观、公正的眼光去对待身边的一切人或事，这样会让你变得更受欢迎。"

爱上枯枝

□王国华

此刻，我蹲下身，和树下一根尺把长、手指头粗细的枯枝对视。它是万千事物中的一个，是发出喊声的一个。蓝蓝的天空下，所有的东西都消失了。大地沉默。喧嚣的都市暂时回归了田野。那一刻，就剩下我和它，唯一的光圈笼罩着我们两个，炫人眼目。

对视是世间最柔软的关系。世界按部就班地运行着，万物各自匆匆赶路，擦肩而过，眼睛迷离。

那个本来和你无关的它，眼珠忽然停下来，定住，与你四目相对。心跳开始呼应，呼吸此起彼伏，脉搏默契地跳动在一起。它皮肤里每一个细微的波动，都进入你的眼里。你从它的眼里看到它的整个身体，身体上的每个细胞，细胞里包含的酸苦悲辛。

城市里的树真多，绿意满眼，掉下来的枯枝被绿色淹没了。它们已成废物，被绿色抛弃。剩下的浓浓的绿色，更纯粹，更开心，更没有负担。

眼下这段枯枝，还没彻底变黄。绿色正渐渐脱离它的躯体。已经没有树根为它源源不断地输送养分，浓密的树叶也不再呵护它在风雨中的冷热。

但是，是整棵大树抛弃了它，抑或是它自己断然离开了大树？很多事，还没有走完，就无法追究根由。

现在它孤单单地躺在路边。它自己就是一个整体，与其他任何事物都没有关系。它就是它，它的名字叫树枝。它是一块木头。

它真美，简直完美无瑕。造物者是如何构思出这样的佳物？长一分则长，短一分则短；颜色再深一点就觉得扎眼，再浅一点又觉不足；其中一端有点弯曲；躯干上干干净净，不沾一点泥土；树皮总体是细腻的，但弯曲的那部分上，树皮像细小的鳞片，有的已稍微翘起，也算翘得恰到好处；粗糙里带了憨厚和质朴，否则便显得油滑，不真诚。

这样一根枯枝，即使忍住不去赞美它，也不得不感佩它的傲然独立。

很多时候，人们对万物美丑的界定，过于简单粗暴。看一眼，就说它是美还是丑。事物自己都来不及辩解和申诉，来不及亮出更多的情怀。被定义了，就成为一个符号，一辈子摘不掉。如果仔细打量，每一个事物都是美的。因为合理而美，因为出乎你的意料又在你的意料之中而美，因为和你不同又能找到共鸣点而美。

你若没发现一个事物的美，那是对视的时间不够长。没有深入它的内心，没有把它的内心以及由内心决定的外表联合起来打量。

这根枯枝，以及旁边的这块石头和树叶，围绕着这棵参天大树形成一个阵势。总体上看，它们是边缘的，可有可无的。但每一个单独的它们，都是那样完整、肃穆、清爽。

再仔细看下去，我甚至有要流泪的感觉。我被它们感动了。

我把这根枯枝带回了家。

有些东西，就像这根枯枝，守在路边，专门等着我带它回家的。这是另一种意义上的守株待兔。

我不捡，它就停在各个与我相遇的路口。如果今天我遇不到它，明天还会在另一个路口碰上，它依然是接受了某个指令。它和我的相遇，尽管偶然，但也是一种必然。

如果不是遇到我，也会有另外一个同我一样的人，把它捡回家。

我的书桌上几乎摆满了这些物品，它们基本上无用，不能吃，不能挡风寒，不能用来做洗发水，不能卖钱。但我捡回了一个世界。

在我的屋子里，日积月累，它们重新搭建了室外的场景，我一抬头就能看到它们。就仿佛我一个人在路上走，路边的那些事物纷纷站出来和我打招呼，我一一回复，一个都不落下。

我们把一个瞬间变成稍微长久一点的永恒。

琐　事

［日］芥川龙之介

为使人生幸福，必须热爱日常琐事。云的光影、竹的摇曳、雀群的鸣声、行人的面孔——须从所有日常琐事中体味无上的甘露。问题是，为使人生幸福，热爱琐事之人又必为琐事所苦。跳入庭前古池的青蛙想必打破了百年忧愁，但跃出古池的青蛙或许又带来了百年忧愁。其实，芭蕉（日本著名诗人）的一生既是享乐的一生，又是受苦的一生，这在任何人眼里都显而易见。为了微妙地享乐，我们又必须微妙地受苦。

为使人生幸福，我们必须苦于日常琐事。云的光影、竹的摇曳、雀群的鸣声、行人的面孔——必须从所有日常琐事中体悟堕入地狱的痛苦。

天落水

□金玉明

小时候因为物质匮乏，满足感是容易获得的。譬如，能喝上一口天落水。天落水，本质上就是雨水，它们通过瓦屋的瓦垄流入屋檐下的大水缸，被储存下来，通过沉淀滤清，寒温暑凉，清冽甘爽，可以直接饮用。在我的童年记忆里，它如同山珍海味之美。

江南多雨水，很多地方的老宅第，无论徽派建筑还是苏州园林式宅院，甚至在很多乡村的黑瓦青砖平房廊檐下，都会放置一个盛满水的大缸，有些大缸上面加了一个斗笠状的盖，它们就是盛放天落水、供着一家老小饮用做饭所需的水源。

在我老家，大户人家一般用七石缸盛放天落水。它是能放置七石大米（约420公斤）的缸，确实也够大。有没有盛放天落水，缸大缸小，一定程度体现出这户人家的身价。因为，首先得有瓦房，还要有七石缸。

可以想象，在自来水还没有进入农村地区的年代，最好的饮用水就是天落水了，它要比河水和井水干净，取用也方便。我家是饮用天落水最晚的，虽然祖辈也分得一间“解放房”，坐落在这个方圆知名的大宅院的西裙房，每逢下雨天，雨水从瓦垄落下，但因为家境一般，没有七石缸，母亲只是拿个提桶或脸盆去接一些，不过是一炊之水。

七石缸和天落水，围绕着我整个童年。一群孩子在大宅院充满阴森感的前院后院玩耍，口干了，就会在就近的一口七石缸里偷舀一大勺天落水，仰头咕噜咕噜喝个饱，用袖子一抹嘴，又撒野开了，仿佛这水就是能量，让人平生无穷的力气。因为少不更事，也经常弄脏张家李家好不容易积攒起的一缸生活用清水，回家少不了斥责和惩罚。

待到父亲从邻村用拖车带回来一个大水缸，已是后期的事了。尽管那口缸是侧面有一条长长“搭链”的修补过的二手货，但它是足以让我能挺起腰杆的“大家当”了。后来我才知道，父亲在一只上海牌手表和一口七石缸之间做了艰难选择。作为一个“教书匠”，父亲是多么需要手表啊！家里好不容易积攒了12元钱，但父亲还是选择了对全家更为重要的水缸，才有了这个一直陪我们到老家动迁才“功成名就”的七石缸。

父亲母亲为接纳七石缸忙碌了一个周末。父亲架着竹梯爬上屋面，用扫把一行一行地把瓦垄里常年积累的鸟粪、灰尘和杂屑扫除干净；去竹园里砍了根老竹竿，一剖为二，刮掉节内分隔，用铁丝把半爿竹竿固定在屋檐下。母亲则把七石缸里里外外洗个干净，移至屋檐下，用一些碎砖和泥土把缸固定停当，等待雨来。

那段日子，我天天盼望着，多么希望下一场轰轰烈烈的阵雨，把自家七石缸灌满清澈甘洌的天落水。

几天后，一场雷阵雨如约而至，十几个瓦垄的水流入竹竿，经竹竿哗哗哗地导入七石缸。记不清我多少次去屋檐下，趴在缸口看接了多少水，似乎不再怕雷声闪电，全身上下也淋了个透，兴奋劲和幸福感不亚于过大年。

在老家，接取天落水是有些讲究的：秋风送爽，下的秋雨干净清冽，是精品；春雨绵柔甘滑，略逊；夏雨充沛但灰尘重，需过滤后饮用，为下品；梅雨时节，江南易霉变，一般不取水而存。父亲是高中老师，读过大学，他知道这天落水看似干净，喝着甜爽，其实会有大量细菌滋生，于是买来明矾，撒在七石缸里杀菌。一时间，左邻右舍纷纷效仿。

我特别难忘喝母亲用天落水和新米熬制的粥了。它稠黏绵密，清香微甘。母亲熬粥习惯了细工慢活，一膛软柴的不温不火，恰好熬成一碗粥的不薄不稠、入口即化。我有时在想，所谓乡愁，不过是怀念母亲起着大早、用门外七石缸里的天落水熬制的一碗新米粥了。

父亲生前喜欢喝茶，尤喜龙井。即使后来有了自来水，打了个灶边井，但是他如果有得好茶，一定神秘兮兮地烧一壶天落水冲泡，坐在窗下被他占用成书桌的旧八仙桌边，捧一本他喜欢的线装书，有滋有味地喝着。那感觉，好像他喝出了所有人生的况味。这个形象，至今都清晰于我对他的怀念里。

天落水除了可饮用，还有消防栓功能，这是我稍大一些后听父亲说的。老家有一座建于清末的三进四合院大宅第，后罩房前的院子角上有一个足有四个七石缸大的超级水缸。父亲说，早时候大户人家柴间厨房一般都在后罩房，干柴烈火，容易引发灾情，所以，都会用一个大缸蓄着充足的水，以备不测。

而今，游历古镇古村落，一定会在屋檐下看到七石缸。只是很多人家在里面种花养荷，并不赋予它最初的功能和使命。但凡发现哪个缸里还有干净的天落水，你推得门去，如果有位精神矍铄的长者相迎，他一定是一位充满故事的老人。

向每一个方向微笑

□林 夕

在伯明翰大学落脚的第三个月，我去拜访了姐姐的一个朋友艾伦，她一家人住在伯明翰城的东面。本来姐姐是想要麻烦他们去接我的，但我执意不要，因为我总是宁愿自己一个人多吃点苦，也不希望麻烦别人。

但当我真正来到伯明翰之后，我发现自己的孤傲毫无意义，因为在这座举目无亲的城市，仿佛根本没有什么人在意我的到来和存在。我感到一种真正的孤独。

终于按捺不住，我便想起去看艾伦。我拨通了她的电话后，她很是惊喜，并且用半纯正的中国话邀请我第二天就过去她家做客。我忽然从心中升起一股温暖。

第二天上午，我特地去买了一束鲜花，带着一些国内的小饰品去拜访她。我怀揣着一种回家的心情去看她和她的家人。

她家住在一个美丽的小区里。进了大门，我看到里面全是统一的单栋旧楼，前面都有郁郁葱葱的花园，花园的前面是整洁的大道。房子太多，路标和楼牌却不是那么明显，我无法确认哪户是她家。于是到她家附近时，我拨通她的电话，她说马上出来接我。

刚刚挂完电话，我便听到一个稚嫩的声音在大声呼唤着“叔叔”，是生硬的中国话。我扭头望去，就在不到十米远的地方，一个金发的小女孩在对着她门前的各个方向左右开弓地喊着“叔叔”。我想大概这就是艾伦的女儿妮娜了，我在国内曾看过她小时的照片。我想大概她很少见中国人吧，分辨不出哪个是中国叔叔，但是只要说中国话，我总还是听得懂的。于是我奔上前去：“妮娜，我在这儿呢！”

她忽然扭头，给我露出一个甜美纯真的笑容，再一次喊了一句“叔叔”，然后伸开了手臂，却站在原地，没有移动，等着我去拥抱她。我定神一看，霎时惊诧，原来妮娜的眼睛是看不到东西的，怪不得分辨不了我的位置。

我上前抱起她，亲了一下她的脸颊。她小脸一歪，笑容盛开。

我问她：“你妈妈在哪儿？”她回答道：“对不起，妈妈在接一个很急的电话，让我出来接您！她说我只要勇敢地向每一个方向都呼唤一声‘叔叔’，就总有一个方向会传来您的回应的！”接着，她又用手抚摸着我的脸说，“叔叔，您在笑，是吗？”

“是的，像你一样！”

“妈妈说如果我没有等到你的回应，就是我没说好中文，那我只要对每一个方向微笑就行了，总有一个方向的人会认识并回应我的微笑的，那就是您！”听到这句话时，我的心中忽然一颤。我想，我来到这个陌生的国度以来，即使那么健康地面对这个世界，又何曾尝试过向陌生的人微笑呢？更不要说是向每一个方向呼唤一个陌生人了。

“叔叔，是这样吗？”

我从沉思中醒来，回答道：“哈哈，是的！每一个人见到你美丽的笑容都会回应你的。还有，你的中文很好！”

“谢谢！”

这时艾伦出来了，表示着歉意，把我迎了进去……

在后来的日子里，我常常去看望妮娜，我还没到她家门口，就能听到她向每一个方向呼唤着我，我总是那么急切地回应着她，她总能冲着我的方向微笑，而我总是会用微笑回应着她，即使她什么都看不到，因为我确信她在等着有人回应她的微笑。

而我也渐渐变得开朗起来，慢慢地融入和喜欢上了这座城市和这里的人，因为我也像妮娜一样，学会了在一个陌生的生活环境里，向每一个方向微笑。我一样坚信着总有一个方向会有人回应我。而事实上，也总是有那么多人会那么会心地回应我，让我不再孤独。

幸福的能力

□吴伯凡

顾城有一首诗叫《给我逝去的老祖母》，说他的祖母每次搬家的时候，都会把一个包紧紧抱着，不让别人碰。别人都不知道里面是什么，后来才知道里面是一种已绝迹的玻璃纽扣。这是祖母的初恋情人送给她的。诗人写道：“你用一生相信，它们和钻石一样美丽。”

因为这一生的持续感、一贯性和沉浸感，我觉得她是幸福的。我们反省一下自己，现在不是没有幸福的条件了，而是没有了那种幸福的能力，玻璃纽扣是多么廉价的东西啊。

接受亲人的不/完/美/

□闫 红

张爱玲的妈妈黄逸梵，晚年听说张爱玲结婚了，高兴地给她的忘年闺蜜邢广生写信，说“又免了我一件心愿”。这几个字，我看了很久，天下妈妈大概都是这个心思，希望女儿能找到一个陪伴她照顾她的人。但是放在黄逸梵身上让人感动又微微有些讶异，此前看了张爱玲太多抱怨，总觉得这是一个时髦高傲到不大懂得母爱的女人，她还有这份儿放不下？

如今回过头来再想，张爱玲的妈妈真不能说不爱她：在经济很拮据的情况下，给张爱玲请五美元一小时的家教；为了让张爱玲受到很好的教育，拒绝儿子的投奔；那么矜持的人，去世前曾给张爱玲发电报，想要再见她一面，张爱玲却只是给她寄了一百美元而已。黄逸梵对女儿依旧没有一丝怨恨，她知道“20世纪，做父母只有责任，没有别的”。她最后将一小箱古董留给了张爱玲。

但我也能理解张爱玲心中的芥蒂，黄逸梵的问题不在于有没有“爱”，而在于她做人太紧绷，不能接受家人，尤其是女儿的不完美，张爱玲后来活得那样紧张敏感，黄逸梵有很大责任。

张爱玲在那篇《天才梦》里，半开玩笑地说，她十六岁时，妈妈从法国回来，将暌违多年的女儿研究了一下，对她说：“我懊悔从前小心看护你的伤寒症，我宁愿看你死，不愿看你活着使你自己处处受痛苦。”

张爱玲说母亲给她两年的时间学习适应环境。除了教她洗衣做饭的生存技能，黄逸梵还让张爱玲练习行路的姿势；看人的眼色；照镜子研究面部神态；如果没有幽默天才，千万别说笑话……最后，黄逸梵还是很失望。张爱玲说，在待人接物的常识方面，我显露惊人的愚笨。除了使我的思想失去均衡外，我母亲的沉痛警告没有给我任何的影响。

“沉痛”两个字用得很幽默，但黄逸梵和张爱玲只怕都笑不出来。张爱玲后来一次次描述她当时的那种惶恐，说，母亲总是在盘算，自己为她做的牺牲值得不值得。

张爱玲似乎想多了，但是一个不放松的妈妈给人的压力真大啊。在《今生今世》里，胡兰成将他和张爱玲的关系描述成神仙眷属。换成张爱玲来写，张爱玲总是在猜，胡兰成是怎样看她的。这就是少年时留下的心理暗疾，她能从任何人那里，看到当年母亲审视自己的眼神，看出她的不完美。她后来的离群索居，很难说不是为了逃避这种审视，起码，她无法享受正常的人际关系。

不接受亲人的不完美，其实就是控制欲。不只是想控制亲人，更重要的是，想要借此掌控生活。以为把家人的小毛病都摘除了，生活就可控了，自己心中的秩序也就能建立了。可是，生活神出鬼没，根本无序可言。

不懂这个道理的，还有贾宝玉他妈。

很多人说王夫人这个人如何坏，我不太接受，别的不说，她那么讨厌赵姨娘，对探春尚能区别对待，这就不是每个人都能做到的。她能体谅妙玉的孤傲，施舍多年不曾走动的刘姥姥，荣国府上下，谁也说不出她的不好来。但是假如我们确定《红楼梦》是一部自传体小说，就知道，贾宝玉对她一定是有怨恨的。

“好好的爷们都让你教坏了！”当着宝玉的面，她给了跟宝玉调情的金钏一耳光，这一耳光应该多少年都在宝玉心头回响吧？王夫人不接受成长中的宝玉在所难免的轻佻，认为他“学坏了”。她万般警惕，坚壁清野，发愿将一切危险因素剔除干净，驱逐晴雯芳官一干人等，让大观园的花团锦簇瞬间失色，也让宝玉的华丽青春变成残酷青春。

在王夫人身上，你能看到很多妈妈的影子，她对宝玉也是真爱，各种关怀宠溺，苦口婆心，但她的不接受，使得这一切毁于一旦。懂得接受，应该成为一个母亲的基本修养。在这方面，《窗边的小豆豆》做出了教科书般的示范。

那个小豆豆，很像童年的我，稀里糊涂的，一天到晚犯错误，自己还不知道错在哪里。只是，我小时候每天都要被各界人士，比如我爸妈和老师批评上一千遍啊一万遍，每天都灰头土脸的，那种自卑感，到现在还影响着我的言行举止。

小豆豆最后却成了非常受人喜欢的电视节目主持人，我觉得，这跟她妈妈从来都接受她的不完美，或者说，她妈妈没有世俗世界里的那种完美概念有关。正是她妈妈那种温柔的智慧，让小豆豆不恐惧、不焦虑，自然不会进退失据，平添无谓的耗损。在轻松的爱里，她可以一路向前奔跑，跑赢世间隐藏的风险。

接受亲人的不完美，不只是给予家人轻松感，还能影响到家人的生活态度，触类旁通地化解所有的不如意。就像《佐贺的超级阿嬷》里面的那个阿嬷，德永昭广的外婆，一个智慧的老母亲。

阿嬷是个穷老婆子，靠打扫卫生谋生，但她很乐观，说：“穷有两种，穷得消沉和穷得开朗，我们是穷得开朗，而且和由富变穷的人不一样，不用担心，因为我们家世世代代都是穷人。穷人习惯穿着脏衣服，淋了雨，坐在地上，摔跤也无所谓。”

德永昭广把考试成绩拿回家：数学1分，社会2分，语文1分，英语1分……阿嬷笑着说：不要紧，不要紧，一分两分的，加起来，就有五分啦。

德永昭广问：不同科目也能加一起吗？她严肃果断地说：人生就是总和力！

说得好。

除了接受孩子的不完美，她还教会孩子接受这个世界的不完美，对德永昭广说：“别抱怨‘冷啊’‘热啊’的！夏天要感谢冬天，冬天要感谢夏天。”

作者成名后又遇到低潮期，阿嬷也有办法帮她打气：“即使有三两个人讨厌你，转过身来还有一亿人。”

阿嬷的乐观，不只是安慰到了德永昭广，也给无数读者面对生活局限性的力量，将人生的如意和不如意照单全收，用自己的力量，化不完美为“不，完美”。

这样的阿嬷，谁不想有一个呢？不过，做什么样的人，比拥有什么样的人更重要。愿你我都能够放松心情，学会接受，给予亲人最为轻松的爱意，在有生之年专心致志地享受生命之美。

敬

□张正旭

一位画家画了一幅画，取名为“敬”。画面中，河水清澈透明，缓缓流淌，河面上渔船点点，自由抒情。河的两岸杨柳挺拔，苍翠欲滴。河坡下是一片低洼的田野，稻谷吐穗，丰收之喜弥漫。整个画面是一幅乡村风景美图，与“敬”这个主题怎么也拉扯不上关系。弟子观摩画作几天，苦思冥想，不得要领，于是问画家，这幅画里到底藏着何种玄机。

画家对满脸疑惑的弟子解释：“‘敬’的初文即‘苟’。清代学者徐灏在《说文解字注笺》中提到：‘敬’，警也，恒自肃警也。敬有戒谨义，苟训急敕，敕者，戒也。《论语·子路》中有：‘居处恭，执事敬。’分开说，‘恭’侧重于外在的谦逊有礼，‘敬’侧重于内心的严肃敬重。其实，画面无不诠释着‘敬’的内涵与深意：河水因为有了‘敬’的规矩，受河堤约束，才不至于泛滥成灾，毁了低洼处的良田庄稼；渔人因为‘敬’，深谙生存之道，才不会滥捕鱼虾，造成鱼虾灭绝；杨树因为‘敬’，感恩河水滋养、土地的喂养，才拼命长高长大，成为栋梁之材；河坡下的稻谷因为‘敬’，才遵循自然规律，由秧苗变成稻谷，秋天馈赠谷穗给辛勤劳动的百姓。”

弟子听后，茅塞顿开。

由此想到了豫剧大师马金凤为保护嗓子，从来不吃辛辣刺激的食物，80年都没喝过一滴酒。有一年她在自己的寿宴上笑着说：“我很想品尝葡萄酒是什么味，可是我还是不能喝。”因此，她才能在85岁高龄参加中央电视台春节晚会演唱《穆桂英挂帅》时，依旧字正腔圆，声音清亮，给观众留下深刻印象，使人难以想象这清亮唱腔出自一位高龄老人。

马金凤大师的成功固然得益于她的勤奋和天赋，但更得益于她的自律。她对自己的艺术生命有着强烈的责任感和原则性，不贪口腹之欲，且始终如一，敬对事业，敬对观众。

“欲修其身者，先正其心；欲正其心者，先诚敬其意。”这也许就是“敬”对人生境界之意义的归纳总结吧！

看夏夜星空几寸

□付秀宏

夏日的近晚，一架飞机拉着白线从头顶赫然高飞，渐渐隐在东南的云空，它的声音倏地被蓝空洗了一遍，变得悠扬起来。飞远了，我还在仰头看。天终于暗下来，很耐读的样子……好一会儿，星出来了，它们是来愉悦人眼的吗？星在天幕上幽幽的，又是亮亮的；星光穿越漫漫时空，顺着夜风，跌落而下，汇在人的心底。心底有北极星、北斗七星、牛郎星、织女星、天狼星等交相辉映。哲语说，把星光装在心里，人就不再狭隘了。

霍金的迷人，在于他是脉冲的“星光”。比起万念齐飞的我们，他把所有的能量都集中在一个点上，那个点就是他身后留下的不灭的星光。霍金不断仰望内心的星空，而后成为星空的一分子。

繁星点点，心事悠悠。在无边无际的宇宙中，地球神奇，人类幸运，可以一览无限星空。静寂迷人的夜空，是每个人记忆深处最遥远和笃定的依恋，没云的时候谁都愿意仰望那久违的星空……满天繁星，因距离遥远，与人眼的相守相望，有了更多内涵。尤是清风吹拂的夏夜，北斗七星让很多人看不够，母亲曾说给我——哪儿是斗把，哪儿是斗体，那斗体像不像上宽下窄的四边斗……本是很质朴、温暖的比喻，因高高在上、远远而望，天真地让人感到了崇高和神圣。

比较喜欢能够看清星空的城市地域。来自千万千米外的“眼”来看你了，你却看不清它，本可以心灵交流的，却被时空阻隔，该多么沮丧。去年夏某晚，在贵州兴义市，适雨过天晴，在广场看星空，地上水声哗哗，天上星光熠熠，真是神仙待的地方啊。看不到星空的城市，有什么味道，有什么好住……

故乡的夏晚，昼热退去，一阵阵凉意夹着星空的深邃袭人而来，使人沉醉。刹那间，愿在星州终老。几乎每日晚间，入夜星雨逶迤、暑气尽消，大人小孩儿便可安然入眠。夜，很静。在这无人知晓的夜里，我独自走在乡间的小路上，欣赏着那深邃的，夜空。繁星闪烁，像深情凝望织女的情思，在田田荷叶中似有牛郎的唤应之声。

星空呈一个大弧面，好像有什么力量把远近星海撩拨，浪花碎了，就成大大小小的星沫儿。碎了的小星沫儿，是小小的时辰，空得很，根本让人看不到，分分钟也就成了一个个辰片。辰片虽看不到，但前一分钟因你的走动可以踩到脚下，也可以静默虚度，更可以贴着手机屏幕“啪啪”地飞。

夜深了，星在天上闪着，先落到心上。星光走了多少路，才送过来，不知道，但人的心已润了。周围黑乎乎的，晚睡的人叫它心弦、心绪，可它还是老样子，在夜空眨着眼。人声、星光对影成双，是缥缈也是灵动的。我到山东泰山，星夜起早看日出，星还在天幕上眨眼，似乎倦了，像往昔看清的人在玉米地里游荡，一只猫头鹰惊有人声，“呼”地从松树上飞走了。松枝摇动，向天上望时，似星空被弄得“哗哗”作响。

今晚，起初无月的夏夜在黑暗中伸出去，似乎找到了星的渊源。天俯下身来，好像把贪凉的人包在星星的网里面。“好一天的星啊！”我不由得这样说着，在平整的地方来回倒着走，尽量仰着头去看远星。

我一面默默数着繁星，一面轻轻地向后下着脚步，倾听星星的偈语。覆在水波上的石桥也好像睡了。哲学家康德说，对于浩瀚灿烂的星空思考得愈深沉持久，在心中唤起的赞叹和敬畏就愈历久弥新，因为上帝在头顶亦在心中。

静默的夏夜里，天籁和星野之下，天地辽远，时空美丽，生命绚烂。屋脊两边的云瓦一定沾了星光，一片片的楼宇从远到近错落而置，俯仰相承，星下是绿树雨烟、市井人间。在日子疯长、生命冒浆的暑热里，即便夏夜里脚趾插进泥土，也是温热。绿野辽阔，一浪一浪地簇拥了傍晚的爽凉。

“只夏夜星空几寸，似他眉眼动人。”《星月夜》，是凡·高于1889年在法国圣雷米创作的油画代表作。在这幅画中，凡·高凭借夸张手法，摇曳地描绘了运动着的星空。汹涌的蓝绿色激流旋转、躁动、卷曲，使夜空变得活跃，超现实的图景再现出凡·高躁动的幻觉世界。星空生心烟，也能逐梦境，密密天幕上心绪一团团。星空就似心眼明灭、心浪滔

从前的从前更美

□黎武静

从前，总是美的。人生到某一个年纪，就会明了。此去经年，回忆不经意便熏染了颜色，一切淡淡的，模糊了岁月的悲喜，定格的片段总是难以忘怀的刹那。青春是美的，大声笑大声哭，我们愁着不相干的种种，为赋新词强说愁，那样的愁，也是好的。杨柳春风，路上飞过的蝴蝶是美的，所以，连路过的风也是美的。这一座城都是美的，走不完的南北长街，满城的愉快歌声，古老的生了春草的城墙，悠悠的历史和沉沉的故事，童年里坐在石板桌前等一碗大茶壶里的热油茶，那是生命里最初最美的等待。

从前，总是美的，可从前的从前，更美。我讲得出从前的事，比我年长的人讲得出更美的那一段时光。每一次倒溯都可以倒得更远，永远找不到一个尽头。而每一个从前，其实却来源于现在。每一个明天都会变成今天，每一个今天都会变成昨天。在现场直播的生命里，今天是如此重要，尽可能地丰富它，来日的回忆也会更丰饶。

填满画面，写满华年，幸福其实不惧满溢。最生动是此时此刻，此情此景。只是当时，切勿惘然，当彼此相对，知音相与，聚与散都是有缘。

握在手中的，是这一个瞬间。写入生命的，是这连绵不断的刹那。永不停步的时间里，不浪费每一个精彩的机会。

那些不快乐的事，也不是那么重要，在未来的某个时光，会变成美丽的从前。岁月是雨后的阳光，将平淡的天空映出彩虹。

天，一点点在夜空上濡染。

很少有人对着一颗星数它有几个光角儿，大多数人只会领略一种情境，不管是装熊学狗的星，还是挑担执斗的星，都像元宵灯会般各就各位、仙风道骨地慢移悄行……繁星闪烁，银河灿烂，顺银河溯流而上，可看到一个大十字形的星座——天鹅座。十字形较短的横轴是天鹅两翼，长轴是天鹅身子，这只巨大的天鹅伸长颈、展双翅，安详地飞翔在银河上。有些国人不叫它天鹅座，称天河渡口。

夏夜，是仰望星海与舟渡的最佳时机。武仙座可谓名副其实，颇像威风凛凛的战士，它是夏季星空中重要星座之一。这名战士叫赫拉克勒斯，他右腿半跪、右手高举木棒，左手紧攥九头蛇，最终完成了“怒斩九头蛇怪”的使命，成为古希腊神话中的英雄。赫拉克勒斯的故事，在茫茫星空里留下美丽的遐想。我喜爱在夏夜长久眺望璀璨星斗，有的星又大又亮，有的细小晶莹忽隐忽现，像孩童眨着的眼眸。星空使我品味到宇宙的静谧和温馨，黑天鹅绒般的天幕上不断闪烁高贵而华丽的“钻石”。

夜空中，北斗守望着南斗星，各躺在青天一隅，默默不语。深夜的月牙洒下些许清辉，庭院的一半映在月色里，一半藏在暗影中。月亮不出来的时候，云也不来捣乱，星空特别精光灵气，因为这就是星的舞台。

星光落在小湖边，那水底里也摇动着无数的星星。在归家将眠的路上，我想起大江、大河里的星光，它们虽然很小，但能与天上的星星对语，“子非星，安知星之乐乎？”水里若没了星光，那该多么寂寞啊！

星光洒在我们的心上，也洒在瓦上、石上、田野上，为让天底下所有的对象都能盛上点点星光，夏天的雨时常来帮忙。雨过天晴时，雨水将水缸、碗盘、碟儿都注满了水，让夏夜里更多的星光都荡漾辉映起来了。

我心疼的那只不祥鸟

□红 青

缘于恐惧，从小就不喜欢猫头鹰。一张猫脸长在一只鸟身上显得格外怪异，远远超出了一个少年对鸟的认知。况且，猫脸也不是完全的猫脸，装上铁钩一样的尖喙，猫的温柔便荡然无存，毕露一脸的阴险和凶恶。更瘆人的是猫头鹰的叫声。夜深人静，一声嘶哑凄厉的叫声，像一把寒光闪闪的飞镖刺破夜空，冷飕飕的，连星星都打寒战。传说中，猫头鹰又叫报丧鸟。当它闻到死亡的气息，就会发出凄厉的叫声，向人类传递信号。遇之不祥，闻之不祥。

春夏之交，一日薄暮，一只猫头鹰闯进我的生活。其时，闲坐于映泉先生的小院，听先生侃大山。一只猫头鹰跌跌撞撞飞进小院。它本来是想落到栏杆上的，结果，一踉跄，跌到地上，扑腾几下翅膀，缩到屋檐下的墙角，一动不动，随遇而安了。捉它的时候，也毫无反抗和逃跑的意思，只是将身子往墙角缩了又缩，缩了又缩。我断定这是一只刚刚练飞的猫头鹰，迷失了回家的路。先生说，正好跟你做伴。其时，我刚丧妻不久。但与一只猫头鹰为伴的确有些荒诞。妻从入院到离世，前后不足三个月。三个月，漫长得像一生。眼睁睁看着一个鲜活的生命一天天枯萎却无能为力。就像这只迷路的猫头鹰，在我手里一动不动。或许它知道所有的抵抗都是徒劳，所以，放弃了所有的抵抗。我突然觉得猫头鹰很无辜，心生怜惜。

从此，我真与一只不祥之鸟为伴了。阳台上安放一个纸箱，纸箱里垫上旧衣服，放两只碗，一只装食，一只装水。我不知道猫头鹰的巢穴是什么样子的，只能按自己对鸟巢的认知，尽量搭建得舒适一点。但它似乎并不喜欢这样一个家。刚放进去，它就扑腾着飞出来，落到晾衣架上，两只玻璃球似的眼珠一动不动盯着我，那神情好像是发现我设置了一个陷阱。我说："你动动脑子，我想害你何必养你？"它不听，或许是听不懂，依然坚持自己的判断，就连纸箱里的食物和水都不去动一下。或许是牛肉不合它的口味。我知道猫头鹰喜欢吃老鼠，但我没有办法捉到老鼠，只能用牛肉喂养它。我说你将就一下吧，牛肉可比老鼠的味道好多了。说着还咂巴着嘴，发出很响的声音。这时，它正站在晾衣架上，盯着我看，还摇了一下头。是回应我吗？我当作对我的回应，于是，拈一条牛肉，放到嘴边表演着很美味的样子。"叽。"猫头鹰叫了一声。想吃了吧？我急忙端起装着牛肉的碗，举过头顶，举到它面前。我说吃一口试试。"叽"，它又叫一声，扑腾几下翅膀，飞落到壁柜顶上去了。

我无计可施，只能随它去了。没有想到，第二天，碗里的牛肉就被吃得干干净净了。原来，它只是戒备我。我突然想到熬鹰。一个自由、高傲的灵魂尚能屈从人类的意志，何况一只似鹰非鹰似猫非猫的家伙！我依然将牛肉切成条状，装到碗里，唤它进食，甚至殷勤地将食物送到它的面前。它依然高高地站在晾衣架上，冷眼看我，稍稍靠近，就扑腾翅膀飞到壁柜顶上。于是，我便将食物拿走。我不会再给它偷食的机会。我与食物同在。我必须让这只猫头鹰在生理饥饿和精神恐惧之间做出选择！

又一天过去了。再次来到阳台，猫头鹰便不再躲藏，"叽叽"地叫着。分明是向我提示它的存在，分明是期盼和迎接我的出现。我举起碗在它眼前晃几晃，然后放到地上，嘴里咂咂有声。"叽"，它叫一声，挪动一下身子。它明白这是唤它进食，但还是犹豫不决。一边是饥饿，一边是恐惧。我感觉这只猫头鹰只需最后一熬了，便决定端走食物，再饿它一天。就在转身时，它"叽叽"叫着飞落到窗台上，一双玻璃球似的眼充满无助的乞怜。我端着碗，一小步一小步走近它。我走近一步，它就挪动一下身体。我不动，它又挪回来。但它的眼神一刻都没离开过碗里的食物。我知道它已经无法抗拒食物的诱惑了，索性直接走近它，几乎不在意它会受到惊吓再飞走。果然，它只是挪挪身子，缩到阳台的角落里，完全放弃了反抗和躲避。我将食物放在它面前，抚摸着它的羽毛，亲切地说："吃吧。"看来，它真是饿极了，碗刚递到它面前，就迫不及待地叼起一条牛肉，抖几抖就吞咽下去。

从此，我每天定时给猫头鹰喂食。进门，就听见猫头鹰"叽叽"的

清水麻鞋

□秦 岭

一直想脚穿麻鞋，与时光一起走走。那脚印，该是另一番样子吧。

“千里之行，始于足下。”也许只有皮鞋、旅游鞋懂我所有旅程的山高水长，独缺麻鞋对岁月的丈量。儿时在老家天水，偶见两三伙伴脚穿玲珑轻巧的麻鞋去学堂，去田间，去赶集，那平地而起的开心在眉宇间荡漾。我曾问母亲：“您做的千层底用的也是麻线，为啥就不编麻鞋哩？”

母亲说：“你不晓得，人家那是清水麻鞋，多半是从清水那边捎来的。”

我这才明白，尽管天水处处有麻线，但不是所有的麻鞋都能像清水麻鞋那样出尽风头。清水那地儿像极了它的名字，清清如水，如水清清，应了句老话：“好水养好麻，好麻养麻鞋。”

在天水城求学时，我隔三岔五要蹭几趟新华书店。某天，突然发现书店一侧的土特产市场冒出了一家出售清水麻鞋的摊位。摆摊的少年不仅脚穿麻鞋，手里还捧着一部世界名著。一聊方知，少年来自清水，家中贫困，全靠母亲编麻鞋为生。为了卖个好价，他只好辍学到天水租房卖鞋。他告诉我，清水麻鞋自古有名，当年杜甫写过“麻鞋见天子，衣袖露两肘”的诗句，于右任途经清水时写过《清水麻鞋歌》，吉鸿昌在天水举办武术大赛时，奖品就是清水麻鞋……那一刻，我眼前的麻鞋似乎不是麻鞋了，而是蓄满远古哨音的鸽子，是写满文化符号的信笺，是充满五谷味道的炊烟。

蓬乱的头发，黝黑的皮肤，稚气未脱的脸。少年也就十三四岁。

“大哥，您买一双吧！”少年的热切期待像透明的火焰。

“买，一定买！”我说。

少年蹲下身子，不厌其烦地帮我试穿了至少五六双麻鞋。一问价钱，每双四元，我顿时窘红了脸。这价钱在当年至少可以买三部小说。为表示歉意，我主动把新买的一本书借给他。几天后，他还我的书多了一层用旧报纸折的书皮。“大哥，您是第一个借给我书的人。很想送您一双麻鞋，可我……送不起……”泪花在他的眼睛里打旋儿，但没有滴下来。我没见过这样的泪，清清如水、如水清清的那种，照得见麻鞋和大地。

终于走进清水，是我参加工作以后。古老、清澈的牛头河两岸荡漾着一层层碧波绿浪，那便是茂密、修长的麻汇成的无边海洋。县城的一家店铺里，几位正在编麻鞋的大姐配合默契，有的盘扎鞋底，有的穿扎鞋帮，有的缠扎鞋鼻，有的搓扎鞋带，有的勾扎鞋穗。那细柔的麻线、麻绳、麻辫在她们手中如白练飞舞。柜台上的一摞摞成品麻鞋，分明对我发出久违的呼唤。

可是，时过经年，我已习惯了用皮鞋迎合流行与时尚。麻鞋再好，似乎已成为过时的东西。我并没买麻鞋，但没忘打听当年那个少年。大姐说：“连个名字都没有，咋找哩？那一茬人，都外出打工了。”说话间，柜台上的麻鞋居然被游客抢购一空。

时光荏苒。我在几千里之外的天津落脚后，某天应邀赴四川参加一个甘肃老乡茶话会，主持活动的老乡居然脚穿一双麻鞋。“先生脚下，可是清水麻鞋？”我试探了一下。“大哥好眼力！我想告诉您的是，您是我特意安排邀请的嘉宾。”

他，正是当年那个卖麻鞋的少年。他告诉我，甘肃人下四川，真正的蜀道难，难于上青天啊！可穿上母亲编的清水麻鞋，他发现不管多难的路，都可以走一走。“那年去清水，我曾打听过您哩。”我感叹。“可归根到底，是我找到了大哥您啊。”

那天，他特意送我一双崭新的麻鞋。飞回天津的当天，我就穿上了清水麻鞋，一抬脚，却发现走进了岁月。

叫声。它似乎能够预算我进门第一件事便是到阳台喂它进食。我相信它是从饥饿中积累了经验，而这种经验已渐渐变成它的习惯。喂食成为一种享受。猫头鹰享受美食，我享受猫头鹰的依赖和信任。依赖和信任的感觉真好，我几乎陶醉在这份享受里，把每一个日子过得其乐无穷。

猫头鹰一天天长大，阳台便容不下它飞行，逮着机会就满屋子乱窜。乱窜也就罢了，还随处大小便。书桌、电脑、餐桌、沙发、吊灯，甚至衣服和被子上都留下它大小便的痕迹。可以想见，我不在的时候它是怎样的肆无忌惮！但我并不太过苛责，只是例行训斥几句，在心里，我其实已经宽容了它。

陶醉在一份享受里，快乐总被放大，不快常被忽略。但快乐实在太短暂。有一天回家，就不再听到猫头鹰的欢叫，我像捉迷藏似的找遍所有角落，每到一处都期待它突然现身。最后才发现客厅的纱窗被撕裂了一条口子。猫头鹰从这道口子里逃走了。它怎么就舍得逃走呢？每天有人牵挂着，有可口的食物喂养着，满屋子可自由飞来窜去，何其惬意！

站在窗前，面对纱窗撕裂的口子，我感到身体的某个部位也被撕开，有些隐隐作痛。又到喂食的时间了。我突然很担心，已经习惯我喂养的猫头鹰难于觅食果腹。常常听说经人工饲养的野生动物是难以适应野外生存的。我将装着食物的碗从阳台端到窗台，预备着它回来。其实，我又是害怕它回来的。窗外是一片荒野，更远处是交错起伏的山峦。我多一只可爱的宠物，茫茫旷野便会少一个自由的精灵。

做个像父亲一样的人

□［瑞典］弗雷德里克·巴克曼

欧维的父亲是铁道工。他的手掌看上去就像用刀刻过的皮革，脸上皱纹深深，劳动的时候汗水就顺着这些沟壑淌到胸口。他头发稀疏身材精瘦，但手臂上的肌肉硬挺得就像直接从岩石上雕刻出来的一样。

欧维很小便跟着父母到铁道上和父亲的同事们参加过一次盛大的庆祝活动。父亲几杯啤酒下肚，就有其他人来向他挑战掰腕子。欧维之前从没见过这些北欧战神模样的男人，叉开双腿往父亲跟前的木凳上一跨。其中有几个人看上去足足有两百公斤，父亲各个击破。当晚他们回家，父亲用胳膊搂着欧维的肩膀说：“只有狗崽子才会觉得块头和力量是一码事，欧维，记住喽。”欧维永远不会忘记。

父亲从来不举拳头，不管是对欧维还是对别人。欧维总有些同学会因为调皮捣蛋而挂着熊猫眼或皮带扣留下的瘀青来上学。欧维从来不会。“我们家不打架，”父亲总是强调，“不管是和自己人，还是外人。”他在铁道上很受爱戴。他沉默寡言，也很善良，曾有人说他太善良了。

欧维七岁那年，妈妈因肺痨去世。此后，父亲变得更沉默，就像她把他仅有的只言片语都带走了。因此父亲和欧维从来没有过多的交谈，但他们喜欢彼此的陪伴，沉默地分别坐在餐桌的两端就很满足。他们总是能让自己忙起来。屋后一棵枯树上住着一窝鸟，他们每两天喂一次。晚上他们吃香肠加土豆，然后打牌。拥有的不多，但也从来不少。

父亲有一个词，没有被妈妈带走，那就是“发动机”。关于发动机，父亲有说不完的话。“发动机总是刚正不阿，”他曾说，“你要是以礼相待，它就给你自由，你要是搞得像个浑蛋样，它就剥夺你的自由。”

他很久都没有自己的车，但四五十年代时，当那些铁道公司的老板、经理都开始买车的时候，流言就在办公室里传开了：铁道上那个沉默的男人是个好人，值得交往。

总经理女儿大婚那天，从教堂接新人回家的婚车半路抛了锚，欧维的父亲就被找了来。他用胳肢窝夹住工具箱，骑车赶来。不管什么问题，他骑车离开时都已不是问题了。总经理夫人邀请他留下来参加婚宴，但父亲说，像他这样小臂上的油渍深得已经等同肤色的人，坐在这些上等人中间不合适，但很乐意带一袋面包和肉回去给家里的小家伙吃。欧维刚满八岁。当晚父亲摆上晚餐的时候，小家伙心想，国王的晚餐一定就是这样的。

几个月后，总经理又把父亲叫了去。办公楼外的停车场上停着一辆坏得不轻的萨博92，那时这款车已经停产了。这车出了车祸，总经理解释说。父亲很了解这款车。他从脏兮兮的工装口袋里掏出一把螺丝刀，一阵检查之后宣布，花点工夫外加合适的工具，他应该能让它再规规矩矩地跑起来。

“谁的车？”父亲直起身问。

“我一个亲戚的。”总经理说着，掏出一把钥匙塞在他的手心里，“现在它是你的了。”

总经理轻轻拍拍他的肩膀，转身回办公室去了，留父亲一个人在停车场上喘着粗气。那天晚上，他一遍又一遍对瞪大眼睛的儿子解释和展示院子里这件神奇宝贝的一切，直到深夜。每一个螺丝、每一根管子，他都要详细讲解一番。欧维从没见过哪个男人像当晚的父亲那样自豪。

要是父亲周六不当班，他就会把欧维领到院子里，打开发动机盖，详细地告诉他每个零件的名称和功能。周日他们去教堂，仪式结束后，欧维和父亲就一起坐着萨博去郊外转上一大圈。这是一周中让欧维最喜欢的时刻。

为了不让他一个人在家瞎胡闹，放学后，他跟着父亲去铁道上干活。活儿很脏，收入也差，但父亲总念叨说“是个老实人干的活儿，这就值当了”。

欧维喜欢铁道上的每一个人，除了汤姆。汤姆个子高、嗓门大，拳头大得像卡车，眼神就像总是在找无助的小动物来踹上一脚。

欧维九岁那年，父亲让他去帮汤姆清理一节废弃的车厢。汤姆一阵窃喜，捡起地上不知是哪个乘客遗忘了的手提箱。它从行李架上掉下来，里面的东西撒了一地，说时迟那时快，汤姆在地上趴了个四仰八叉，把能看见的东西都捡了个遍。

“谁捡谁要。”汤姆冲着欧维狞笑。欧维一声不吭，往外走的路上被

给生命一个期望

□赵自力

我老家有一位老奶奶，已经八十岁了，一人寡居多年。每天除了给自己做做饭，她还种点菜，房前屋后全是蔬菜，墙上屋上不时挂着丝瓜苦瓜的藤蔓，一到深秋，一墙的蛾眉豆探头探脑格外喜人。老奶奶养了一群鸡，还有一只老花猫，一年四季，她家的小院倒也生机勃勃。她见人就笑呵呵的，仿佛日子越过越甜蜜。知情的邻居都知道，老奶奶乐呵的原因，她掰着指头算过，再过一年，也就是明年的秋天，她在狱中的儿子就刑满释放了。

我有一个朋友，在一次车祸中失去了双腿，成天坐在轮椅上打发时光。在走出了心理黑暗期后，他经常出去逛，还带着他的女儿。最动人的一幕是他常常带着孩子去打篮球，他的轮椅在操场上奔跑，划出一道道美丽的弧线，那是生命绽放的美丽。一个心底充满阳光的人，到哪儿都是灿烂的。他把全部的时间都用来陪孩子，他说："我不能有一丝一毫的消沉，我要和我女儿一同成长，去期待她长大的那一天，长成幸福的模样。"他说得对，对于孩子，陪伴才是最好的爱，孩子的未来就是他全部的期待。

有时，生命并非我们想象的那样完美，幸福的糖果往往被裹上苦涩的外衣。然而，一个心中有爱的人，是不惧生命中的苦涩的，他们会用爱去融化苦，一点点期待生命的幸福和美好。

给生命一个期待，就是给自己一个美好的未来。

一个钱包绊了一下。钱包的皮质如此细腻，指尖就像触到了棉絮。上面有一枚小银扣，打开时响声清脆。里面装着六千多克朗。那时候对谁来说都是一大笔财富。

汤姆看在眼里，上前想从欧维手里把它抢走。但防御的本能给了男孩反抗的力量。欧维看到汤姆遭遇抵抗后的震惊，看到这个强壮的男人握起了拳头。欧维知道自己没有逃脱的时间，于是他闭上眼睛，使尽全力握紧钱包，等待重击袭来。

他们都没有看见欧维的父亲，直到他站到他们中间。汤姆与父亲的目光短暂相遇，呼吸因愤怒而沉重，嗓子里隆隆作响。但父亲站在那儿纹丝不动。最后汤姆终于放下拳头。"谁捡谁要，这是老规矩。"他指着钱包对父亲嚷嚷。

"这就得看捡的人了。"父亲眼睛都不眨一下地说。

汤姆的眼神阴暗起来。他在铁道上工作了许多年，他不老实，还很恶毒，欧维听过很多人说他的坏话，但从没听父亲说过这些话。"四个孩子加一个胖老婆，"父亲曾经看着每一个同事的眼睛说，"比汤姆好的人也会变成他这样。"然后大家通常就会换个话题。

父亲指着欧维手里的钱包。"你决定。"他说。

欧维感觉到汤姆的目光在他的头顶心烧出洞来。然后他用轻微却稳健的声音说："失物招领处是它最好的归宿。"父亲一声不吭地点点头，拉起欧维的手走开。欧维听到汤姆在背后嘶叫，嗓音里充满了冰冷的愤怒。

他们把钱包放到失物招领处时，柜台里坐着的女人不敢相信自己的眼睛。"它就这么躺在地板上？你们没看见个包什么的？"她问。欧维困惑地看看父亲，但父亲只是沉默地站着，欧维就照做了。

"没多少人会把这么多钱交出来。"女人边说边冲欧维笑。

"有脑子的人也不多啊。"父亲简短地说。

走出几百米远后，欧维鼓起勇气问父亲为什么不提汤姆拿走的手提箱。"我们不是到处讲别人闲话的人。"父亲回答。

"我想过要把钱留下来。"欧维轻声说，还把父亲的手握得更紧一些，就好像害怕他会把手甩开。

"我知道。"父亲说，也把手握得更紧。

"但我知道换了你一定会把它还回去，而且我知道汤姆是不会这么做的。"欧维说。

父亲点点头。一路无话。

欧维要是那种总是回头想一想自己是何时变成了现在这样的人，他大概会归结，就是那天，他学会了明辨是非。他记得，从那天开始，他决定尽可能做个和父亲一样的人，这样他就很满足。

你有多久没有和一只动物对视

□王太生

一只猫，立在瓦脊上，在黑暗中向你瞪着黄色的眼睛，这只猫是在看你，然后，一转身，在瓦上嗖嗖走远了。

猫或狗，曾经是我们儿时的玩伴。一只山羊，或一头水牛，在乡间的土路上，我们曾经和它们相遇对视。羊在路边吃草，头仰向天空咩咩叫。那头水牛，犄角长长，嘴巴咀嚼草料，硕大的牛眼，冷不丁地朝你眨巴两下，头又转向别处。

与动物对视，它们的眼帘是下垂的，透露出胆怯、谦卑。

你有多久没有和一只动物对视？你在动物的眼中看到什么？

许多年前，在气候温润的水乡小城，我曾遇到一头驴。

邻居杨大爷用驴给乡人磨米面，这当然是杨大爷的生计。驴在不拉磨时，被拴在一棵楝树上，我有时看到杨大爷和那头小毛驴对视，杨大爷用手在小毛驴的脖子上摩挲，小毛驴温驯地眨巴眼睛。

与动物对视，你在疲倦、芜杂、烦闷、无聊之后，看一群动物，看到它们的憨态，懵懂、无邪、天真，俗念顿消。

有一次，朋友陈老大在山中采风，看一群猴子的嬉戏、追逐、攀爬、恋爱，背孩子。他在看一只猴子，那只猴子也在看他，并且仰天长啸。陈老大忽然觉得，那只脸色绯红、略显倦态的红脸猴，极像喝过酒的自己。“一只中年猴，在种群的地位争夺，成功或失败之后，向天而歌，性情表达得淋漓尽致，人却没有这样的勇气。”陈老大感慨，已经有多年没有与动物对视了。那只猴子，是他上辈子留在山中的兄弟。

我也有好久没有打量过那些生灵。

春天，在草木扶疏的上海野生动物园，隔着一层防爆玻璃，与一只狮子对视。那只狮子，长相英俊，好像并不知道我的存在，或者根本没有将我放在眼里，眼神是平和的。不知道我在狮子瞳孔中究竟为何物，总之那只狮子根本不想攻击我，也没有攻击我的意思。

与动物对视，是一种交流，彼此的眼神中会流露出什么。

羊驼，远远地站在那儿，眼神怯生生的；棕熊圆鼓鼓的，走起路来一摇一摆，表情有点儿呆萌。与一只羚牛对视，望你的眼神一愣一愣，你看它，它望你，相距咫尺，面面相觑……

有人说，与灵长类动物对视，它们的眼神好像都有故事。这些动物在动作、神态和应对事情的某些表现上和人类极为相似。

还有一对山魈，我在认真地看它们，它们沉浸在自己的天地，举止亲昵，又像一只是在生对方的气，在房子里走动，根本不在乎旁人的眼光。

成年山魈的脸，似一张京剧脸谱，色彩鲜艳，酷似鬼怪。那两只山魈，显然是一长一幼，年长的用手爪，替年幼的梳头。

山魈，动物园的指示牌上说，生长于非洲的灵长类动物。看到它们的长相，脸上天然的妆容，想起《山海经》《聊斋志异》等神话传说中的独脚鬼怪。《太平广记》说，“山魈者，岭南所在有之，独足反踵，手足三歧。其牝好傅脂粉。于大树空中作窠，有木屏风帐幔”；《清稗类钞》中称，“此物皖之山中常见之，土人不敢犯，呼为山魈，实狒狒、蜼、狚之属也”。

那些远古的意象，与山魈是一回事吗？山魈还是中国古书中的那个山魈吗？

野生动物园，其实是人类模拟有兽山林，在这里恢复、还原的某些场景，有秩序回忆失散的野性与呆萌的天真。身在其间，有人体会荒蛮，有人感悟天伦，有人看到爱情。

动物园并不是动物最幸福的故乡。在猛兽车游区，我的目光无法与动物们交集，明显感到动物们的眼神是迷惘的。

动物园很安全，动物们不会伤害你。在那里，你能看到动物们只为食物与爱情而争的生活态度与简单活法。

对视，其实是在寻找一种平静，山林大野的平静。用眼睛的余光承接，然后目送一只动物从你面前经过，消失在远处。

美好的未来，何不以喜欢的方式过一生

获得能够因之骄傲的成就，一条重要的秘诀在于确定目标，然后朝着既定的目标前进。当我们的未来令我们欢喜，又不乏使命感，这样的安排便值得期待。未来已有安排，就出门远行吧，踏上属于自己的路，以喜欢的方式过一生。

父亲坐在黑暗中

□［美］杰罗姆·魏德曼

父亲有个独特的习惯。他喜欢独自在黑暗中静静地坐着，有时我回家很晚，整幢房子一片漆黑。我轻轻地进门，因为我不想吵醒我的母亲，她很容易惊醒。我踮着脚尖，走进自己的房间，在黑暗中脱下外衣，然后到厨房去喝水。我光着脚，没有一点响声。我走进厨房去，几乎撞着了父亲。他穿着睡衣，吸着烟斗，正坐在一把椅子上。

“哈啰，爸爸。”我说。

“哈啰，儿子。”

“你为什么还不睡觉，爸爸？”

“就去。”他说。

但是他仍待在那儿，我敢肯定，我睡着后很久，他仍然坐在那儿，吸着烟斗。

好些次，我在房间里读书，听见母亲收拾房间准备晚上睡觉，听见弟弟爬上床。听见姐姐走进房间，听见她梳理时的瓶子梳子的响声。我继续读书，不久就觉得渴了（我要喝很多水），就到厨房里去找水喝。我已经忘了父亲，他却还在那儿坐着，吸烟，沉思。

“你为什么还不睡觉，爸爸？”

“就去，儿子。”

但是他没有去睡，仍然坐在那儿，吸烟，沉思。这使我担忧，我不能理解，他在想什么呢？有一次我问他：“你在想什么，爸爸？”

“没想什么。”他说。

有一次，我让他坐在那儿，自己去睡觉。几个小时后，醒过来，我觉得渴了。走进厨房，他还在那儿！烟斗已经熄了。但他还坐着，凝视着厨房的一个角落，过了一会儿，我习惯了黑暗，拿了杯水喝了。他仍然坐着，凝视着角落，眼也不眨一下。我想他甚至不知道我进来了，我害怕起来。

“你为什么不去睡觉？爸爸？”

“就去，儿子。”他说，“不要等我。”

“但是，”我说，“你在这儿坐了好几个小时了，出了什么事？你在想什么？”

“没什么，儿子。”他说，“没什么，只是安静一会儿，就这样。”

他说话的方式让人相信，他看上去并不忧虑，声音平静，快乐。他总是这样，但是我不能理解。独自坐在黑暗中，坐在一把不舒服的椅子上，一直到深夜，能有什么安静？

究竟怎么回事？

我考虑了所有的可能性，我知道他不可能是为钱的缘故，我们的钱不太多，但是如果他是为钱而焦虑的话，他不会不说出来。也不可能是为了他的健康，他也不会对此沉默不语。也不可能是因为家里任何人的健康，我们钱少一点，但身体健康（能撞倒大树，我母亲会这样说）。到底是为什么？我恐怕不知道，却不能放不下心来。

也许他想起了在古旧乡村的兄弟，或者他的母亲和两个继母，或者他的父亲。他说他们都死了。他不会像那样沉思他们，我说沉思这并不确切，他没有沉思，似乎根本就没有想，他看上去太平静了，所以显得很满足，正因为太平静，所以不能沉思。也许正如他所说的，只是安静一下，但这也似乎不可能，这使我忧心忡忡。

假如我知道他在想什么，就好了。我也许不能帮助他，甚至他也可能不需要帮助。也许正如他说，只是安静一下，那至少我不用担心了。

为什么他总是坐在黑暗中？他的心智衰竭了吗？不，不可能。他只有五十三岁，而且和从前一样敏锐智慧。实际上，在任何方面，他都没有什么变化。他仍然喜欢甜菜汤，仍然首先读《时代》杂志的第二部分；他仍旧穿着有翼状护肩的衣服；他仍然认为储蓄可以拯救国家，而关税改革只是赚钱的工具。从各个角度看上去他都没有变，他甚至不比三年前显老，每个人都这样说。他们说他保养得很好，但是他眼都不眨一下，孤独地坐在黑暗中，凝视着前方，直到深夜。

如果像他所说的，只是安静一下，我会随它去。但我觉得不是这样，我想这是我所不能理解的。也许他需要帮助，但他为什么不说？为什么他不皱眉头，不哭，不笑。为什么他不干点什么？为什么他是坐在那儿？最后我愤怒起来。也许只是因为我的好奇心没有得到满足，也许是因为我觉得担忧，反正，我愤怒起来。

“出了什么事了，爸爸？”

“没什么，儿子，什么也没有。”

但是这次我决心不让他敷衍过去。我愤怒了。

“那么为什么你独自坐在这儿，沉思到很晚？”

“这样很安静，儿子，我喜欢这样。”

我无从继续问下去，明天他还会坐在这儿，我仍然会迷惑不解，仍会担忧。可我现在不会停止追问，我愤怒了。

“那么，你在想什么，爸爸？为什么你老是坐在这儿？什么事让你心烦？你在想什么？”

“没什么让我心烦，儿子，我很好，只是想安静一下，就这些。睡觉去吧，儿子。”

怒气似乎消失了，但是依然担心，我必须得到一个答案。这似乎很傻，我有一种滑稽的感觉，除非我得到一个答案，否则我会发疯的。我仍然坚持着：“但是你在想什么，爸爸？到底怎么回事？”

“没什么，儿子。和平常一样，没有什么特别的，和平常一样。”

我没能得到答案。

很晚了，街上很安静，屋里一团漆黑。我轻轻走上楼，跳过那些“嘎嘎”作响的楼梯。用钥匙开了门，踮着脚尖走进自己的房间，我脱下衣服，想起来我渴了，光着脚走进厨房，还没走进去，就知道他坐在那儿。

我能看见他微驼的深暗的身影。他又坐在同样的一把椅子上，肘撑在膝盖上，嘴上衔着熄灭了的烟头，眼也不眨一下，凝视着前方。他似乎不知道我在那儿，不知道我进来了。我静静地站在门口，看着他。

一切都寂静不语，但是夜里充满了轻微的声响。我一动不动地站着，开始注意到那些声音。冰箱上的闹钟的嘀嗒声，在几个街区远的地方，汽车开过的低沉的“嗡嗡”声，街上被风吹起的废纸的飕飕声，像起伏不定的轻轻耳语声音中带着一种奇异的快乐。

嗓子的干燥提醒了我，我轻快地走进厨房。

“哈啰，爸爸。”我说。

“哈啰，儿子。”他说，他的声音低沉，像梦呓一般，他动也不动地凝视着前方。

我没找到水龙头。从窗口投进来的街灯的暗淡光线，使房间似乎更黑暗了。我摸到房间中的短绳，拉亮了灯。他一下子跳起来，好像被人猛击一下。“怎么啦，爸爸？”我问。

“没什么，”他说，“我不喜欢灯光。”

“灯光怎么啦？”我说，“出了什么事？”

“没什么，”他说，“我不喜欢灯光。”

我关掉了灯，慢慢地喝水。我自己对自己说，必须安定下来，我定要弄个明白。

“你为什么不去睡觉？为什么你在黑暗中坐到这么晚？”

“这样很好，”他说，“我不能习惯电灯，当我在欧洲还是个孩子的时候，我们没有电灯。”

我的心猛地跳了一下，很高兴又缓过气来。我觉得开始明白了，我记起了他童年在奥地利的故事。我看见一脸笑容的克雷契曼和祖父一起站在酒吧柜后面。很晚了，客人们都离开了，他还在打盹。我看见了烧的炭火最后的余焰。房间已经变暗了，越来越暗，我看见一个小男孩，伏在壁炉旁边一堆火柴上，明亮的眼睛一动不动地凝视着已经死灭的火焰残留下来的余迹。那个男孩就是我父亲。

我又记起那不多的几次快乐的时刻，我静静地站在门口，看着他。

“你的意思是没出什么事，爸爸？你坐在黑暗中，是因为你喜欢这样，爸爸？”我发现很难不让我的声音不高上去，像快乐的叫喊一样。

“是的，”他说，“开着灯，我不能思考。”

我放下杯子，转身回自己的房间，“晚安，爸爸，”我说。

“晚安。”他说。

接着我想起来，转过身来：“你在想什么，爸爸？”我问。

他的声音好像是从很远的地方飘过来，又变得平静起来：“没什么，”他柔声地说，“没什么特别的。”

小舒服与大畅快

□王飙

享受生命，应该说有两种方式：一是小舒服，二是大畅快。那么，它们的不同之处在哪里呢？

比如，有人沉迷于追剧，舒舒服服地躺在沙发上，一集又一集地看得津津有味，乐此不疲，这就是小舒服；有的人却不愿意活在别人的故事里，他们要用自己的激情和智慧，去做一个追梦的人，不断地开拓人生，富有创造性地成就人生的卓越和生命的价值，孜孜不倦地谱写着一曲又一曲属于自己的传奇之歌，这就是大畅快。

当然，小有小的妙趣，大有大的风韵！我们来到世上，各自都有权利选择或大或小的人生享受。古语道：“小圆透润，大圆若缺。”小舒服就在当下，唾手可得，光阴随度，处处销魂，但易使人沉沦；大畅快却要经历不懈的奋斗之途，进取之旅，借日月之光，以增生命之辉，方可登顶览胜，雄视四极，高妙于胸。

人生于世，求大还是取小呢？

太空有她手算的轨道

□王晓莹 杜赫

一支铅笔、一把滑尺，再加上数学能力超群的大脑，她靠这些计算出美国多个航空航天项目的运行轨道，将“阿波罗11号”飞船等送入太空。在那个存在性别偏见与种族歧视的年代里，她打破玻璃天花板，使女性不再成为太空领域的“隐藏人物”。她就是美国国家航空航天局（NASA）前弹道计算数学家凯瑟琳·约翰逊。2020年2月，她在家中去世，享年101岁。

凯瑟琳·约翰逊1918年8月生于美国西弗吉尼亚州，童年时代就对数字非常敏感——橱柜里有多少碗筷？天上有多少颗星星？

“我迫不及待地想上高中，学习几何和代数知识。”凯瑟琳在接受采访时说。但对于那个时代的非洲裔孩子来说，镇里的隔离教育制度只能让她读到六年级。因此，每年秋天，凯瑟琳的母亲都会把家搬到260多千米外的另一个社区。凯瑟琳和哥哥姐姐们在西弗吉尼亚大学学院附属高中学习，她也很快表现出超群的智力：10岁考入高中，14岁高中毕业，15岁考入西弗吉尼亚州立大学。

大三时，她修完了所有数学课程。她的大学导师、美国第三位获得数学博士学位的非洲裔美国人克雷托为凯瑟琳设计了专门的课程。“你将成为一名优秀的数学家，”他对这个17岁的爱徒说，“我要让你做好充足的职业准备。”“但我该去哪儿找工作？”凯瑟琳问。克雷托的答案是：“那将是个问题。”

1937年，不到19岁的凯瑟琳以优异的成绩毕业，同时拿到数学和法语双学位。然而，她发现当时一个非洲裔女性能获得的数学研究机会微乎其微，她的第一份工作是高中教师。1940年，凯瑟琳获得前往西弗吉尼亚大学攻读研究生的机会。那年夏天，她开始攻读高等数学专业，当时凯瑟琳已与第一任丈夫戈布尔完婚。可在暑期课程结束后，凯瑟琳怀孕了，她选择退学，接下来的十几年投身于婚姻、持家和教书，1956年还遭遇了第一任丈夫去世，成为有三个孩子的单亲妈妈。

1952年，NASA的前身美国国家航空咨询委员会（NACA）兰利研究中心招聘非洲裔女数学家，凯瑟琳应聘成功。其实，为减轻男工程师的工作压力，兰利研究中心早在1935年就开始雇用拥有数学学位的白人女性，但她们中的大多数人被列为次专业人士，薪酬也低于男性同事。直到1943年，二战时美国急需数学人才，兰利中心才开始招聘非洲裔女数学家。

1953年6月，凯瑟琳正式加入NACA。为了完成复杂计算任务，大多数团队主要依靠擅长数学的人才。在全美航空实验室里，这类工作通常由女性完成。入职两周后，凯瑟琳被借调到飞行研究部，帮助计算飞机上的空气动力系数，很快她就证明自己拥有无与伦比的天赋。“那些人都有数学学位，可他们却忘了自己学过的知识，但我还记得。”她在一次采访时说。

接下来，凯瑟琳以杰出的数学能力参与了美国一次又一次的太空探索计划。1961年，“水星计划”的“自由7号”飞船在凯瑟琳完美的运算支持下，让宇航员艾伦·谢泼德完成了美国首次亚轨道飞行；1962年，凯瑟琳参与计算的“友谊7号”飞船完成美国首次环地球轨道飞行，乘坐飞船的宇航员约翰·格伦说：“如果凯瑟琳说没问题了，我才算准备好。”1969年，凯瑟琳的计算又帮助NASA把“阿波罗11号”送上月球，这也是她最为骄傲和自豪的项目。

“我深爱工作的每一天，每天起床都迫不及待地想去工作。”到1986年退休，整整33年间，凯特琳几乎参与了每一个重要的航天计划，为美国太空探索做出巨大贡献。她的婚姻生活也在NASA工作期间峰回路转，1959年与军人詹姆斯·约翰逊结婚，携手共度60年，直到2019年詹姆斯去世。

身为女性，她和所有穿裙子的“人肉计算机”的名字鲜为人知。凯瑟琳凭能力争取到越来越多的机会，每次写报告时，哪怕知道名字会被别人代替，她依然坚持签上自己的名字。为了获得一手信息，1958年，她争取到参与控制中心会议的权利，此前这类会议几乎没有女性身影。“我从未感到自卑，我像其他人一样优秀。”

20世纪90年代以来，凯瑟琳和女同事们的故事被媒体报道。2015年，凯瑟琳和其他三位在NASA工作过的非洲裔女性获得国会金奖。这个奖项创建于1776年，美国总统林肯、英国首相丘吉尔等都曾获奖。那一年，她还被时任美国总统奥巴马授予“总

幸福就是『赶上琼斯家』

□岑 嵘

幸福感是一件相对而言的事情。我们曾经盼望着楼上楼下、电灯电话的时代到来，可是这个时代真的来了，就算有水晶吊灯、智能手机，也觉得不过如此。1993年诺贝尔经济学奖获得者罗伯特·福格尔说，美国公民获得的生活舒适程度甚至是100年前皇室贵族所无缘享受的，但又有几个美国人的幸福度超过了百年前的皇室贵族？

神经学专家的研究告诉我们，人类感受快乐和幸福的潜能是有限的。假如只要随着财富的增加，我们就会变得越来越快乐，那么我们恐怕早就洪福齐天了——很显然，事实并非如此，我们可能正坐在私家车里，望着被堵得一动不动的车流骂骂咧咧，对着平板电脑里老板传来的工作邮件闷闷不乐。

人类是一群靠比较存在的家伙，当邻居新买了路虎，你开着宝来的愉悦度就会陡然下降；同事买了别墅，你会顿时觉得自己原本还宽敞的公寓变得非常狭小。20世纪美国自由思想家门肯说：富人是一个比他的亲戚多赚100美元的人。门肯还说过一句很经典的话：一个人对自己的工资是否满意，取决于他是否比他老婆妹妹的老公挣得多。

1975年到1995年，美国人均收入实际增长了近40%，但美国人在这一时期并没有感到更幸福。尽管拥有了等离子电视机、游戏机和第三辆小汽车，但是人们对生活并没有感到比20年前多一丝半点的满足。

美国经济学家理查德·伊斯特林早在1974年就注意到了这一现象：就财富和幸福的关系而言，只有在贫穷国家，总体生活满意度才与平均收入呈线性增长关系。只要最低生存标准达到了，这种相关性很快就会瓦解。

其中的原因很简单，绝对收入对人们生活的影响越来越小，大多数人主要关心的是他们相对于其他人的境遇差异。比如你是一个大学毕业生，相比于得到的第一份薪酬的具体数字，你更在意的可能是这个收入在班上排到什么样的位置。科学家莎拉·索尔尼克等人曾做过一个广为人知的实验：他们调查学生更愿意生活在哪一个世界里，一个是他们有5万美元收入，而其他人都只有他们一半的收入；另一个是他们有10万美元的收入，而其他人的收入是他们的两倍。结果大部分人都选择了前者，尽管选择后者其收入会得到明显的提高。

20世纪90年代，美国联邦证券委员会强制上市公司披露高管的薪酬。当时高管们的薪酬已经是工人薪酬的131倍。委员会的意思就是让大伙看看，你们好意思拿这么多钱吗？

薪酬公开后不久，媒体就按高管们的收入高低开始排名，可是大众低估了高管们脸皮的厚度，这样做不但没有降低薪酬，反而使得各路高管互相攀比，结果，他们的薪酬像火箭一样往上蹿，和普通工人的收入比达到了369比1。要知道，高管们的比较对象是别家公司的高管。

事实上幸福感存在着一种重启机制，只要别人过得比你好，这个重启键便会无情地被按下。经济学家在观察这类攀比现象时，用了一个有趣的术语，叫作“赶上琼斯家”。

统自由勋章”——美国最高文职荣誉勋章，美国平民最高荣誉。2017年，NASA为纪念她而建立了凯瑟琳·G.约翰逊计算机研究中心。

当晚年面对如潮的赞誉时，凯瑟琳显得十分平静，甚至在接受采访时表示，不明白为什么人们要如此关注她。“（那些项目）不过是指派给我的一份工作，我已经习惯了被分配任何工作，然后尽力完成它。”她说，“我只是在完成工作。我很喜欢我的工作，我喜欢星星和太阳系，这份工作对我来说是莫大的享受。”

2016年，凯瑟琳和其他女同事们的故事被好莱坞拍成电影《隐藏人物》，这部电影还获得2017年奥斯卡最佳影片提名。正如NASA局长吉姆·布里登斯廷在声明中所说：“她不仅帮我们国家开拓了太空前沿，还为女性和有色人种打开了探索宇宙的大门。”

寻找梭罗

□路　也

路上没什么人。沉睡谷一下子就走到了。众多墓碑一望无际。这里不像人间，像天堂。植物繁茂，鲜花盛开，不但没有一般墓园里的凝重气氛，倒有些喜气洋洋，阳光明媚，天空高远纯净，呈拱形，仿佛一下子就看到了天国穹隆的蓝玻璃。

我几乎是把墓碑一个一个考察过去，看着上面的字，寻找梭罗之墓。许多墓碑上的字已经完全模糊了，相当多墓碑竟都是三四百年前的了。

我避开所有华丽高大的墓地，知道那不可能是十九世纪作家、《瓦尔登湖》的作者梭罗的。一个发现极简生活的价值和意义的人，认为多余的财富只能买来多余东西的人，他不可能死后睡在一个繁杂和堂皇的地方，否则便成了自我讽刺。

爬上一道岭之后，终于远远地看见那另一面山谷里停着一辆红色轿车，我感到有救了，就从坡岭下到那谷地里去，朝着轿车走去。等我走到车窗前，朝里细看，看见里面坐着一个老头，天，他看上去至少有115岁了，我发誓我活到现在还不曾见过比他更老的人。他脸上的皱纹呈沟壑状纵横分布，像科罗拉多大峡谷。

他表示自己并没有去过作家墓地，但知晓大致位置。他说："有点远，上车吧，我载你过去。"真是谢天谢地，天上掉下个领路人，我毫不犹豫地打开车门，坐上了副驾驶座。

这个看上去至少有115岁的老头车技不错，载着我行驶在墓地的匝道上，一边开车一边跟我聊天，他的声音苍老得像从千年老树那空空的树洞里发出来的。

车子绕过一道低平的岭，进入另一个很开阔的谷地之后，又直接开到对面的小山坡前，停了下来。这时正好有一个戴墨镜的瘦高女人要往坡上走，老头说："这附近就是了，你跟上前面那个女人，她肯定也是来拜访作家的。"我道了谢，下车，快步跟从那个女人上了小山坡。

小山坡其实很矮，几步就上去了。待我定下神来，回头望去，偌大一个谷地里，竟全无老头和红色轿车的踪影了。朝着更远处的来路眺望，一直望到尽头，也无影无踪，莫非刚才我经历的全是幻觉？我心里咯噔一下……

山坡边缘，一上来就看到一个指示碑，显示着这里到了梭罗家族的墓园。墓园占地极小，只有五六块矮小石头，随意零落着，每一块上面竟都没有出现"Thoreau（梭罗）"这个家族姓氏字样，究竟哪一个才是要找的呢？忽然我发现有一个极小极矮的碑上面刻了"Henry（亨利）"，而且从正面到反面，从上到下，通体什么文字都没有，也只是刻了这一个"Henry"。梭罗的全名不是亨利·戴维·梭罗吗？这应该就是梭罗的墓了。紧挨着的旁边那个相似的碑上只刻了"John（约翰）"，John不正是梭罗的哥哥的名字吗？所以，这个只刻了一个"Henry"的地方，是梭罗之墓，必定无疑。

听说过他的墓地很不起眼，待到眼见为实，还是大大出乎意料，竟然这么小，不起眼到了几乎可以忽略不计的地步，不小心就会错过。只是紧贴地面，竖插上一块白色石头，看上去只有一本16开本的文学杂志那样的面积和体积，时光的斑驳和渍迹，又使之看上去像一本发霉的旧书。他的墓地几乎没有结构，比一个鼹鼠洞穴还要隐蔽和卑微。这应该是全地球最简陋的墓地了吧，完全可以用寒碜来形容。碑的上沿和地面摆放了几支颜色鲜艳的铅笔，或许是由于曾经帮助他的父亲做过铅笔生意，他自己也发明过一款好用的铅笔吧。

这正符合他的心灵和期许。他曾经质疑过作为法老坟墓的金字塔，他还说："一个国家锤击下来的石头大都用在它的坟墓上。它活埋了它自己。"对于那种以锤打的石料数量来谋求不朽的行动以及这行为里所包含着的荒唐的野心，他不止一次表达出蔑视。

想起他说过的，要把一切不属于生活的形式剔除干净，要把生活逼到绝处，要使物质生活"简单，简单，再简单""一个人越是有许多事情能够放下，他就越富有"。

往年的松针铺在地上，已经有了均匀的一层。地面上还有隆起并裸露出地表的大树根，粗壮，坚韧，已成了土质路面上的一部分，人踩在上面，觉得十分自然——这些树根伸入地下，又拱出地表，接着再潜入地下，这样交替着延伸，是否可以把地下的信息带到地上来？可以探测并感知到那个人的肉体与灵魂吗？

这里埋着一个中等身材、健壮敏捷的人，他有又大又深的蓝眼睛，有清瘦的面孔和蓬乱的发须，喜欢低着头走路，观看花朵、落叶和印第安人留下的箭头。这里埋着一个从未结

生如蚁 而美如神

□卿闲

看到青年作家七堇年曾经的一段经历，她选择了一份极其平凡而底层的工作，内容与写作或文艺完全无关。在那里没有人认识她，同事们在她的姓氏前面加一个“小”字，亲切地和她打招呼，交代事情。她的薪水很低，经常加班，非常疲惫。

七堇年说，这份工作对她最大的意义，也许是能时刻提醒她作为一个人，要承认自己的平凡和渺小。但是，人可生如蚁，而美如神。

“人可生如蚁而美如神”是顾城1993年送给中国当代诗歌的法文译者尚德兰女士两幅字画中的一幅。有人按字面意思理解为：人像蚂蚁一样渺小，心灵却像神一样美。也有人做了更深入的分析：生活琐事纷繁，人在其中难免卑微渺小，如同蚂蚁，觅食奔走。然而，思想、精神，或者信念，却是可以自由飞扬，因而也就美丽无限！

这两种理解有一个共同的特质，那就是生而为人，哪怕渺小如蚂蚁，也要拥有一个高贵的飞翔的灵魂。

每当乘早高峰的地铁，尤其是在城里最拥挤的地铁站换乘，大批的人群涌过来，仿佛倾城出动，城里的人都聚集在了一起，人山人海。虽然每次都会给自己鼓劲，做好陷入人海的心理准备，可到了人挤人，被推着往前走的时刻，情绪很容易降到谷底。这时候，常想起从前乡下树林里的一个小游戏，吃馒头时故意掉些馒头屑，不一会儿，就会有蚂蚁过来搬运，馒头屑有时比蚂蚁大很多，而蚂蚁则会使出浑身解数，从不气馁。

小时候，看蚂蚁拖运食物觉得是好玩的事。而当成人之后，也不得不成为一只辛勤且不辞劳苦的蚂蚁，为衣食住行奔走，为家人撑起一片温暖的天地。蚂蚁的世界，人看到的只是表面，当它搬运一点馒头屑的时候，想着自己可以为孩子带回一顿美味，所以奋力而不气馁，那是劳作赐予的亲情之美。

朱光潜说，人都有追求美好的愿望。人之为人，有很多更高级的美，比如心灵的富有。如一潭水，表面平静，却可以静水流深。

在拥挤的人海里，有人打游戏看无聊的视频消磨光阴，麻痹自己；也有人气定神闲，沉浸在书中清新辽远的世界。曾有热心人拍过地铁里很多读书人潇洒的身影，生存艰难，读书人依旧很多。读书的好不用说谁都知道，每每看到抱着书卷的人，谁的心里不自然而然升起几分敬意？书籍通向心灵，哪怕身处的外界压力如山、喧闹凌乱，却可以在内心建一个华丽的后花园，清风明月，俯仰自在。

曾有一位诗人，在她没有成名之前，很多诗都是在地铁里完成的。忙生活，忙工作，只有在地铁里她才拥有难得的属于自己的时光。只要坐上地铁，即使只有可以站立的位置，即使身边有看视频、打游戏、聊天的乘客，她都能自动屏蔽，进入到她自己营造的美丽世界。

我相信尘世是公平的，为生存辛苦奔忙，辛酸疲累，也会有意想不到的收获。塞翁失马，焉知非福！只要你有追求人生之美的心，老天总会以另一种形式补偿你。

过婚的人，他最终只与大自然真正地亲昵。这里埋着一位没有正式职业的人，他教过书，制作过铅笔和玻璃纸，做过土地勘测员，最终他只是大自然的一位亲兄弟，一位采浆果的远足队队长。这里埋着一个会写诗、写散文、写不服从的文章的人。这里埋着一个哈佛毕业生，他热爱荒野林地，死于荒野林地，他在数树木年轮时不小心着了凉，引发了多年的肺结核，最终不治身亡。

梭罗之墓的对面，相隔大约五米，就是《红字》作者霍桑之墓；再往东二十米，就是《小妇人》的作者奥尔科特的墓；再往东一点，就是爱默生的墓了，离梭罗大约有五十米。作家们生前交往，死后也聚在一起。

他在比我现在还小两岁的时候，就死去了。他在活到三十四岁的时候，稍稍展望过自己下一个三十四年的人生。但他并没有料到，他接下来没有再活上三十四年，而只是又活了十年。就这样，他把前半生过得简洁有力，后半生干脆省略了。

按照梭罗的理解，人类的身体是不朽的，死去的人的形体仍然躺在四周的群山和田野里，构成人类躯体的物质顶着另一个名字而存在。那么，从这狭仄微小的墓碑抬起头来，望向山坡、树荫、花丛和草地，再联想到两三英里之外的瓦尔登湖以及更遥远的新英格兰的荒野，到处都有梭罗的形影，梭罗无处不在。

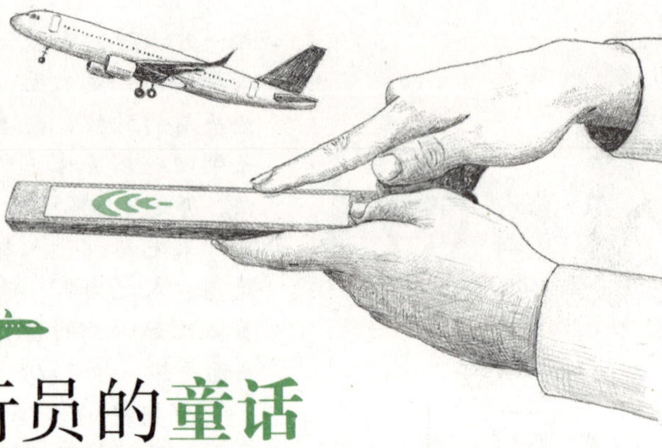

飞行员的童话

□申赋渔

五月的普罗旺斯，薰衣草还是一望无际的绿，不过花儿已经漫山遍野，越是往深处走，越是像走进一个童话。田野的尽头，有一条乡间小道，沿着小道往上，拐一个弯，忽然露出一条花廊。花廊直直地伸向一个古老建筑的大门。这是福卡勒基耶镇上的一个修道院。修道院已经有800多年历史了，可是看起来并不破旧，里面很热闹。

大草坪上，有一支小乐队在自顾自地演奏，并没多少人关注。孩子们在嬉戏玩闹，大人们端着酒杯在闲聊。明媚的阳光底下，一切是这么生动和安详。谁也不会想到，这里曾有过怎样一段曲折幽暗的历史。

这个美丽的修道院叫科尔得利，建于1236年，然后被法国宗教战争毁坏了。在1562年到1598年间，连续八场战争，让300多万法国人悲惨地死去。战争过后，修道士们把残破不堪的修道院修修补补，将就着安顿下来。1789年，法国大革命的混乱，给了这个修道院最后一击。修道院完全被毁坏了，再也无法居住。剩下的几个修道士只好悲伤黯然地离去。

房屋还在，庭院还在，只是成了废墟。有人在周围栽种了桑树，收拾了几间破房，开始养蚕。有人用木棒修上栅栏，在这里养起了家禽与牲畜。一个简朴美丽的修道院，慢慢变成了肮脏的小农场。

时光很慢，又很快。200年一晃而过。桑树已经长得巨大了，树干成了空壳，然而枝叶还是极其茂盛。原本简朴优美的修道院，已经完全成了长满杂树与荒草的废墟。

1963年，一位年轻英俊的男子，在这片废墟上久久地徘徊着，像是在寻找着什么。不久，就有许多人来到这片废墟上开始忙碌起来。这个年轻人，他要恢复这个古老的修道院。年轻人是一位飞行员，名叫亨利·康士丁。就像写《小王子》的那个圣·埃克苏佩里，修道院是他要完成的一个童话。童话才写了一年——因为飞机失事，亨利死了。1964年11月23日，由纽约经罗马飞往开罗的波音707，在罗马菲乌米奇诺机场起飞时撞毁，空难导致了50人死亡。

然而童话没有中断，接着书写的，是亨利的妹妹。她是一个药剂师，名叫波莱特·康士丁。她拼命地工作。她变卖了全部财产，包括她的住所。她在这个废墟上清理出一个小房间，就住在这里。

十年过去，二十年过去，四十年过去。一个被完全毁弃了的修道院，竟然恢复了她本来的面目。不只是恢复了，而且变得更加光彩夺目。此时，除了这个修道院，波莱特已经身无分文，还欠下了许多债务。她孤独地住在修道院里，守着哥哥的童话。

波莱特·康士丁是2003年去世的。去世之前，她把这个耗尽了她全部生命的修道院交给了当地政府。政府在修道院里开办了一所大学。大学的名字很特别，叫味觉与嗅觉大学。学生们在这里采集乡间的植物，研究与提取出它们的味道，他们希望以此来唤醒人们已经变得迟钝甚至麻木的感知。这大概是对飞行员亨利的童话，最为诗意的理解了。

家家娃娃皆天才

□吴冠中

我当了一辈子美术教师，以伯乐自命，自然重视有才华的学生。每班总有几个尖子，感悟力强且用功，我便会多给予辅导、鼓励、表扬，显得很偏心。感觉敏锐或迟钝的确大有区别，“感觉”多半属于禀赋，不易培养。

绝大部分孩子喜爱美术，但我存心不让我的孩子学画，故竭力避免他们在孩童时期受到我的感染。我是狠心的父亲，但狠心的父亲成了善心的爷爷——我的两个孙子特别爱画画，我尽量劝说，但下不了禁令。有一回同朋友们聚餐，我又谈起反对有意培养孩子当画家的观点。我认为，儿童时代的美术教育都是为了普及美育，扫除美盲。至于画家之成长，绝非靠父母事先设计。凡曾被宣扬为天才儿童的，几乎没有一个成为大艺术家。倒是成了大艺术家后才被人说起童年如何有天分，这都是画蛇添足的败笔。

小孙子大胆插话。他责问我：“那你为什么还指导我画画？”“那是为了提高你的欣赏水平。”“那我看你作画时，你为什么还给我仔细讲解作画的要点？”“那是为了让你对作画有正确的认识，懂得区分美丑。”我似乎并未说服小家伙。他的画确有些灵气，但这绝不能说明我家诞生了天才儿童。在我有生之年，仍坚决不让他专学美术。我到底还是狠心的爷爷。画家，是路边的野草，是被人践踏仍吐蕊的花朵，是缺乏营养仍倔强生长的石隙中的松！

戴花的欧阳修

□湘人彭二

在今天，一个男人，戴朵花，还微笑地走在路上，你很可能认为他有病。但在古代，尤其是宋朝，男人戴花，是普遍的习俗。二月来时，你会发现，每个宋朝人头上，都顶着一朵花，缓缓走在热闹的春天里。

在这戴花的队伍里，有一个人很特别，他就是欧阳修。

欧阳修是北宋著名的政治家、文学家，但很少人知道，他还是一个“花痴”。他在一首词里这样写道：

“直须看尽洛城花，始共春风容易别。”意思是说，只有将洛阳城所有的鲜花看遍，才容易与春天告别。只有全身心地爱够一回，分手时才不会后悔。

在洛阳当官时，欧阳修很喜欢牡丹，他遍访民间，将洛阳牡丹的栽培历史、种植技术、品种、花期及赏花习俗等做了详尽总结，撰写出现存最早的牡丹专著《洛阳牡丹记》。

到安徽滁州做官后，欧阳修工作之余，仍然对花爱不释手，要属下在官衙四周种满花木。他写诗道：“浅深红白宜相间，先后仍须次第栽。我欲四时携酒去，莫教一日不花开。”读欧阳修的诗，你不觉得他只是一个官员或名人，而是一个离你的心很近、离美更近的活生生的人。

欧阳修爱花，自己却常被生活摧残。

从外表上来说，欧阳修长得不好看。他身材矮小，脸色苍白，高度近视，以至风流宰相晏殊初见他，十分惊讶地说：“原来是个眼睛不好、身子也瘦弱的少年。”说完，扬长而去。

欧阳修有两次丧妻之痛，一次丧子之痛，加上父亲早逝，母亲体弱多病，妹夫病故，胞妹也无人照看，够惨了。他还经历了几次被朝廷贬官，到很偏远的地方去工作，壮志难酬，人格遭到无数次羞辱。

而他，依然爱春天，爱花。他写过一首词：“堤上游人逐画船，拍堤春水四垂天。绿杨楼外出秋千。白发戴花君莫笑，六幺催拍盏频传。人生何处似尊前！”意思是说：春天来了，河堤上满是踏青、赏春的游人。有画船从河的远处开来，游人追逐着，打闹着。船开过去了，春水荡漾，拍打着堤岸。河水晃荡着，天也跟着晃荡起来。天幕低垂，水天相接，广阔无边。游人啊，你不要笑话画船上那个头戴鲜花的白头发老人，他正随着委婉动听的《六幺》歌舞，一次又一次举起酒杯。

人生万事，世间百态，就让他在今天的酒中沉醉吧。

欧阳修说的那个白头发老人，就是自己。彼时，他家境贫寒，体弱多病，写这首诗时其实才四十三岁，并不算太老，但他的样子已经老了。尽管如此，他还是那个头戴鲜花，缓缓走在春天里的欧阳修呀。

生了白发又怎样，长得丑点又怎样，被人笑一笑又怎样，春天是属于每个人的。如果花朵有决心，春天有决心，我们就可以有同样的决心。在任何时间，都头戴鲜花，走在所有春天和时间里。

欧阳修爱惜人才，也像爱惜花朵一样，怕一不小心，它们就枯萎了。他为国家发掘和提拔了大量的人才，如苏洵、苏轼、苏辙、曾巩、王安石、司马光、程颐、张载、包拯等。这些人，后来都成为北宋乃至中国古代历史上响当当的人物。

欧阳修发现一个人才，就像发现一朵花，把它戴在头上想让更多的人看到。

欧阳修也希望自己有花朵一般的芬芳，流芳百世。他是三朝元老，国家的栋梁。而他，作为文坛领袖，诗词歌赋也无所不精，琴棋书画样样皆通，还编撰了《新唐书》《新五代史》。

在一次科举考试中，作为主考官的欧阳修第一次读到二十岁的苏轼写的文章，觉得碰到了对手。

五十岁的欧阳修欣喜若狂，他在给另一位批阅试卷的考官梅尧臣的信中，盛赞苏轼的文才说：“读轼书，不觉汗出，快哉快哉！老夫当避路，放他出一头地也。”

欧阳修说，三十年后，没有人知道我欧阳修，人们记住的，将是这个二十岁的青年苏轼。

二十年后，欧阳修去世；再过三十年，苏轼也去世了。百年以后，千年以后，他们都没有被遗忘。人们记住了苏轼，也没有忘记欧阳修。

欧阳修多虑了。

耶鲁大学『最受欢迎的课程』长啥样

□胡文利

大学生比以往更不快乐

即使人们取得了通常意义上的成功，比如进入顶尖大学，赚了大钱，出了名，他们也常常感到不快乐。在美国耶鲁大学这样竞争激烈的地方，这种现象尤其明显。

因此，心理学教授劳瑞·桑托斯决定开设一门心理课程。“我们的大脑里有一大堆小故障，使得我们很难享受已经拥有的美好。”她告诉美国《大西洋月刊》杂志，她希望通过每周两次授课，让学生过上更快乐、更满足的生活。

谁也没有料到，在数百种课程中，这门“心理学与美好生活”课会成为耶鲁300多年校史上最受欢迎的课程。开课6天后，报名人数达到1200多人，占本科生的四分之一。大多数时候，该校一门课的学生人数不超过600人。

蜂拥而至的学生踏破了教室门槛，学校不得不让一部分人在巴特尔教堂听现场讲座，其余人分散在几个小礼堂里看直播。几周后，他们把上课地址转移到举办交响乐表演的伍尔西音乐厅，总算装下了所有学生。

桑托斯猜测，这么多学生对这门课感兴趣，是因为在高中时期，他们所做的每件事都以考上名校为目的，形成了“有害的生活习惯”。“当代大学生比以往更焦虑、更抑郁、更不堪重负。”她告诉美国《纽约时报》。

根据美国大学健康协会的最新调查，52%的在校大学生“感到绝望”，39%患有严重的抑郁症，导致学习障碍。耶鲁大学理事会的一份报告显示，该校一半以上的在校学生进行过心理咨询。

获得快乐的两个处方

在第一堂课上，桑托斯就向学生强调，她不但要教他们了解什么是快乐，而且要教他们如何实践快乐。“事实证明，快乐确实需要练习”。

加州大学心理学家索尼娅·柳博米尔斯基提出，决定幸福感的因素中，50%来自基因，10%来自环境，40%取决于思想和行为。“人们往往认为环境对幸福的影响最大，却低估了我们的行为对幸福感的影响。”柳博米尔斯基在自己的书中写道，当基本需求得到满足时，环境对幸福的影响是最小的，除非你是个难民，或者正在遭受家暴。

桑托斯告诉学生，大脑第一个“故障”出现在感官感知上。恼人的噪声重复出现一段时间后会“消失”在背景中，美好的事物也一样。“拥有梦寐以求的东西那一刻，感觉真的很快乐，但很快就会习以为常。”比如，买了一套新房、一辆豪车，或者收到耶鲁的录取通知书。“收到录取通知那天，你的心情肯定比期中考试时好得多。”

如何处理这个故障？桑托斯开出了两个处方。

处方一：买体验，不要买实物。“等待一顿美餐或期待一次旅行的感觉，和等待你预订的手机到货时的心情肯定大不相同。”康奈尔大学心理学博士阿米特·库马尔告诉《大西洋月刊》，等待物质的心情更可能是焦急，而不是期待。相比之下，度假可能只有一周，但它的记忆和影响长久得多，而拥有一辆豪车之后的第二年远没有第一年那么激动。

这似乎有违常理：为体验付费，比如度假，它很快就会结束；如果你购买实物，比如沙发，至少你能拥有它很长一段时间。然而，正如反复出现的噪声一样，时间久了，你的苹果手机、名牌包、豪车……都会沦为日常生活的“背景”，稍纵即逝的属性却让体验式消费显得弥足珍贵。它们持续的时间不够长，不足以让人生厌；虽不完美，但在时间的滤镜下只剩美好的回忆。

体验往往比实物更让人快乐，还因为人们不太可能在分享经历时相互攀比。“人们不喜欢听别人谈论自己的财产，但他们喜欢听你讲‘吸血鬼周末’乐队的现场演唱是如何激情四射。”库马尔说，“社会互动是决定幸福的重要因素之一。所以，聊天时请对别人好一点。”

处方二：感激你已经拥有的东西。“大脑的另一个故障是喜欢比较。”桑托斯说，我们常常和别人比较谁拥有的更多，无论我们拥有的是否已经足够。例如，奥运会上大多数铜牌获得者经常比银牌获得者更开心，因为银牌获得者的目标往往是他们没有得到的金牌，但铜牌获得者可能根本没料到自己会获得奖牌。

桑托斯建议学生们做一个思想实验。“问问自己，失去了现在的生活会怎样？”例如，如果这栋老旧的房子不再为你遮风挡雨，或者整天在耳旁唠叨的伴侣离你而去，你的生活会变成什么样？这种“消极的想象”或许能让人们重拾生活的热情，即使它有这样那样的缺点。

1小时比1美元更有价值

在课堂上，桑托斯提出了一个难题：金钱重要还是时间重要？

人们对金钱的追求似乎永无止境。柳博米尔斯基做了一项调查：年入3万美元的人认为，年薪达到5万美元能让他们快乐。那么，当他们年薪达到10万美元的时候，是不是就能感到双倍的快乐？然而，年入10万美元的人表示，年入25万美元才能让他们快乐。

事实上，金钱对幸福感的影响是有边际效应的。根据诺贝尔经济学奖得主丹尼尔·卡尼曼和安格斯·迪顿对1000个美国家庭的调查，一开始，幸福感确实随着收入的增加而增加，但年收入达到7.5万美元时，幸福感就趋于稳定，再往上，收入更高的人，幸福感却不会增加多少。

在人们的普遍观念里，有大把的钱是地位的象征，有大把的时间却是可耻的。然而，桑托斯告诉学生，作为“个人用品”，钱是有弹性的，因为理论上，你可以积累无限多的钱，收入也会上下波动。但时间是没有弹性的，你无法积累更多的时间，每天的时间都是固定的。因此，1小时比1美元更有价值。

哈佛商学院助理教授阿什利·惠兰斯设计了一个实验：第一次，他们给参与者每人40美元，要求他们把钱花在能节省时间的消费上。有人点外卖，有人请保洁，还有人雇邻居小孩修剪草坪。第二次，他们又给同一批参与者40美元，要求他们把钱花在实物上，比如买衣服。几乎所有参与者都表示，花钱减轻时间压力让他们更快乐。

为了让学生们充分理解金钱与时间的关系，桑托斯决定“现身说法”。期中考试后的第一堂课开始前，她守在教室门口向学生发传单，上面写着“本节课取消，你有1小时空闲，去体验‘时间富足’吧”。学生们有人读闲书，有人去爬山，还有人约许久未见的朋友喝咖啡。一名被繁重的日程安排压得喘不过气的学生得知多出1小时后，激动得当场哭了起来。

“这是耶鲁最难的一门课”

一些学生把这门课看作放松的机会，因为它没有成绩上的要求。大四学生赖利·里奇蒙德和几个朋友一起报名了这门课。“我选它确实是因为压力小，”他告诉美国一家时尚网站，“但也能学到一些减压的技巧。”

虽然学生们认为这门课很容易，但桑托斯坚称它是“耶鲁最难的一门课”。“为了真正改变你的生活，你必须时刻实践。”她说，开设这门课的初衷，部分是因为学生的需要，部分是因为她自己的需要。当她进行幸福指数测试时，发现自己的得分并不如想象中那么高。

课程结束后，桑托斯又做了一次测试。这一次，她的幸福指数上升了一个等级。学生们也获益匪浅。“我从来没有意识到，改变自己这么困难。”一名学生说，“如今我的睡眠质量有了提高，也学会了感恩。”

“很多人认为，幸福是一种激动人心的情感，一种持续的狂喜状态。”耶鲁学生海蒂·科伯说，“实际上，平和才是一种更持续、更容易实现的幸福。幸福并非中了彩票的狂喜，而是静静地欣赏生活的美好。”

“我们认为快乐来自重大的改变或经历，却忽视了如何在日常生活中以快乐的方式度过普通的每一天。”惠兰斯教授认为，与其和配偶为谁洗衣服而争吵，不如花钱把衣服送到洗衣店，省下吵架的时间，和爱人一起吃饭或者散步。

“心理学与美好生活”这门课取得了史无前例的成功，但桑托斯并不打算继续开课，因为“把所有学生都吸引过来，对其他课程和院系是不公平的”。不过，她承诺会提供免费的在线教育课程。

归根结底，幸福并不取决于外部环境，而是一种需要培养的能力。桑托斯希望，完成这门课程后，学生们不仅能收获快乐，还能掌握各种让自己快乐的方法。

心在水中

□毕淑敏

心在水中。水是什么呢？水就是关系。关系是什么呢？关系就是我们和万物之间密不可分的羁绊。它们如丝如缕百转千回，环绕着我们，滋润着我们，营养着我们，推动着我们。同时也制约着我们，捆绑着我们，束缚着我们，缠绕着我们。

水太少了，心灵就会成为酷日下的撒哈拉，干燥寂寞。水太多了，心灵就会披挂许多旧日尘埃，好像浸满了深秋夜雨的蓑衣，湿冷沉暗。

如何把水珠抖落，在朗空清风中晾干哀伤的往事？如何修复心理的划痕，让它重新熠熠闪亮，一如海豚的皮肤在前进中把阻力减到最小？如何在阳光下让心灵变得通透晶莹，仿佛古时贤臣比干的七窍玲珑心，忠诚正直聪慧，却不会招致悲剧的命运？

其实，人生所有的问题都是关系的问题。在所有的关系之中，你和你自己的关系又最为重要。它是关系的总脐带。你有时会大声地埋怨这个世界，殊不知症结就在你自己身上。处理好了和自己的关系，你才有精力和智慧去研究你的人际关系，去和大自然和谐相处，如果你被自己搞得焦头烂额，就像一个五内俱空的病人，哪里还有多余的热血去濡养他人！

不要去希图来世的天堂，只期待今生今世、此时此刻能朝着愉悦和幸福的方向前进，在水中自由地遨游。闲暇的时候挣脱一切羁绊，到岸上享受晨风拂面。然后，一个华丽的俯冲，重新潜入关系之水，留一串曼妙海豚音，给天空。

老旧的笑

□黄惟群

澳大利亚一个海滨小镇，宁静、漂亮的地方。

当地风光介绍资料中有一座“贝壳博物馆”，似有特点，值得看，特别对孩子。一查，“博物馆”竟然就在我们住的这条街。我很诧异，这街两边均是民房，那几天，左进右出很多次，从没注意这么个地方。

车在街上开了个来回，没找到，再开一个来回，还是没找到。没信心了，我将车停在路的一边，征求家人意见，是放弃还是继续找。正商量着，儿子的眼睛突然一亮，手指跟着一指，喊道：“看！”

随着他的视线看去，就在我们停车的这幢房前，一块残破的门板斜靠墙根处，板上歪歪扭扭抹了“博物馆”几个红漆大字；再看，左上角还有小小的、同样歪扭的“贝壳”字样……

没什么可疑惑了，却还是疑惑。

这博物馆让人想不起博物馆。要说与左右民房有什么不同，那就是更小、更破、更老式些，而且，不是砖房，是板房。

看手表，离开门还差五分钟。一家人，谁也不说话，相互张望，等得疑惑、不踏实，似这海边小街上的破旧小屋的门就该这样永远永远地关着。

然而，九点一到，我们听到动静了，很准时。“叽嘎”一声响，门慢慢地、懒懒地开了。渐渐打开的门缝里，慢吞吞地探出一头白发。

他一定没想到屋外有人，看见我们，一惊，一头白发一颤，跟着扭头朝后急促说了句：“已经有人了。”说完，赶紧把门开大。

身后黑洞洞的门框里，隐约现出一张脸，一张老妇人拉开了笑脸。

“正好，一分不差。”我和太太尽量轻松地笑，边说边招呼两个木愣愣的孩子进屋。

一般住家的单门。老人侧身让我们进去。

扑面而来的是让人说不出的感觉。“博物馆”是个前居后铺的屋，不过十几平方米。房屋很简陋，抬头可直接看到尖角房顶，看到木梁上盖的瓦、瓦片上的蜘蛛网。地上，铺的是过时已久的塑料地板，人造材料，日月磨砺，泛出一层旧黄，许多地方开裂，几处还掉了角。中间是个玻璃柜，特别旧，本木颜色，已发黑。四周靠墙还有一圈相似的柜，比中间的扁一点、矮一点，也是玻璃的，也老旧得像掉了牙的站不稳的老人。

“你们是第一次来还是以前来过？”老人跟在后面问。

“第一次。”我太太说。

“第一次的话，大人要交五角会员费。”老人有点不好意思地说，跟着，赶紧补充，“当然，会员费是永久性的，以后任何时候再来，都不用再交。”

五角钱，等于不交，还是永久性的，且仅限大人。听得人心里闷闷的。

孩子一进门，便被橱柜里排满的贝壳吸引住了，先前还木愣愣的目光即刻亮了起来。

玻璃柜中放着大大小小、形态各异、五颜六色的贝壳，很漂亮，有的像古罗马骑士的头盔，有的像美妇人的笑靥，有的像少女流线形的围巾，有的像长毛绒球，有的像星星，有的像公鸡头上的鸡冠，还有的像古典中国灯笼……

世上再能再巧的能工巧匠，再有才气再有想象力的画师、设计师，毕其一生努力，恐也及不上上天智慧边角不经意的一闪，及不上上天手指轻易一动造就的生灵之奇、之美。

“这里一共多少品种？”我问。

“大约一千五百种。”老人说。

老人告诉说，这些贝壳都是他父亲生前收集的。他父亲一生喜欢海；当过海军，终年海上漂泊。这些贝壳长在不同海域的深海，捉取它们必须潜水到很深很深的海底。他父亲退役后，学了潜水，然后去世界各地，到各种不同海洋，专门为了寻找它们……后来，他就开了这家贝壳博物馆。

“那该是很久前了吧？”

“是的，很久了。”

“你呢？你有没有收集？”

“也收集，但很少。很难。我从别人那儿买了些。当然，都是相对大路货的，主要用作买卖。”

再看橱窗里的贝壳，每个下面都有一张小字条，用玻璃胶粘在底下的玻璃上。字条已很黄，有的已发黑，上面有钢笔字迹，很漂亮，很潇洒，写着贝壳的名称，来自什么地方等。大多笔迹已模糊，上面落有灰尘，看不太清楚。不用说，是他父亲的手笔。

“这博物馆开了多久？我是说，自你接手后。”我忍不住又问。

“三十年，已有三十年了。”

“三十年来一直守着这个店？”我很想这样问，却终究没问。我改口说：“挺好的，住在这么漂亮宁静的

家务活里的哲学意味

□肖 遥

与其他事务相比，家务活儿永远不能够真正完结：衣柜书柜总是可以更整齐，窗户镜面厨具可以更明亮，地板打扫、除尘以后，还可以抛光、打蜡。

简单的体力劳动也是永远做不完的，不仅具有无限性，而且无限循环重复下去，家务的重复性也正寓意着生活的本质——活着就是不断地重复。

家务活儿的指向是向内的，类似于“螺蛳壳里做道场”。和思考、反省、整理头脑或电脑内存一样，每当推进一项家务，都使得生活得到了一重净化和优化。若是想更深地体会家务活儿中的哲学意味，就需要学会痴迷于某些细节。

比如叠衣服，可以按着冷暖色系来摆放毛衣；饭前摆碗放筷，可以一边移动，一边琢磨碗筷之间的距离和角度。即便切一块苹果，也可以选择将之切成一朵苹果花，还是与巧克力搭配摆成一只泰迪熊。

收拾书柜，有人会按色系，将书柜摆放得像彩虹一样。我是按作者的写作风格放置，比如我肯定不会把厄普代克和舒比格放在一起，但是会把爱丽丝·门罗和简·奥斯丁放在一起，想必她们都不会太介意。

朋友阿猫说，她没想到厨事和家务成了治愈她创伤的良药。某天早上醒来，瞥见猫咪眼巴巴地盯着她，可一般都是男友给它喂猫粮。这时阿猫才猛然意识到，他和她已经分开了。她开始扫地、拖地、抹桌子，自己一个人做早餐。人掌控不了别人对自己爱或不爱，甚至连自己的爱恨都掌控不了，能掌控的，只有眼下扫的这块地，它会明光锃亮地回馈自己，能安慰和不辜负自己的，只有手里的食材。在被琐事占据填满的时候，生活的温暖奇迹般回来了。

家务里的艺术性和创造性可以缓解人的焦虑。独在异乡做访问学者的那段时间，在厨具欠缺的情况下怎样做出靠谱的中餐，成了我的一大爱好。有一次，我花了三个小时徒手做面条：把面粉揉成团，把面团搓成面棍，把面棍扯成面条。期间下了两场大雨，出了两回大太阳。雨后两只松鼠追逐打闹着跑过院子。在寂静的午后，这场松鼠的舞蹈表演是给我一个人的奖赏。在专注做这一餐面条的时候，与其说时间好像停滞了，不如说我好像置身于时空之外了，浑然不觉世事，像滚雪球样迅速集聚变化，或像流沙一样破碎崩塌。

最近，我发现我有了一个新的爱好：不管去谁家，我都习惯钻进厨房帮主人干活，一起剥葱、捣蒜、盛饭、吃饭，洗洗涮涮，分享笑话。就像音乐的前奏和尾音，使得这场热闹来得更为完整、饱满、生动。

这正如弗朗索瓦丝·萨冈所说的那样：“所有平静的人生都幻想伏特加、乐队和醉生梦死，正如所有漂泊的人生都梦想着平静、童年、杜鹃花。”

海滨小镇，拥有这么独特、这么漂亮的贝壳博物馆，还能不断看到来自各地的不同游客……”说着，觉得说不下去了。

可是，老人因我的话多了不少高兴。

“是的，”他说，“这确实是个好地方，有山有水。很难找到比她更好的地方。我在这儿生活了七十年，偶然离开几天，都会不习惯，会想她，会急着赶回来。这么个小博物馆，虽不能赚什么钱，但够用了，够我满足的，而且，我喜欢这些贝壳，已经习惯看到它们……”

“是的，是的。”我连连应着。

儿子看中一个小贝壳。挺不好意思，就买这么个小东西。

他并不介意。他将黑框老花镜架在鼻梁上，身体退得远远，看了看价，而后，一边和我们说话，一边找出一张过期报纸，撕了半页，把贝壳包起来……

我说：“我们还会再来；怎么说，我们也已是这里的会员。”说这话，是想使气氛轻松些，可一出口，觉得一点不轻松。

我们道过别，走了。抬腿一瞬间，偶然回头，我看见，后面居所黑乎乎的门框中，往外探出一张白晃晃的脸。那脸还是隐隐约约的，还像先前一样拉开了笑——那笑似也很老旧。

无人小岛上的20多个冬天

□CITYZINE

每年冬天，摄影师艾利克丝都会去距离美国东北部大陆10千米以外的浅滩群岛生活，她是岛上一家酒店的冬季看护人。那里除了她，一个人也没有，只有29座古老的建筑，以及一些来过冬的动物，比如雪鹗、海豹以及秃鹰。

“我永远都不会忘记，多年前第一次站在浅滩岛码头上美妙的感觉，我看着载我来的船越来越小，驶向遥远的美国大陆。而我独自留在那里，周围是9座空无一人的小岛。气温逐渐下降，风力慢慢增强，漫长的冬天即将来临……”

艾利克丝是一位艺术家，也是一位摄影师、音乐人、深水高级船员。她1966年生于纽约，现在居住在新罕布什尔州和浅滩群岛。最初在从事研究和教育的船上做船员，后开始摄影创作。同时，她也是一家酒店的冬季看护人。20多年来，每个冬天，她都在浅滩群岛生活，看护着岛和岛上的酒店。这里共9座小岛，一半归新罕布什尔州，另一半归缅因州，不过到了冬天，都空无一人。她居住在其中一座叫“星岛”的小岛上，岛屿属于一家酒店，春、夏季人们会在这里举行会议、休闲娱乐，冬季由于气候原因不对外开放，没有公共船只，更没有旅游船到来。

最开始她有一位搭档——布莱德·安德森，两人一起看守这些岛屿，后来布莱德跑去开公司了，剩下她一个人。

艾利克丝的工作并不复杂，主要是巡逻岛上所有的建筑和房间，铲掉吹进建筑的雪，换被风暴打破的窗户，以及向大陆办公室报告她无法修复的问题。

所以她有大量的时间做自己想做的事，比如写日记、唱歌、写歌、弹吉他、读诗，以及在风平浪静的日子里划皮艇去另外8座岛上散步。

艾利克丝在岛上拍摄了大量的黑白摄影作品，在新英格兰地区各个州的画廊展出。从她的作品中可以看到浅滩群岛冬天的模样：时而惊涛拍岸，时而风平浪静。岛上经常刮风，通常每天都会刮狂风，有时候会刮东北风，那就会带来风暴或强飓风，那时海浪就会像怪物一样砸向岛屿。

而每当飓风来临时，艾利克丝说：“我住的房子真的会随风摇摆，我可以看到窗户玻璃随着狂风向内弯曲。外面的一切都是扑面而来的模糊——狂风撕扯着浪花，把浪花和雪花吹向整个岛屿。”总之，从最宁静的婴儿到猛烈的战士，这些岛有太多种面孔。

但艾利克丝总是一个人欣赏着这一切。在岛上的每一天，她都与太阳一起起床和入睡，绝大多数时间在漫长的孤独中度过。而且她不让朋友去探望。因为这里冬天不允许任何人上岛，供给船会给她送来足够生活几个月的食物和水。

她是怎样成为一名“小岛守护者”的呢？艾利克丝是在某年夏天来旅游时，意外发现这里在招聘一名冬季看护人。“我具备了能在偏远地区独自生活5个月所需要的所有技能，因此被录用了。”而这些技能，大多来自她的上一份工作。

艾利克丝从18岁开始出海，她的第一艘船是一艘小艇。“我爬过帆索，坐在帆桁（帆悬挂的地方）上，和其他船员一起操纵帆，平稳度过暴风雨。而且我们的船是科研船，研究鲸鱼、海鸟和海洋生物，每次在海上待上几个星期，实在太棒了。”

这简直就是她小时候梦寐以求的生活。

她很小的时候常去探望住在海边的表兄妹，由此爱上了狂野、神秘的大海和远方长长的地平线，她说：“那是我心中自由的象征。”所以之后近10年，她都在各种船上工作，甚至遭遇过百年罕见的严重风暴（那场风暴后来被拍成电影《完美风暴》）。在结束航行工作几年后，她仍常常怀念那些漫长而安静的时刻。所以她毫不犹豫地选择了这份新工作，一干就是22年。

而且她在岛上也不是真的没有“同伴”。艾利克丝也有邻居，它们就是：雪鸮（一种通体雪白的大型猫头鹰）、加拿大鹅、海豹、麝鼠、小鸟、鹰、秃鹰等。

但艾利克丝不会像很多摄影师那样提着相机去跟拍、抓拍它们。“我只在它们出现在我家旁边时，通过窗户玻璃拍摄，因为我不想打扰它们。当我出去散步，一只雪鹗停在附近，我会朝另一个方向走，给它足够的空间。”大多数时候，她不与它们交流。“我只是喜欢它们在这个岛上的存在。”动物很快也意识到了艾利克丝的无害，会放心飞过她的头顶，还

所有人都是天才

□［美］马修·凯利

爱因斯坦曾说：“所有人都是天才。但如果你以爬树的能力来评判一条鱼，它终其一生都会认为自己无能。”我相信，我们都有能力做好一件可以超越历史上其他人的事。

你可能怀疑这个想法，觉得我说的是那些非凡的人，并且认为自己没有天赋。不，每个人都是天才，我们当然不能把获得世界赞誉和成功的人视作唯一非凡的人。

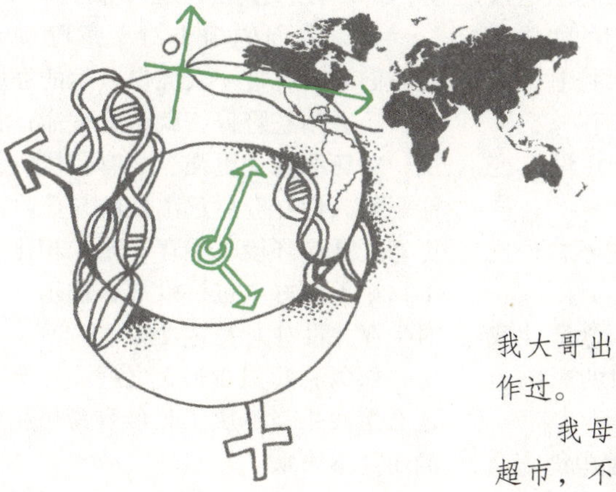

但不妨设想，假如天赋只属于以革命性的发明改变世界历史进程的人，只属于以杰作吸引几代人走进美术馆的画家，或者伟大的国家领袖、振奋我们精神的球星、为他人付出义举的英雄……假如天赋只属于他们，其他人应该何去何从？难道要我们悄悄地走开，成为梭罗的追随者，去过一种平静、绝望的生活吗？我不这样认为。

住在澳大利亚的我母亲，不会有人想写一本关于她的书。原因很简单，因为她住在鲜为人知的郊区，开的车不豪华，上的大学名不见经传。我母亲赚钱不多，所以从不穿有华丽标签的昂贵衣服，不会每年都去被热捧的地方度假。自从我大哥出生后，我母亲再没外出工作过。

我母亲默默无闻，她可以畅行超市，不会有狗仔队烦扰。也就是说，以世界上的任何标准衡量，我母亲都是一个普通人。但我向你保证，我母亲绝对是个天才。

犹记得我小时候放学回家的情景。每天下午三点半，我和我的七个兄弟像入侵似的突然袭击这个家庭。有些人凯旋，有些人则过得相当悲惨。我母亲能立即抚平所有的伤痛和庆祝每一个胜利。

作为八个孩子中的一个，我从来没感觉自己被当作众子女的一员而平淡对待。我母亲有一种超凡的能力，可以让我们每个人都发挥潜能。

正如我所说，不会有人想写一本关于我母亲的书。不过，我母亲并不在乎世界怎么想，别人怎么想。因为她清楚地了解，自己是谁、为什么来到这里。她不幻想成为其他人。我母亲发现了自己的天赋，而且追求、拥抱她的天赋。

你的天赋呢？可能是抚养孩子，成为一名幼儿园老师……不管何种形式，重要的是你要发现并拥抱它。

当发现自己的天赋时，有两个迹象：快乐和永恒的感觉。譬如，当我演讲和写作的时候，时间不知不觉地流逝，那已不再是工作，而是一种激情。总是这样吗？肯定不是。有时，好像挤牙膏一样，写出一个连贯的段落需要几个小时。但当我体验到分享这些想法的快乐和永恒时，我知道，我生来就是为了分享它们，仿佛鱼为游水、鸟为飞翔而生，这是我生命的一部分。

我们每个人都是天才。只是许多人因自己天赋不够辉煌或家人想从他们身上得到不同的东西而放弃了——天赋常常因赚不到足够的钱而被无情地抛弃。

会把她的屋顶作为集合地点，出发去狩猎。

有很多个早晨，当艾利克丝坐在岛屿东边的悬崖看日出时，附近栖息着的一只雪鹗也站在岩石上，和她一起看着日出。因为冬天岛上的生命很少，这些为数不多的生命就成了艾利克丝生活的“社区”：“我看到不同物种的动物在暴风雨中挤在一起，用羽毛互相取暖，经受风雨。水里的鸭子会吸引来海鸥，还没等你反应过来，已经有一大群扑动着羽毛的海鸥填满港口，它们旺盛的生命力总让我发笑。我甚至看到一只雪鹗跑到长嘴鸟刚刚用过的泥坑里头学人家洗澡。”而艾利克丝在这个社区里，有点像超人或者消防员。她经常用人为外力救助那些受伤的动物。比如她曾经帮助一只横斑猫头鹰毫发无伤地从酒店黑暗的大厅里飞了出来。还曾把跌落在地的雪鹗用船送到了野生动物救助中心，“但不幸的是他们没有救活它，他们告诉我，那年有一种胃真菌感染了雪鹗。”她遗憾地说。正是在与这些邻居打交道的过程中，艾利克丝变得柔软、感性、自责。她常常觉得，人类应对我们给这个星球和这个星球上的野生动物邻居造成的负面影响负责。所以即使在夏天，离开岛屿回到大陆的那些日子，她仍会在车里放一个盒子或木箱，随时帮助她遇到的动物。对了，她的夏天在新罕布什尔州森林里的小木房子里度过，但冬天她总会回到浅滩岛——这个她真正创作和生活的地方，因为她喜欢海，喜欢一切“永恒的事物”。

艾利克丝回我们邮件的这些日子，正是在浅滩岛上，我们想象她坐在书桌前，风拍打着窗户，从她的孤独深处，冒出动人的比喻：“我就像这片海洋上的一个小波浪，被风吹得栩栩如生，我在海面上玩了短暂的一会儿，然后又沉沦在浩瀚的海洋里，海洋里充满了一切，曾经的一切，现在的一切。”

为什么人越长大，越觉得不开心

□殷锦绣

小时候的快乐好像很简单也很频繁：今天放学作业少，回家吃到一颗糖，周末能跟好朋友玩……

而长大后，快乐似乎开始跟我们捉迷藏：回想今天，工作做完了，但是也没觉得多高兴；日子一天天过去，没有什么大事发生，但就是时常烦躁；连三四天的小长假过完，都好像疲惫多过了轻松愉悦……

于是这样一个问题在“大人”之间火了：为什么长大之后，感觉快乐变少了？

在传统观念中，人们往往觉得，快乐和不快乐就是心情的两极状态：一个人要么快乐，要么不快乐。

但越来越多的证据表明：积极情绪和消极情绪其实是可以彼此独立存在的，人们在感受到快乐和不快乐等不同情绪时，激活的脑半球都不一定相同。也就是说，在过去的一段时间里，一个人可以经历过很多快乐，又可以同时有过很多不快乐。

回忆一下我们的生活，其实快乐的事也是不少的：发工资、买了新衣服、情侣间送礼物，跟朋友发现了好吃的餐厅……比起小时候，我们可支配的金钱和自由其实多得多了。

但同时，生活中也总是存在着一些小小的烦恼。生活很少扔给我们重大创伤事件，却常常给我们找点小麻烦。“日常烦心事（dailyhassles）”指的是日常生活中发生的，给人们带来轻微而持续烦恼的事件、情境或冲突，也称为“日常压力事件”“较小的压力事件”等。

它可以是一些具体的事，比如，同事一起喝奶茶，没叫上自己；被老板分配了自己不想做的任务；明天有一个压力很大的展示……也可以是内心的一些矛盾或冲突，比如，一直有再读第二学历的理想，但考研临近，自己却仍未做好准备，现实与理想差距过大，令人烦扰。

虽然“小”，但日常烦心事足以占用我们的精力，消磨我们的快乐，让我们疲于应付或感觉无法控制，觉得：我不快乐！

也就是说，快乐可能并没有变少，但不快乐可能变多了。

为什么长大后，总觉得不快乐比快乐多呢？

大概因为不快乐的事总是让我们记忆更加深刻，对我们的影响也更强。

这种“坏比好强”的现象简直会贯穿生活的方方面面：重大的生活事件中，创伤总是比成功更让人牢记在心，彩票中了大奖的人会很快忘掉中奖的欣喜若狂，甚至还会因享受不了普通的快乐而烦恼，但在事故中受了重伤的人会消沉很久很久。

在一段亲密关系里，一次争吵简直可以冲淡好多次甜蜜。坏的印象，乃至坏的刻板印象都比好印象形成得更快，还更不容易被改变。而在人际交往和学习过程中，坏事的影响力都能远远盖过好事……

“坏的力量强于好的”的整体趋势，或许可以从数万年的进化找到原因。

如果我们的祖先对于危险刺激比较健忘，有过一次虎口余生的经历后，还去招惹野兽，就可能丧命；相反，对坏事感受更强、心有余悸，就能驱使人们在今后远离威胁与危险，更好地适应环境、生存下来。相比之下，记不牢好事也许没那么快乐，但对生存并没有太大的威胁。

所以，我们在长大之后，经历了这么多快乐与不快乐，最容易想起来的还是不快乐。

另外，我们对童年的回忆可能由于“怀旧”而蒙上了美好的滤镜。我们的记忆相当不可靠，它不是录像再播放，而是会在回忆时重新进行加工，模糊甚至修改其中的细节。

也就是说，童年可能也并没有那么快乐，但是在记忆的重构中，我们因为太想回到过去，而过滤掉了那些不快乐。越是对现实怀疑和不满，当下的心情越是焦虑和恐惧，人们就越会积极怀旧，此时，“过去的自己”像是一颗糖丸，可以暂时帮忙抵抗一阵现在的苦。

就算知道了不开心可能是错觉引起的，但……还是觉得不开心啊。

怎样能感觉到更多一点的快乐呢？

也许，我们需要把注意点从消极的事情转到积极的事情上。认知总是有偏差，人们往往更喜欢证实而不是证伪一个描述，如果先设定一个这样的立场“人越长大越不开心”，那么我们就会习惯性地为这样一个立场寻找证据。但如果我们换个想法，先想“长大之后有好多开心的事”，并把自己想到的快乐的事情都列出来、写

凌晨，一只异鸟翩然来访

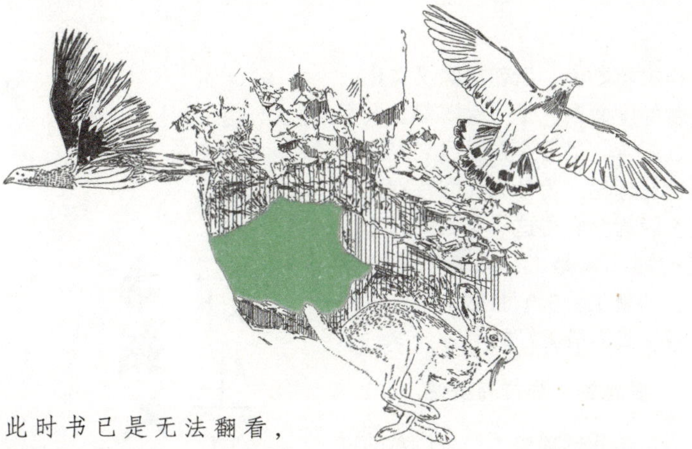

□张　樯

我是懒惰之人，极少会在凌晨起来，那天破例早睡，约莫在凌晨三时醒来，怎么也难以入睡。百无聊赖，只好摸一本闲书翻阅，翻着翻着，一阵激越的声音凭空响起，直抵耳鼓。

恕我愚钝，我在城中这一带居住达数十年之久，似乎从未听到过动静如此大的鸟鸣。那该是什么鸟？布谷？杜鹃？斑鸠？抑或一只从遥远异乡飞来的异鸟？

且不去管它了。那鸟鸣一声比一声激昂，一声比一声高亢，仿佛拉响了凌晨的警铃。

说起来，我所居住的这个小区也算是树木茂密，花草繁盛，楼房四周种植了榕树、香樟树、芒果树，放眼望去，也称得上一派葱茏，自然吸引了一群群鸟雀的齐集，平日也会挤在一起，叽叽喳喳一番，不过叫声都在过于喧嚣的白日里被遮盖了。在我偶尔早起的清晨，也曾听见过一两声怪异的鸟叫，就像是被谁凭空撒下的一串哨音，很快就不见了。

反正此时书已是无法翻看，刚刚冒头的睡意也被按了下去，我索性走到阳台一探究竟。楼下黑黢黢的，对面楼房门前和道路上的几盏白炽灯勾勒出了楼房和树木的轮廓。叫声是有节奏的，会在略略停顿和间隔后再度响起，呱呱的叫声似乎还拖曳着长长的尾音。我无法辨别这只鸟究竟栖息在哪一棵树木之上，循声望去，我仿佛看到纠缠在一起的树枝也在微微抖动，呼应着这只异鸟的来临。

目下夜色还盘踞在整片小区，在四下里渲染，但仔细凝视，已有点点亮光在天际渗透，难说不是被这只叫不出名字的鸟啄破了夜色，从而使黎明一点点漏了下来。从来都是闻鸡起舞，可如今城市里早已不再有人养鸡，那么是否意味着专司报晓之职已被鸟类取而代之？

呱呱，嘹亮的鸟叫响彻小区。

再看看我所在的小区，目之所及，哪怕是因为一只异鸟的到来，也没有谁家的灯盏亮起，一扇扇窗户都拉着厚厚的窗帘，像是一双双因酣睡而紧闭的眼睛，始终不肯睁开。那些楼道口黑黝黝的门洞则如因酣睡而张开的嘴巴，似乎能感觉它发出的均匀的呼吸。也就是说，哪怕是一只异鸟发出的叫声，也无法唤醒一个个沉睡的人，更何况还有一些装睡的人。

我不知道这只异鸟的来访意味着什么。其实，我也本该属于那些沉睡的一员，只不过因为偶然醒来才与一只异鸟相遇并被其吸引。可以想见，在过往那些漫长的日子，因为我的长睡不醒，或者昏聩不察，该错失了这个世界多少的奇遇和魔幻时刻？

当然不限于一只异鸟的翩然来访，还有诸如一场骤然降临的春雨，滚过天边的闪电，遽然划过夜空的一道流星，甚至一朵花的微笑、一片黄叶的轻轻叹息……而正是这些大自然微妙的变化，才使我们冰封的心之湖面有了弧线，硬核的现实变得柔软。

下来，就会发现：咦，快乐的事情也很多呀！

除了寻找已有的快乐，我们也可以自己创造新的快乐。多巴胺经常被吹捧为“快乐激素”或大脑的“奖赏中心”，但最近的研究表明，它跟我们寻求奖励的过程的联系，可能比奖励本身更密切。当我们看到新奇事物时，大脑可能会“说”：这个东西好新奇哦，它会给你奖励！然后大脑分泌多巴胺；而多巴胺使你感到快乐——这就是为什么探索新事物让我们更开心，因为我们期待新鲜的奖励。

所以，时不时去尝试一点新的东西，换点新口味，哪怕只是换个新手机壁纸，也可能给我们带来更多快乐的感觉。

新鲜能带来许多短暂的快乐，而还有其他方式能带来更多样的持久快乐。健身、旅行等体验式消费能够增加自己的生活经历或经验，比买新衣服等更让人快乐。

以健身为例，在健身房有机会搭讪，健身回来后跟人聊天能多一个话题，更好地满足了人们的关系需要，身材越来越好，想起来也越来越开心，还不容易被社会比较打压——土豪动动手指就能买一台昂贵的跑步机，但是他不一定有时间去投入地锻炼呀。

去发现、尝试、体验吧，长大后的生活，也可以很快乐。

唐朝人教给我们的好生活

□桃子酱

作家蒋勋说，唐朝就像汉文化一个短暂的度假期，是一次露营。人不会永远露营，最后还是要回来安分地遵循农业理论。为什么我们特别喜欢唐朝？因为会觉得这一年回想起来，最美的那几天是去露营和度假的日子。唐朝就是一次短暂的出走。唐朝人，教给我们最美好的生活。

像唐朝人那样有美感

唐诗给我们提供了一个诗意的世界，也让我们学会了审美。所以马未都在儿子出国留学时，明确要求儿子要把唐诗宋词当成枕边书，希望培养其对汉语的语感以及审美能力。

我们小时候背诵唐诗往往不知其所以然，要到多年之后，才发现这些诗句所描绘的画面已经深深印刻在脑海里：“孤舟蓑笠翁，独钓寒江雪”（柳宗元《江雪》）；“野旷天低树，江清月近人”（孟浩然《宿建德江》）；“星垂平野阔，月涌大江流”（杜甫《旅夜书怀》）……

像唐朝人那样有气场

唐朝人尚武，气场也就非凡。“十步杀一人，千里不留行。”（《侠客行》）这是李白笔下的游侠，也是唐朝人尚武精神的象征。“功名只向马上取，真是英雄一丈夫”（岑参《送李副使赴碛西官军》），是很多唐朝人的生活理想。

而唐朝的女子，也不是弱质纤纤的闺阁中人，虽然也会“悔教夫婿觅封侯”，但“封侯”的梦想可是她们和男人共有的。武则天则是唐朝女子所能达到的巅峰：和男人一样执掌整个国家。

像唐朝人那样有海纳百川的气量

唐朝欢迎外国人。外国人无论是留学、游历还是居住、迁徙、经商，都有相当高的自由度。玄宗朝，仅长安城便有四千户“归化人”。外国人一旦入籍，即免除十年税赋，且“所在州镇给衣食”。

这些政策，使得外国人纷纷前来，娶妻生子（唯一的限制是，外国人可娶唐朝女性，但不得携妻回故土）、入籍，甚至做官：日本人晁衡（阿倍仲麻吕）官至节度使；波斯人阿罗汉在武朝时为官，封金城郡开国公、上柱国，等等。这就是泱泱大国的气度。

像唐朝人那样热爱壮游

就像李白所说，“大丈夫必有四方之志”，唐朝人是最有资格说“我的心略大于整个宇宙”的。李白曾“南穷苍梧，东涉溟海”，杜甫也曾“放荡齐赵间，裘马颇清狂”，在那个时代，每个诗人都是壮游家。

可以策划一场“唐诗之旅”，就选西北吧：这里有王之涣的“黄河远上白云间，一片孤城万仞山”（《凉州词》）；有王昌龄的“青海长云暗雪山，孤城遥望玉门关”（《从军行》）；有李白的“明月出天山，苍茫云海间”（《关山月》）；等等。

像唐朝人那样珍视友情

杜甫曾为李白写过十五首诗，最出色的是这首：“李白斗酒诗百篇，长安市上酒家眠。天子呼来不上船，自称臣是酒中仙。”最深情的则是《梦李白》：“故人入我梦，明我长相忆。”（唐朝诗人中另一对著名的友人——白居易和元稹，也有过心灵相通梦到对方的经历）。

“孤帆远影碧空尽，唯见长江天际流”（李白《黄鹤楼送孟浩然之广陵》）；“洛阳亲友如相问，一片冰心在玉壶”（王昌龄《芙蓉楼送辛渐》），友人的离别，催生了许多关于友情的佳句。

像唐朝人那样尊重女性

唐朝女性地位不低，学者孟宪实提出的佐证之一是，为了让女性享有家庭之外的空间，敦煌有全女班的社团。这个社团需交会费，成员们一起吃饭、喝酒、念佛、游戏，相当于女子沙龙。

佐证之二是在莫高窟发现的“放妻书”，饱含深情：“愿娘子相离之后，重梳婵鬓，美扫蛾眉，巧呈窈窕之姿，选聘高官之主。解怨释结，更莫相憎。一别两宽，各生欢喜。”不是“去妻”而是“放妻”，这是对女性的尊重，也说明在唐朝男女关系是趋于平等的。

美丽的雅罗鱼

□周春梅

大江健三郎的散文《成群结队的雅罗鱼》，回忆了作家童年时代的一次历险。他家附近的河流中有一个深渊，深渊中的一块岩石，据说有一条裂缝，如把头伸进那条裂缝，就能看见美丽的仙境：阳光照射到澄澈的水中，几十条银灰色的雅罗鱼，缓缓游动……

一个清晨，大江决定一个人潜下水去探险。他如愿看见了那群雅罗鱼。就在这时，他的头卡进了那道裂缝，他意识到自己可能要淹死了。奇怪的是，他觉得只要自己坚持不动，就会变成一条雅罗鱼；恍惚间，他成了鱼群中的一员，看见一个小男孩卡在岩石缝里……

当然，大江被救出了险境，否则我们就读不到这些精彩的文字了。使我深有兴趣的是，这可以看作一个颇具象征意义的事件。作家为了看清生活表象下的真相或窥看世俗之外的幻境，必须有潜入深渊的探险精神；在深渊里，他必须设身处地地体验，想象，有时甚至与笔下的角色融为一体。这个过程非常美丽，令人迷恋甚至迷狂，却是非常危险的，作家很有可能迷失自我，甚至失去生命。日本另一位获诺贝尔文学奖的作家川端康成，或许就是因此而未能走出深渊。

这个事件也引起我的另外一层思考：作家是上天的宠儿。大江在事隔多年之后，能以如此美丽生动的文字，还原出当时的画面与感受，种种细节如此清晰，仿佛作家是在事后立即记下了这一切。当然这还原中可能有想象、创造，但确定无疑的是，作家用出色的记忆力和表达力，用文学这种特殊的形式，为自己留住了“似水年华”。

上天赐予我们平等的生命，却赐予我们不同的感受力与记忆力，这决定了我们生命的丰富与精彩程度。一块普通的点心，因普鲁斯特而成为20世纪世界文坛最著名的“小玛德莱娜”点心；一个荒僻的后园，因鲁迅而成了人们熟知的儿童乐园“百草园”。而我们的童年，则大多沉入了记忆的深渊，我们既无兴趣，更无能力去拾起自己生命里那些美丽的“朝花”。就像我努力地搜索一个类似的象征事件，却只隐隐约约地记得春天、田野、蒲公英、邻家的姐姐……怎么也凑不成一个完整的回忆。

即使大江真的变成一条美丽的雅罗鱼，即使如川端般迷失于深渊而不能返，他们仍是幸福的，因为他们已到过天堂。

像唐朝人那样甘当吃货

姑且不论白居易晚年的隐逸林泉是否有堕落之嫌，但他确实称得上是生活家。他那首《问刘十九》，就深得闲适之趣：“绿蚁新醅酒，红泥小火炉。晚来天欲雪，能饮一杯无？”他喝酒的花样也多，据说有时乘兴郊游，车中有一琴一枕，两旁的竹竿上悬着两只酒壶，他则抱琴引酌。

此外，唐朝人酷爱吃鱼鲙，也就是生鱼片，史书里有大量神乎其技的切鲙高手的记载，市面上还有《砍鲙书》这类手册，介绍“小晃白”“大晃白”“舞梨花”等刀法。

像唐朝人那样逢宴必尬舞

唐朝人爱跳舞，逢宴必尬舞。初唐时流行参演者达百余人的群舞《秦王破阵乐》，刚健遒劲；剑舞也很流行，公孙大娘就是这样走红的。除了看表演，从贵族、高官乃至皇帝，兴之所至也会亲自下场尬舞。

李靖平东突厥的时候，宫中开庆功宴，李世民就在席上乱舞，太上皇李渊则弹琵琶伴奏。主人带头起舞，循例得邀请客人共舞，在唐朝这叫“打令”。如果主人够热情，非得把到场所有客人都邀请一遍才罢休。

像唐朝人那样及时行乐

《孟宪实说唐史》里说，顺应季节，唐朝人有不同的玩法：春天，大家去游曲江，还赛花。就是各家都种花，比谁家种出来的花是花魁。夏天，大户人家会拣最热的天请客，在大厅里摆一座冰山，座位围着冰山摆，宴请宾朋。这些冰是从渭河取出来，再藏在地下的木箱子里保存的。秋天，去大雁塔吟诗赏花。冬天，有势力的人该出城打猎了。其他如上元节、清明节、端午节，也必有节目，唐朝的小娘子们最爱穿上男装出门逛了。

像唐朝人那样怒放生命

学者蒋勋特别喜欢“不知江月待何人”（张若虚《春江花月夜》）里的“待”字，在他看来，这是一个暗示：“在这个时刻，在这个春天，在这个夜晚，在花开放的时刻，在江水的旁边，他好像被等到了。”张若虚、陈子昂、李白……他们都得到了那个让生命闪闪发亮、被后人记住的机会。这一切只有在唐朝才能发生，因为这个时代不要求人们安分守己、平淡度日，而是鼓舞人们及时行乐、怒放生命。

在唐朝，如果花不盛放，会被认为是不道德的。

幸而还有水塔庄园

□明前茶

离退休还有两年的时候，老秦心头的那点儿寂寞与清冷，差点把他搞抑郁了。

没错，家里已被先行一步退休的妻子，搞成了自己的根据地。妻子在老年大学上了影视鉴赏课，愣是在客厅里搞了一面墙那么大的投影幕布，经常邀请同学们（九成以上是备齐了20条彩色围巾的活泼大妈）来家里观影；妻子又上了烘焙课和手工制作课，于是同学圈愈发热闹庞大，观影节目经常从中午持续到晚上，中间夹杂着声浪热烈的下午茶，以及七嘴八舌的围桌制作。精神抖擞的大婶大妈们淘来了各式各样的零头布，备齐了五金配件与老虎钳、十字起，准备做些碎花或格子手袋送给儿媳妇。老秦忍了又忍，才没有出言怼她们：不要这样把婆媳关系弄尴尬。

老秦默默发誓，就是退休，也决不能与她们的喜好趋同。然而，这个世界如今还有一个角落，是为退休男人准备的好地方吗？

幸而，过了半年，一次偶然的踏青，他在远郊找到了一座废弃水塔，以及水塔周围山坡上的两亩荒地。他需要坐地铁机场线到尽头，再搭乘农用拖拉机或乡村中巴，才能到他的“后院”去。但也正因为这里相当荒僻，瞧不见土地开发的前景，村里才肯以极低的价格与他签了10年合同，允许他租下荒地，建设他的“水塔庄园”。

他利用所有的节假日，黎明即起，备齐农具与各种工具，像满脸皱纹眼神悲悯的王子一样，垦荒种菜。

他一垄一垄翻地，先种了蚕豆，蓄积地力。蚕豆开花时，满坡都是紫白相间的花朵，风一来，就好像无数蝴蝶停在枝头。蚕豆饱满时引来了刺猬，刺猬公然在蚕豆地打滚，又抱着豆荚从容地撕咬。老秦发现聪明的刺猬居然知道吐掉荚壳，吃里面的豆子。

蚕豆收获后，老秦把豆秆烧成草木灰堆肥，又在地里陆续种过卷心菜、萝卜、南瓜与山芋。他充分发挥了工程师的聪明才智，衔接了毛竹筒，从后山的山泉中引水滴灌；为了劳作时上坡下坎便利，他甚至自己动手，修建了一小段滑轮铁轨，上置车斗，可以将种子、有机肥运上山岗，也可以将收获的南瓜与山芋运下山坡。他自己也经常玩兴大发跳进车斗，像一个真正的庄园主一样辚辚过岗，巡视他的土地。有时，他忽然俯下身去躲在车斗里，因为他看到了这片土地上真正的主人——野猪一家出来觅食。月光下，公野猪负责开道，母野猪负责殿后，中间是它们的两个孩子。有一天，老秦甚至看到走在后面的野猪轻衔前面野猪的尾巴，排成一列，得意而轻松地行进，就像一家人手牵着手郊游一样。

老秦把这一幕说给旁人听，70后到90后都浮现出意味深长的笑意。老秦明白，他们的意思是自己在编童话，可这世界终有一些角落，还留有童话一般的意境，这与只有城市生活体验的人，是说不通的。

跟馋嘴的小孩子一样，野猪喜欢吃有油性的、甜滋滋的东西，山芋和花生被它们一窝一窝拱出来，吃得七零八落。大的南瓜又老又硬，圆滚滚的无从下嘴，野猪就专挑小而嫩的，当水果吃。村人见老秦蹲在被野猪糟蹋的收获面前发愣，主动要借他猎杀工具，说吓一吓野猪也是好的。老秦连说不用不用，它吃剩下的，我再吃。

老秦把收获带回城里，妻子忙着分送给老年大学的同学，大家都惊讶卷心菜和辣萝卜供应如此丰盛，山芋和南瓜却不够分的。当大妈们得知老秦还在水塔上装修了一间可以面对远山烟雨的画室，经常在那里画画煮茶时，纷纷要求要带着她们的一大包围巾，把老秦的庄园发展成朋友圈里的网红打卡地。

老秦让她们去了一次。他知道，她们来过一次就再也不会来了。因为她们没有经历过“晨兴理荒秽，带月荷锄归”的劳作，就只会看到“草盛豆苗稀”的无趣场面，而不会像他这样，欣欣然走入一个前所未有的桃花源。

存而不论的蒙田

□苗　炜

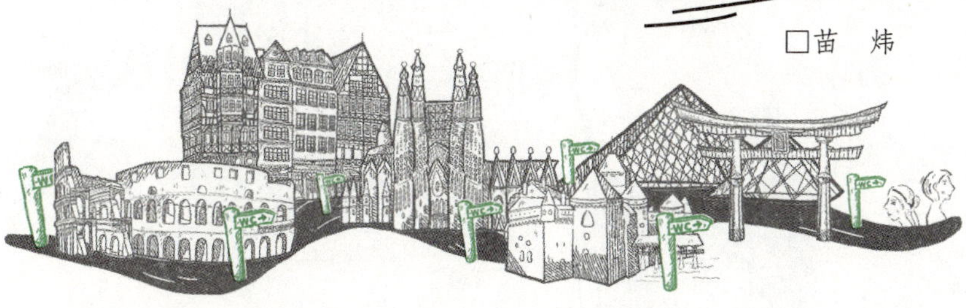

到巴黎旅游，总要去逛逛蒙田大道，那里聚集着很多奢侈品商店，蒙田大道10号是普拉达，22号是路易威登，30号是迪奥，40号是香奈儿。

法国人向来喜欢用名人来命名街道桥梁，你应该记住蒙田这个人。这个500年前的作家，散发着浓郁的法国味道，他一生大部分时间都住在波尔多，拥有一个庄园，住在一个城堡里，庄园里酿葡萄酒，蒙田就待在城堡里写作。他的作品叫《蒙田随笔》，他开创了“随笔”这种文体，500年后还有人不断在阅读他的作品。蒙田的前半生做公务员，从事法律事务，他家产丰厚，不到40岁决定退休，回家写作。在蒙田之前，西方作家写文章讲道理，但很少谈论自己，蒙田的写作，看起来只有一个主题，那就是谈论自己，他的作品很像是博客，记录自己的所思所想。

蒙田有一句名言，传播得非常广泛，那就是“我们最豪迈、最光荣的事业乃是生活得写意”，意思是，我们最重要的事情就是要活得舒服。怎么才能活得舒服呢？有一位英国作家叫萨拉·贝克维尔，写了一本书解读蒙田，书名就叫《阅读蒙田，是为了生活》。这本书分为20个章节，每个章节的题目都是在回答“如何生活”这个问题，比如“与人自在地相处”，比如“温和稳健”，比如“把工作做好，但也不要做得太好”。蒙田是这么说的，也是这么干的，他快50岁的时候，被选为波尔多市的市长，在动乱与瘟疫中完成了自己的任期，然后又隐居在城堡里写作。这很像中国人所说的“出世”和“入世”，以出世的心态做入世的事，事了拂身去。

蒙田有几条生活智慧，在今天尤其需要。其中一条叫存而不论。这是一句古老的希腊格言，有一点儿漠不关心的味道，它意味着：我无法判断人们说的这些事哪些可信，哪些不可信。我无法对大家正在谈论的事明确表示支持或反对。我深入考察过的事物确有其道理，但与这些事相反的事物也言之凿凿。两者同样合理，也同样不合理。这个智慧是说，当人们不知道某件事的答案，而这件事没有答案也没那么重要时，就不要钻牛角尖，免得让自己不愉快。蒙田在1576年时打造了几枚纪念章，上面刻上“存而不论”这句话，还附上了蒙田家族的族徽，这种做法有点儿像把字句文在自己的身上。

他当然不是说，我们都存而不论，做一个麻木的人，他想做一个活生生的、能思索和推理的人，可以享受一切自然愉悦的精神能力，但拒绝那些被编排好的固定真理。他认为，即便是最具好奇心的人，所掌握的知识也微不足道，而这个世界丰富得令人惊奇，人们应该去找寻那些惊奇的感受，找寻独特的不可思议的事物。在今天的媒体环境下，我们尤其该记住蒙田这些话，因为我们太容易陷入争论和表态，思想总是晚来一步，诚实的糊涂却从不迟到；理解总是稍显滞后，正义而混乱的愤怒却一马当先；想法总是姗姗来迟，幼稚的道德说教却捷足先登。如果我们把“存而不论”当成座右铭，可以让我们的心绪更平静。

蒙田另一个重要的智慧叫在店铺后面保留一个自己的房间。蒙田是这样说的，也是这样做的。他很少出现在女眷生活的地方，自己有一个书房。他远离家庭生活，是担心自己有一天会因为失去家庭而痛苦，在他生活的那个年代，杀戮横行、瘟疫肆虐，儿童夭亡，蒙田的确要从心里做好准备，在他的生活中，经历了丧失朋友亲友的痛苦。然而，他强调自己的房间，寻求远遁和退隐，也是想留下思考和内省所需要的空间。过多地介入公众生活，完全地操劳于家庭，是无法得到自己的那一点点儿自由的。

红炉一点雪

□李碧华

有个深蕴禅机的句子，色彩鲜明，充满美感：红炉一点雪。

雪花飘舞，有一片刚好落在火红的炉子上。

在还没落下去之前，先把它“定格”。我们便发现它是“存在”的，虽然在一瞬间，它立即融化，归于空寂无有。

人的生命，不论长短，都像这片雪花。它自天上飘下来，历经千万里，可以称为“长”；但飘落的每一个瞬间都不可能回头，也没有时间仔细思考，便已经面临消失，故而亦可以视作“短”——两秒？百数十载？熊熊炉火，不由分说，便吞噬它了。

它存在过，却来不及留下任何痕迹。当片片雪花你挤我搡地争着投向艳色，也不过是一场无谓的追逐。美，这倒是真的。

我想走进那则笑话里去

□张晓风

围坐喝茶的深夜，听到这样的笑话：

有个茶痴，极讲究喝茶，常常浩叹世人不懂品茶。有一天大雪，他烧水泡茶，茶香满室，门外有个樵夫叩门，说："先生啊！可不可以给我一杯茶喝？"茶痴大喜，没想到饮茶半世，此日竟碰上闻香而来的知音，立刻奉上素瓯香茗。

来人连尽三杯，大呼好极好极，几乎到了感激涕零的程度。茶痴便问他："你说好极，请说说看，这茶好在哪里？"樵夫一面喝第四杯，一面手舞足蹈："太好了，太好了，我刚才快要冻僵了，这茶滚烫滚烫的，一喝下去，人就暖和了。"

因为说的人表演得活灵活现，一桌子的人全笑了，促狭的人立刻现炒现卖，说："我们也快喝吧，这茶好啊！滚烫哩！"我也笑，不过旋即悲伤。

人方少年，总有些耽溺于美。喝茶，算是生活美学的一部分吧，凡有条件可以在喝茶上讲究的人总舍不得不讲究。及至中年，才不免惘然发现，世上还有美以外的东西。

大凡人世中的美，如音乐、书法、舞蹈，总要求先天的敏锐加上后天的训练。前者是天分，当然足以傲人，后者是学养，也是可以自豪的。因此，凡具有审美眼光之人，多少都不免有些孤傲吧？《红楼梦》里的妙玉已是出家人，独于"美字头上"勘不破，她用雪水招待贾母刘姥姥喝茶，喝完了。她竟连"官窑脱胎白盖碗"也不要了——因为嫌那些俗人脏。

黛玉平日虽也是个小心自敛的寄居孤女，但一谈到美，立刻扬眉瞬目，眼中无人，不料一旦碰上妙玉，也只好败下阵来。当时妙玉另备好茶在室内相款，黛玉不该问了一句："这也是旧年的雨水？"妙玉冷笑一声："你这么个人，竟是个大俗人，连水也尝不出来！这是五年前我在玄墓蟠香寺住着，收的梅花上的雪……"风雅绝伦的黛玉竟也有遭人看作俗物的时候，可见俗与不俗有时也有点儿像才与不才，是个比较上的问题。

笑话里的俗人樵夫也许可笑——但焉知那"茶痴"碰到"超级茶痴"的时候，会不会也遭人贬为俗物？为了不遭人看为俗气，一定有人累得牛死吧！美学其实严酷冷峻，间不容发，其无情处真不下于苛官厉鬼。

16世纪的日本有位出身寒微的木下藤吉郎，后来因为军功成为霸主，赐姓丰臣，便是后世熟知的丰臣秀吉。他位极人臣之余很想立刻风雅起来，于是拜了禅僧千利休为师。一日，丰臣秀吉穿过千利休的茶庵小门，见墙上插花一枝，赶紧跑到师父前面，巴巴地说了一句看似开悟的话："我懂了！"

千利休笑而不语——唉！我怀疑这千利休根本是故布陷阱。见了花而大叫一声"我懂了"的徒弟，自以为因而可以去领"风雅证书"了，却是全然不解风情的。我猜千利休当时的微笑极阴险也极残酷，所以不久之后，丰臣就借故把千利休杀了，也许千利休临刑之际也在偷笑，笑自己早就看出丰臣秀吉不能身列风雅之辈。丰臣秀吉大概也太累了，"风雅"两字令他疲于奔命。原来世上还有些东西比打仗更辛苦。不如把千利休杀了，从此一了百了。

相较之下，还是刘姥姥豁达。喝了妙玉的茶，她竟敢大大方方地说："好虽好，就是淡了些。"众人要笑，由他去笑，人只要自己承认自己愚俗，神经不知道可以少绷断多少根。

那一夜，在众人的哄笑声中，我真想走到那则笑话里，站在茶痴面前，他正为樵夫的话气得跺脚，我大声劝他说："别气了，茶有茶香，茶也有茶温，这人只要你的茶温不要茶香，也没什么呀！深山大雪，有人因你一盏茶而免于冻僵，你也该满足了。"

怀不世之绝技，目高于顶，不肯在凡夫俗子身上浪费一丝一毫美，当然也没什么不对。但肯起身为风雪中行来的人奉上一杯热茶，看着对方由僵冷而舒活起来，岂不更为感人——只是，前者的境界是绝美的艺术，后者大约便是近于宗教的悲悯淑世之情了。

时光的深处和浅处

□王太生

有个朋友，多日不见，想请他喝茶，打电话时才发现我们分处不同的空间：我抱臂站在城市透明落地窗下抽烟；朋友抱膝坐在山中古宅的青石阶上看风景。如果用计量来表示我们两个人在岁月中的位置与距离，分别在时光的浅处和深处。

时光的深处，是一个偏正词组，在安静的古村、古宅、老街、老巷、深山，人恍若一条鱼，一头扎进水底。

四周都很幽静，没有人打扰，就像那个坐在墙根处打瞌睡的老头。只有一只过冬的鸟，蹲在枝头安静啄食，风吹过。

当然，不只是时光的深处有远得恰到好处的空间，时光的浅处，也有手摸得着的浮雕触感。

光线和树影从头顶上筛落下来，我们的一场旅行，不知从何时开始。

去年秋天，我在上海，17点30分的陆家嘴地铁站，人群像涨潮的鸭子，浮满水面，这么热闹，是一种在时光浅处的水声哗然。

在时光的深处和浅处分别做一次旅游，人会有怎样的感受？

某年冬天，我住进一个山湖温泉。此处背倚一座低山，面前是一片连天的水，据说与三国时的大乔小乔有关，四周静得没有一声鸟鸣。

开阔而迷漾的湖面，几叶扁舟，似乎仍延续旧时的方式，撒网捕鱼，出入烟波里。

一片湖，连一片湖，这些汪洋恣肆的水，全在赶路，虽然默不作声，但它们心中已有归宿，远处那一条，由西向东，生生不息的大江。

这样一个僻静的所在，来这里的人，心理上并不是觉得孤寂，想着一拨水，连着一拨水，平静便于江道连通，尘世就在不远处。

我在这个地方，躺了一个夜晚，做了三个梦，这些只能算是在时光的浅处与深处的交汇处。

在时光深处旅游，是骑一头驴，走进唐宋的城池。

在一幅洛阳楼宇图上看到，故国琼楼高如许，人如豆荚，他们陷在时光的深处。

我在时光浅处，古人在深处；我现在的生活在浅处，从前的日子在深处。

该如何定义深与浅？

如果用若干年来比较时间的深浅，我觉得若干年前是深处，若干年后是浅处。

那时候，我还是一个文学青年，常去小城一个叫作蒋科宅第的老房子里读书，小城的图书馆就设在老宅，我借前朝乡贤的这块风水宝地，在老宅读书，偶尔会想起那个明代进士。

当然，若干年前，一个有能耐的人，在这个小城做了一件非常有业绩的事，若干年后也就销声匿迹。我自认为一个长得比较好看的女子，后来也就变得和寻常女子一样，经常看到她，独自去超市排队。时间，会摘下某些人的面具，磨去锐气和美丽。

一些人，在某个时段曾经很得意，时间一长，这些人如过江之鲫，渐渐沉下去了，他们逍遥在浅处，消失在深处。时光越深，深得快找不见影了。

张岱《陶庵梦忆》，也是想起时光深处的事，意绪苍凉。他睡梦中醒来，“鸡鸣枕上，夜气方回，因想余生平，繁华靡丽，过眼皆空，五十年来，总成一梦。”意思是说，在枕上听到鸡叫，清明纯静的心境稍稍恢复，于是回想自己的大半生，繁华奢靡，大幕落下，转眼之间都成乌有，五十年来，全都变为一场梦。

有些事情，像一头小狮，睡在时光深处。忽然记起，小时候，我每天早晨睡在床上吃烧饼。那时冬天早晨，外婆怕我挨冻，买回滚热的烧饼塞在枕下，等我醒来即食，想到这些，那头小狮子又醒了。

在时光的浅处，有月下游鱼泼泼而过的水声。这种声响是动听的，它让人听到时间走过的声音。

我喜欢深处的古朴与安静，也喜欢浅处的浮华和热闹。

不要等待

□余秋雨

有人告诉你，屋后的山坡上有一棵树，三年后会结出一种果实。于是你苦苦守望，天天等待，与朋友交谈也不离这个话题，而且已经一次次安排三年后的开摘仪式。大家对那种果实越想越玄，还不断地在加添悬念。

三年一到，终于开摘了，大家张口一尝，立即面面相觑。原来，那果实口味平庸、粗劣、干涩，没有人愿下第二口。再看周围，漫山遍野都是草莓、刺檬、紫榴、桑葚、酸枣、青柑，整整三年，全被冷落了，连看都没看过一眼。

但是，究竟是你冷落了它们，还是它们冷落了你？看看它们灿烂而欢快的表情，就知道了。

不喜欢草的母亲

□凌仕江

这件小小的事情，就发生在这个悄悄来临的春天里。

这些年，我经常到外游荡，遇到惹眼的花草树木就会花钱将它们买下，抱回高楼里养起来，就像好些人热爱圈养宠物，有的草儿甚至是我从城外的山中采摘回来的。还好，花们、草们、树们不负我望，一直在我的愿望里长势诱人，且也喜了更多宾客。一年四季，家中都可见绿，尤其阳台更是绿得让人赏心悦目，有远道而来的朋友居然夸咱是植物们的好医生，原因是他们觉得心仪的花草从来没有被他们的爱种活。

有一天，我在给植物们松土喂水时，发现一个废弃的死花盆里生出了星星点点草芽，它们低矮的样子犹如油菜籽刚冒出地面的嫩芽。看着它们醒目刺眼的表情，我做了顺水人情，给它们也喂一些水。哪知，相隔几天时间后，它们便一头蹿出盆沿，变得绿油油、活脱脱，让人格外兴奋，真不知它们还会长成什么样子。吃了人家的饭，就得长给人家看。想必这盆野草是在还我的滴水之恩吧。于是到了给植物们喝水的时候，我会特意先关照它们。

可自从母亲住进我的城，这盆长势迅猛的野草命运就发生了逆转。

母亲常年住在乡下，与庄稼打交道是她生活的全部。可以说，母亲的命运从来没有离开草。母亲年轻时，每天早出晚归，风雨无阻，当满身的露水被太阳吸干后，她便扛着草向生产队保管室走去，她要找保管员秤一秤草的重量，上了五百斤才算完成当天任务，可以换取劳动公分，得以艰难地生存——这是母亲卷起裤腿，冒着生命危险从那些悬壁峭涯上割回来的肥肥的牛草。后来，拥有自家的土地后，母亲与草的关系更加密切。为了获取一个好收成，母亲绝不允许草儿们影响庄稼的生长。母亲没有朋友，庄稼就是她最信赖的朋友。在一个农妇眼里，草就是她和朋友亲密的敌人，草就是庄稼藏匿的毒，这是乡村哲学，也是母亲的哲学。只要发现田间地头的草太猖獗，母亲便发动父亲扛起锄头与她一道去除草，就像理发师手持剃须刀，一棵一棵地剃，直到庄稼地变得平平整整、干干净净，直到过路的人，向他们和庄稼投来美丽的微笑。母亲继续穿行在分行的庄稼地里找草算账，她时而佝偻着身子，像一个寻找草药的赤脚医生，时而举起锋利的锄头吆喝一声，一锄将新发现的一株野草干掉，她的行为好比打黑除恶的英雄，在那些蓄势待发的庄稼面前，她必须行使一回英雄本色，然后将零乱的草堆放在一起，等待风和阳光把草晾干，燃成灰烬，化着肥料，还庄稼以生命，让土壤更肥沃地生长。

在我的乡下老家，庄稼地里若能看到草儿的影子，必将引来过路者的七嘴八舌，人们多数会责备女主人的生活太过潦草、懒惰，太不会过日子。母亲不允许听到谁的闲言碎语。她只希望看到她庄稼的人个个都微笑，正如她的庄稼时刻望着她微笑一样。此时，庄稼地里的母亲早已装满比诗人更富才情的哲学思想。母亲是大地上最伟大的诗人，庄稼就是她最美的诗。这是对庄稼人劳动最佳的认可，也是对母亲最浪漫的赞美。因此，母亲的庄稼地容不下半棵草。不管有事无事，母亲都顶着草帽在庄稼地守着，就像猎人守候奔逃的动物。

我真正赞美草、依恋草也是进入城市之后的事。在我的城里，建筑每天都在疯长，其速度远远胜过草的生长；马路年年都在扩建，只是越来越难见到草的陪衬，缺少了草的路边，总感觉眼睛里少了点儿什么，似乎永远修不完的就是街道了，莫非街道就是用来反复改造的城市摆设工具？因此，我的城在轰鸣的街道边日夜经受喧嚣的折磨，那些被铲除地面的草儿成了无家可归的孤儿，它们是穷人，它们是不幸者，它们在城里没有可靠的朋友，它们总是被搬来运去，最后连根也生不稳，就因为它们的名字叫草，所以最容易被拔掉；在高空的梦中，窗外的风暴常常将我惊醒，我听见草们的呻吟、无助、哭泣、呼喊，它们仿佛在向我招手。与草相依，是我脱不掉草根的唯一气息，草是这个城里我最核心的朋友。

因此那一盆野草突然有一天被

间歇性努力，不是真正的努力

□芦屋主人

收到一个很久没见的朋友的邀请卡，她的孩子要举办个人钢琴演奏会，地点在一家很有权威的音乐厅。我不禁大吃一惊。记得几年前我们几家的孩子们差不多同时开始学钢琴，我们的孩子虽然一直有在学，但都是三天打鱼两天晒网，这位朋友的孩子却坚持了下来。

这位妈妈说，她家孩子不是很有天赋的那种，但每天坚持，就有很大进步了。我们去看了孩子的演奏会，以前有点害羞内向的他在台上行云流水、淡定自如，和以前判若两人。一直坚持的成果除了带来价值感，还带来自信。

我们有时会问自己，我明明很努力了，为何还是不成功？我一直没放弃过，为什么就是没效果？道理很简单，一样东西坚持每天学和时断时续地学，效果真的很不一样。

这种间歇性努力，相信很多人都能举出好几个例子来。比如，办了张健身卡，一开始打鸡血，哪怕冒雨都要去。去了一阵子，体重真的降下来几斤，于是开心地犒赏自己一餐美食。接着出去度了几天假，体重又回到原来，甚至更重了。这时，你会有一万个借口不去健身，然后激情降温，觉得瘦身好难，零零星星又去了几次，卡到期了。但你感觉自己一直在做这件事啊，怎么就没效果呢？

同样的例子还有我的学英语之路，那是真的从没放弃过，直到现在还在学呢，算起来，也有十几年了……从大学毕业起，为了提高口语，我报了无数个培训班。记得当时白天上班，晚上还顶着呼呼寒风，匆匆赶去学英语，可以说很努力了。只是，和健身一样的命运，努力总有一段时间会停下来。

如果说一点都没进步那也不对，确实进步了，从以前的入门到现在的初级阶段，能用口语简单交流了。但这么一点进步居然用了十几年时间，中间荒废了多少时间和金钱！如果当初我一直坚持下来，哪怕每天几个单词地硬背下来，现在也有一万多的词汇量了。

真正的努力是不间断地、坚持不懈地做一件事，直到把它做好做精。为什么间歇性努力效果没那么好？因为你的每一次重复都是一次新的开始，导致深入度不够，要花很长时间去温习之前学的。而在学新知识时，又会停下来一段时间，这样不断重复，看起来似乎没放弃过，却一直在原地踏步。有句话说：若有恒，何必三更眠五更起；最无益，莫过一日曝十日寒。如果有恒心，又何必每天起早贪黑；最不好的是，做一天，歇十天。

间歇性努力和持久坚持其实只有一步之遥，但结果可能是一百万步的差距。所以，当你找各种借口想要停下来时，请告诉自己，再坚持一下，都已经努力这么久了。只要不停下来，我们就离成功那一步不远了。

连根拔起，晒在阳台上，奄奄一息的模样，足足让我惆怅了片刻。在我眼里，没有了青草的花盆，泥土顿时变得苍白、空虚，像被捣碎的心脏，光秃秃的，光景衰败又无力，掏空了绿色的花盆又成了死花盆。似乎原本在草的沉浸中获得的宁静又被自然推向了旷野的城市。我想这样的事，也只有闷在家无事可做的母亲干得出来。因为母亲看不顺眼草，她不愿被草占据她的生活，在母亲眼里，草就是荒芜，草就是灾难，草就是一无是处，她不知道她儿子正需要草一样宁静的生活，她更难理解草对于一个出生于农家却被困于现代城市生活的理想者有着多么重要的意义。

我丝毫没有责怪母亲的意思，只是在几天后的一次谈话中，若无其事地提及了此事。我说：“嘿，妈你把那草扯了哈！”母亲说：“是我扯的呀，这些天天乱长的草，一天比一天长得多，害怕以后不好收拾哟。”我说：“扯得好，扯得干干净净的，妈，你还是改不了勤快的老家习性。”坐在一旁看电视的父亲听我难得夸赞母亲，转过头，乐呵呵地笑。

我笑不出来，我在想草。想活在这个城市的每一个角色都可以是一棵草，或许大家都有开花的机会，只是总有些人根本等不到花季来临，他们总是倒霉、纠结、运气不佳，被人算计，最终夭折——多年以来，正是那些不开花的草让我看清了大自然最本质的生活。同时，我看清的还有我自己！当古典的一切被机器碾碎，宁静便显得极其珍贵，当人被卷进城市的速度之后，那些仍然渴望返身向慢的人，就有了草的气场。我常常提醒自己，面对纷繁的生活，要像草一样冷静，不要忘记地平线，草就是“慢”，草就是乐趣，草就是底蕴，草就是宁静。而这种贴着地平线思考的慢和这种宁静中的乐趣，正是草的精神气节，当然不是说人要刻意回避所有的应酬，有意义的聚会其实是人内心的一种需要。城市越大，人心越被挤压，是大城里的小时间和快速度剥夺了人的兴趣和宁静，人不知不觉成为快的追随者，也成为信息时代的抵押者。何为慢生活？就是懂得品味一棵草的心情。或许，这种心情只会赋予给那种认真和孤独的人，赋予给那种让自己慢下来的人。

当人的灵魂被野草塑造，得到的或许就是整个春天。

母亲不懂这些，她只懂比草更难的永远是生活。她害怕重蹈覆辙，她不让草耽误孩子的生活，因为孩子是她一生不离不弃的庄稼。

最老的『魔方』

□薛忆沩

在乡间深秋的细雨里与姨外婆分别的时候，我贴近她的耳朵大声嚷道：“过10个月，我会再来看您，给您过102岁的生日。”

大多数老人都习惯用“不知道能不能活到那时候”来回应关于下一次见面的预约。我的姨外婆则轻松地站在我的面前，用一如既往的微笑看着我。那是充满智慧和自信的微笑，她显然非常清楚自己旺盛的生命力会将她带向哪里。

我总说好奇心就是生命力。这是姨外婆教给我的人生哲学。我每次去看她的时候，她总是问我很多问题，绝大部分不是“关于我”的主观的问题，而是她认为我应该知道标准答案的客观的问题。比如，她94岁那年在县城一家书店里买到的那套《沈从文文集》，是不是权威的选本？比如，在她手里翻转了30年的魔方，怎么才能够对出所有的面？比如，哪里还能找到更具挑战性的数独题？这不像一个农村妇女问的问题，更不像一个百岁老人问的问题。

我也总说幽默感就是生命力。这也是姨外婆教给我的人生哲学。每次去看她的时候，我都会对她在语言上的表现有很高的期待。这不仅因为我一贯喜欢通过语言表达的质量去判断人的身体状况，还因为姨外婆的语言总是带给我巨大的享受，而且是感官和精神上的双重享受：它总是那么简洁，总是那么优雅，总是那么精准……最重要的，它总是那么幽默。已经在湖南农村生活了一个世纪的姨外婆总是用她的语言让我这个以苛求语言著称的写作者茅塞顿开。在她面前，我的语言也会立刻变得简洁、优雅、精准和幽默。

这一次走到她身边的时候，我首先注意到的还是她刚刚放下的魔方。这让我为她不屈不挠的好奇心而骄傲。因为没有预约，初见时她对我的到来显得有些诧异，但是她很快就恢复到常态，开始向我提问。她的第一个问题出乎我的意料：“像我这样的一个人，为什么能够活这么久？”她说，她的眉毛不浓，耳朵不大，长的是一副“败相”，她的长寿完全“不合理”。“阎王爷肯定是出了错。”她用很有把握的语气说。

姨外婆的听力已经很差，她的视力却好得出奇，因此我们交流的方式通常是她口头提问，我写下答案，或者我写下问题，她口头回答。我当然没有能力回答连阎王爷都会出错的难题。于是，我写下了自己对这“不合理”的看法：“这个世界上‘不合理’的事情实在太多了，您应该学会迁就。”

姨外婆笑得前仰后合。但是笑完之后，她“变本加厉”，说自己的长寿“太不合理”。

我们就用这口头加书面的特殊方式愉快地交流，话题从物质到精神，从天南到海北。在交流即将结束的时候，姨外婆的长子插话说，他母亲现在除了正常的养老金，还享受百岁老人的特殊津贴。

这则关于她经济状况的爆料，让我忍不住给姨外婆重新划定“成分”。“您现在已经变成了‘富婆’。”我这样写道。

姨外婆又笑得前仰后合。接着，她靠近我的耳朵，悄悄地说：“可惜发财发晚了。”姨外婆的幽默回答引得我抱着她大笑起来。

10年前，我写过一篇短文《外婆的〈长恨歌〉》，介绍我有着惊人记忆力的外婆。这篇文章后来被许多报刊转载，流传较广。那时候，我的外婆已经93岁高龄，却仍然能够一字不漏地背诵出包括《长恨歌》在内的很多古代文学作品。我称外婆是这个特殊项目上的“中国第一人”（尽管她终身的最高职称也只是“家庭妇女”）。在那篇文章里，我第一次提到了外婆“长期生活在中国社会最底层”的妹妹。外婆在97岁的时候离世，“中国第一人”的桂冠自然就落到她妹妹的头上。这对姨外婆是当之无愧的荣誉，因为她也能大段大段地背诵出许多的古代文学作品，更因为她正在朝着102岁的生日平静地走去，还在继续拔高这“中国第一人”的标准。

37年前，我这个北京航空学院计算机科学与工程系的学生，利用大学阶段的第一个暑假，去姨外婆生活的湖南宁乡乡村做社会调查。那时候，中国的改革开放已经在“摸着石头过河”，姨外婆重新过上了有尊严的生活。对世界的好奇和对人生的幽默就是体现她尊严的特殊标志。每次我们在预约下一回见面的时候，她都会特别提醒我，以后只准给她带精神食粮，不要再给她带任何仅能饱口福的食品。而七八年前，在第一次向我“炫富”之后，她感叹说，如果这些钱早来10年，她就会一个人去“看世界”。她对自己的现状显然不满，说自己现在的生活只不过是"坐以待'币'"。接着她马上注明出处，告诉我这个幽默出自另外一位百岁老人——她喜欢的冰心先生。

下一次见到姨外婆的时候，我想问她一个这样的问题：当一位94岁的农村妇女走进县城的一家书店，买走那套在书架上摆放了好几年的《沈从文文集》的时候，她知不知道自己有可能创下一个中国的纪录？7年前，第一次得知姨外婆创下的这个纪录时，我就感动得流下了眼泪。

我的姨外婆出生于湖湘的名门望族。但是，姨外婆的人生在青春期就开始逆转：首先她正在接受的正规教育被封建的婚姻中断，接着她的日常生活被山乡的巨变颠覆……她甚至一度连温饱都无法保证。我心中有一个关键的问题：这个女儿，这个妻子，这个母亲，这个"长期生活在中国社会最底层"的农村妇女，是凭借什么力量保住了旺盛的好奇心和幽默感，进而保住了不可思议的生命力？另一个问题是：经过那么多生活的磨难，姨外婆除了抱怨自己的长寿"太不合理"，为什么没有其他的抱怨（毫无疑问，"没有抱怨"也是她重要的长寿秘诀）？我一直觉得，作家笔下的人生就像姨外婆手上的魔方，相应地，写作就是不断翻转魔方的过程，而作品的完成就意味着魔方的6个面已经全部对齐，也就意味着作家用合理的叙述完全疏通了现实的乱麻。我希望自己能够找到关于姨外婆经历的所有问题的答案，最终将她的人生变成我的作品。

20世纪80年代后期的一天，我与母亲在长沙街头散步，遇到了姨外婆的一位中学同学。她告诉我们，姨外婆少女时代的绰号是"张五百"，因为20世纪30年代初期她在长沙含光中学读初中的时候，5门功课都是满分。现在，姨外婆的年龄也超过100岁了。这是哪怕用百分之百的天才加百分之百的汗水都很难取得的单科成绩。正因为这样，我在这篇文章的结尾送给姨外婆一个"张六百"的绰号，应该不算"太不合理"吧？

有两把刷子

□杨晓曦

常常想起父亲，想起父亲便想起他的手艺。用我父亲的话说，有手艺就是有"两把刷子"。

他不识字，却常常搬着一本砖头厚的烹调技艺书看。字，是一个一个通过我认识的；图片，看得懂，餐点雕刻全靠自己琢磨。书上有图片的，比照着雕刻；没图片的，找我给画一个，也比照着雕刻，一副笃定相信我什么都能画的神情：你是学生，有美术课，这把刷子应该是有的。为了这把刷子，我观察猫狗鸡鸭，观察花，逼着自己画得跟它们一样。

也怪了，不管是动物还是花草，只要给他一个图样，只见他一手拿刀，一手拿食材，两只厚厚的大手同时上下翻飞，轻巧麻利，比变戏法还快，一只兔子、一朵花便赫然立于案上。所以，他做的饭菜，除了味道，品相更是出色。西红柿拌白糖，一瓣瓣糖水喂过的西红柿像娇艳欲滴的荷花，尖朝外一圈团在盘子中央，花心里白蕊点点，"藕花深处"的名字别具一格。

父亲于20世纪80年代末开饭店卖刀削面，自制的两个锅台就支在店门口，一只锅台上面放着一口大黑锅，炭火铆足了劲儿呼呼地往外蹿，乍一看很像农村办喜宴的阵势。有了客人，父亲把一塑料帽子戴在头上，半尺长圆柱状的面块竖着放上去，在大黑锅前叉开腿站定，两块薄铁片分别拿在两只手里，左右开弓在头顶舞动，一碗面的量一分钟搞定。半分钟面对着大锅往前面削片，半分钟背对着大锅往后面削片。两寸长的面片儿像银鱼飞过头顶，跃进大黑锅，在翻滚的水里扭动着身躯。面片滚三滚，煮熟后捞出放在凉水里。

另外还有一口锅台，上面放着小铁锅，插上鼓风机吹着，放上葱、姜、蒜、肉丝、绿豆芽炝锅后，面片从凉水里捞出倒进小铁锅，父亲端起锅，铆足了劲儿把面片抛向空中，面片像沉鱼、似落雁，一一落进锅底。然后他翻转手腕，一个优美的弧线，面片飞进碗里，一份刀削面便稳稳当当地端到食客面前。

且不说口味，单就削面、炒面表演已经唬住了食客，一时间食客爆棚。父亲说，手艺人，没两把刷子能留得住食客的眼睛？这"两把刷子"于父亲来说，就是指技能了吧！但是，父亲绝对不止这两把刷子。在我的记忆里，父亲做烩面、卖灌汤包、油锅里徒手捞油条，餐点之外，还有许多把"刷子"。

我8岁那年，尚在做临时工的父亲，工资少得可怜，一家老小全靠这点工资，饿不死，也攒不下钱，勉勉强强能够让姐姐们上学，我的学费就成了明年计划。我跑到学校门口，眼巴巴地看着一群报名交费的孩子，想象着他们会收到一张和姐姐们刚上学时一样的通知书，我急得眼红。

父亲问："想上学？""嗯！我保证天天放学就先薅草放羊，让羊肚子吃得圆溜溜的。"于是，父亲带我去捉鳖换学费。第二天早上，父亲嘱咐我将鳖拿去集市卖了，一学期的学杂费解决了。这把"刷子"，一生中我只见过他使用这一次，且再不允许我使用。

父亲说过，世上万物有各自的活命门路，不到不得已，一定要用自己的本事，靠自己的两把刷子谋生。有了这"两把刷子"，才可以活得踏实自如。有两把刷子，这是父亲对我的希望。

我总想变成除自己外的另一个人

□刘 斌

读小学的时候，邻居姐姐顺利地成为一名优雅的空姐，这个消息很快就传遍了闭塞的小镇。她回家的那天，小区里的住户都赶过来看热闹，把小小的巷子堵得水泄不通。邻居姐姐拎着时尚的皮包，身着一席湖蓝色的长裙，头发干净利落地扎在脑后，笑语盈盈地从巷口走来，宛若独一无二的绚烂烟火，化为整片夜空的主角，吸引着我们的目光。

那一幕场景如沿路的站牌，几乎指引了我的整个童年。我常趁老师不注意，溜到天台上，坐在栏杆边，眯眼看着这个灰蒙蒙的小镇。偶尔，有飞机掠过，巨大的轰隆声中，细细长长的草叶随风翻飞，我像《起风了》里的堀越二郎，追着它奔跑，好像下一秒，自己也可以长出一双洁白的翅膀，在湛蓝的天空中翱翔。

到了高二，当同学们为了高考熬夜奋战时，我却像一块奶咖，整日沉浸在甜蜜又美好的幻想里。恰好有空乘学校来招生，那天晚上，父母卧室的灯迟迟未熄，它如一朵微微颤动的小火烛，柔柔地舔着夜色。我靠在床上，焦急地等待着一场未知的结局，心像紊乱的钟摆，把呼吸摇晃得又重又稠。清凉的月光悄悄地探上书桌，一不小心跌落在地，绕着房间漫步一圈，伏在我的枕边恬静地睡了。

第二天，我起床后发现桌子上摆着一张空乘报名表，而父母的卧室早已空空如也。接下来的几天，我办理退学手续、和朋友老师道别、打包邮寄行李……一切快得像电影里的切换镜头。

离校那天，我捧着一摞书本，心里有一万朵蒲公英在纷飞。明晃晃的阳光熏得人脑袋有些发涨，我抬头仰望着这所承载了我五年时光的教学楼，竟有片刻的失神。保卫大叔重重地关上了大铁门，“砰”的一声，我眼里沉寂的河流竟像经历了一场地震，滔涌而出。

空乘面试时，我攥着申请书和体检表坐在椅子上。长廊里空荡荡的，昏暗的阳光被玻璃窗过滤后，只剩下几束漫无目的地在木地板上飘浮，灰尘在光点里不停地旋转，像一个无法醒来的梦。每个人都在欢声笑语，我目睹着花儿在她们脸上一朵朵盛开，却心生出一种无由的衰败。

面试通过后，便是长达半年的集训。当我穿着十厘米的高跟鞋，咬着筷子微笑着练习站姿时，脑海中却常常浮现那些年自己吹灭读书灯，走出自习室，披月而归的模样。

吃完午饭，我和同桌打电话。同桌跟掏家底似的，把肚子里的故事一件一件往外搬。她滔滔不绝地说着某某通过了985大学的自主招生、某某艺考失败了、某某考砸后抱着班主任痛哭流涕……那些她们所抱怨的现在，都成了我生动的曾经，我捏着因连续站立十小时而肿胀的小腿，只能尝试从她饱满的情绪里体验感同身受。

“今天，语文老师又点你起来朗读课文，喊了好些声，才反应过来你退学了，小老头扁着嘴巴，有些难过……”我挂掉电话，沉默和星星一样遥远而明亮。在高考这场战役中，我成了中途撤退的士兵，无法和队友们引吭高歌，浴血奋战，更不能以凯旋者的姿态站在城墙上，待漫天硝烟散去后，领略壮丽的夕阳。

经过整夜的辗转反侧，第二天一早，我就去办理了退训手续——这大概是我做过最勇敢和最义无反顾的决定。走出训练大楼的那一刻，明媚的阳光倾泻而下，温柔地将我簇拥，空气里浮动着栀子花的馨香，无数风的心脏在我信念上方跳动。

回到家后，我把与空乘有关的物件都收进了箱子，取而代之的是成堆的资料书。

后来，我考上了外地的大学。坐在飞机上，空姐笑靥如花，背影如薄胎的青瓷般端然明丽，我捏了捏自己肉嘟嘟的小脸，满满的羡慕。窗外，镇子越来越小，最后变成一个光点消失在云层中。我来回翻看百度里大学的照片，心里散发着白菊花一般淡淡的清香。高考是唯一的缆绳，它带我找到了属于我的岛屿。

大学毕业后，我的生活总是不可避免地出现左灯右行的冲突：当我还在为了论文抓耳挠腮时，有的朋友已经拿到不菲的年薪；朋友圈里眼花缭乱的旅游晒图，与争分夺秒、通宵备战的自己；越堆越高的结婚请柬，低头，指尖尚且寒凉……成长就是不断失去可能性的过程，你想去山顶摘星星，便不可避免地要失去草原和海洋。

年轻时，我们总是忍不住往别人的路上张望，习惯并且擅长轻视当下的幸福，幻想着另一个活在“如果”王国里的自己。所以如果重新来一次，我相信大多数人依然会走到同样的终点站，只不过换了一条来路罢了。我很羡慕那些在不同领域闪闪发光的人，但我深知有一条属于自己与众不同的路等在远方。亲爱的，祝你年少有为不自卑，不破楼兰终不回；也祝愿那个没有实现的我，在另一个世界里熠熠生辉。

把时间「浪费」在美好事物上

□梁 媛

约翰·列侬说：“所有你乐于挥霍的时间，都不能算作浪费。”

他的话让我想起诗人李元胜的《我想和你虚度时光》：我想和你虚度时光/比如低头看鱼/比如把茶杯留在桌子上，离开/浪费它们好看的阴影/我还想连落日一起浪费，比如散步/一直消磨到星光满天/我还要浪费风起的时候/坐在走廊发呆/直到你眼中乌云/全部被吹到窗外……

他的诗，颠覆了我的思维，因为我一直以为，最美的人生，应该是很努力的人生。虽然，我不曾做到这点。但是，这首诗让我感到，人生，不应只有奔跑一种姿态，有些时光，是可以用来浪费的。正如周国平所说：“世上有味之事，包括诗，酒，哲学，爱情，往往无用。吟无用之诗，醉无用之酒，读无用之书，钟无用之情，终于成一无用之人，却因此活得有滋有味。”

想起电影《无问西东》里面的一组镜头：一班西南联大的学生，坐在简陋的教室里上课。突然，窗外下起雨来，雨挟着凌厉的风，越下越大，密集地砸在铁皮屋顶上，发出如万马奔腾般的巨大响声。教授数次提高音量，但还是盖不过雨打铁皮的声音。同学们面面相觑，以为教授会气急败坏，但是，教授没有，他只是默默地转过身，在铺满公式题的黑板上写下四个字——静坐听雨。

所有的烦躁在这四个字的轻抚下，退避三舍，学生们收起焦急情绪，开始静静听雨、静静赏雨。

看到这里，我不由得为教授的举动点赞。固然，这份随遇而安是他的修养所至。但是，在那个分分秒秒都在讲学习、讲上进的年代，他肯让学生浪费时间听雨，是因为他懂得：适时停下脚步，是为了更好地前行。同时，他也通过言传身教，教会学生以后不管遇到什么境况，都要保持从容的心境，静坐听雨，才能无问西东。

去年，我跟旅游团去旅游，在路上遇上堵车。刚开始，大家还沉得住气，聊着天吃着零食什么的。可随着时间一点点过去，车上的人开始不淡定了，这个说：“逢假期都堵，早知道就不出来玩了。”那个说：“在路上浪费了这么多时间，到了景点就没时间看了。”长长的车龙，一眼看不到尽头，我也有点烦躁了。这时，脑中突然闪过“静坐听雨”的场景，想旅行的意义，本来就是在行走中收获美和快乐，何必一心只想着目的地，而失去了欣赏路边风景的兴致和耐心呢？于是，我摇下车窗，望向窗外：阳光一泻千里，阳光下的山峦，山峦下的田野，田野上的稻浪，自由飞翔的鸟儿，多美的景色啊！

又想起清代文学家李渔的故事。李渔想在家乡浙江兰溪修一座凉亭，供行人歇脚之用。乡人多有赞助，其中财主李富贵出的银两最多，并以此为由想将亭起名为“富贵亭”。但李渔觉得低俗，说此亭乃供路人停一停，歇歇脚用，于是将亭起名为“且停亭”，并在亭里题下一副千古流传的对联：“名乎利乎道路奔波休碌碌，来者往者溪山清静且停停。”

如今，这副对联仍镂刻在亭子里，劝诫后人，在为名为利奔跑的路上，别忘了适时停下来，看看路边的风景。

复旦才子吴晓波说：“把时间浪费在美好的事物上。”我深以为是。人生需要赶路，因为，那是安身立命之需要，但生活更需要稍作停留，这会让我们的人生更趋完美。所以，我才会在这秋日的早上，坐在窗前，看阳光像金子一样在人家的屋顶上闪着光，看草木葱茏，花红一朵黄一朵地开着，听鸟儿在树上啁啾，什么也不做，只任时光慢慢流走，觉得浮生半日，能如此悠闲，便胜却人间无数了。